石家庄职业技术学院著作资助出版

京津冀协同治霾研究

吴瑞红　著

U0293842

吉林大学 出版社

图书在版编目（CIP）数据

京津冀协同治霾研究 / 吴瑞红著 .—长春 ： 吉林
大学出版社， 2018.12
ISBN 978-7-5692-3710-8

Ⅰ．①京… Ⅱ．①吴… Ⅲ．①空气污染－污染防治－
研究－华北地区 Ⅳ．① X51

中国版本图书馆 CIP 数据核字 (2018) 第 257679 号

书　　　名：京津冀协同治霾研究
JING-JIN-JI XIETONG ZHIMAI YANJIU

作　　　者：吴瑞红　著
策划编辑：邵宇彤
责任编辑：刘守秀
责任校对：王宁宁
装帧设计：优盛文化
出版发行：吉林大学出版社
社　　　址：长春市人民大街 4059 号
邮政编码：130021
发行电话：0431-89580028/29/21
网　　　址：http://www.jlup.com.cn
电子邮箱：jdcbs@jlu.edu.cn
印　　　刷：三河市华晨印务有限公司
开　　　本：710mm×1000mm　　1/16
印　　　张：16
字　　　数：306 千字
版　　　次：2019 年 4 月第 1 版
印　　　次：2019 年 4 月第 1 次
书　　　号：ISBN 978-7-5692-3710-8
定　　　价：59.00 元

目 录

上 篇　雾霾基本理论概述

中 篇　京津冀地区雾霾分析

下　篇　京津冀雾霾跨区域协同治理研究

上 篇
雾霾基本理论概述

第一章　雾霾的定义和化学组成及成因分析

环境问题伴随着我国社会与经济的迅猛发展日益增多且不断恶化，尤其是近些年雾霾铺天盖地席卷全国各地，严重影响到人们的身体健康、日常生活，甚至给社会经济发展造成消极影响。虽然雾霾天气存在一些不可控的自然因素，但更多是由于人类谋求发展破坏自然环境造成的。而且，局部雾霾污染随着大气的流动和开放向更大区域蔓延，原有的"一刀切"环境管理模式已经无法解决大片区空气污染问题，急需转变方式，采取跨区域防治措施。如今，更多的区域呈现出政治、经济一体化的大趋势，形成了城市群向外辐射发展的新格局。就目前我国大气环境污染防治现状而言，虽然各地区政府响应号召，开展多元化管理方式进行治霾，也积极参与到跨区域环境治理中来。但是，地方政府作为理性的"经济人"，在处理环境污染这类具有公共属性的问题上仍然存在局限性。这就要求我们要跳出理论进行跨区域雾霾治理，探索实施过程中的具体措施和合作方式，从决策层到协调层再到执行层，对每一环节都进行充分的剖析和设计。

传统雾霾治理方案是按照行政区域划分的，由各个地方政府按照各地情况制定相应治理措施。这虽然对各辖区内的雾霾污染问题具有一定的效果，但是雾霾并不是单一的某一地区产生的，也不是只污染某个省市，因此雾霾的治理需要全方面、全方位合作。在治理雾霾方面，涉及的不只是空气质量的问题，还包括生产方式在内的其他方面，因此要站在一个很高的高度，综合看待，认真制定方略，从政策到具体的实施，都要切合实际，一步一到位。

协同治霾需要加强跨区域的协作机制设计。第一，空气质量的改善不仅是一个环保课题，还是一个包括转方式、调结构的内在系统工程，我们要站在国家高度看待空气污染治理战略，营造跨域雾霾治理的大环境。可以建立日常跨域雾霾治理相关机构，再根据实际大气污染跨域治理情况，及时调整策略，这种组织机构可以是长期的，也可以是短期的；可以是官方组织，也可以是社会自发性质的，其多半具有种类多样和专业性高的趋势。第二，需要健全完善各项跨域治理保障机制，保障雾霾防治过程中的各方利益。可以由受雾霾污染的地区联合制定跨地域应急预案，强调各地方政府的协作，形成组织机构、发布预警、应对措施的良性循环系统，建立具有联动效应的跨区域防治体系。最后，还要构建各区域主体参与跨区域治霾、多元化互动的格局，同时在治理过程中要考虑治污成本、管理成本、长期发展成本等因素。因此，协调平衡政府与其他治理主体的相互配合至关重要，有利于调动环境治理的积极性，实现社会资源的重新分配。由于雾霾的成因多样复杂，因此在治理问题上不是单一区域、单一政府就能解决的。这是一场抵抗雾霾污染的攻坚战，空气质量的提升需要借助常态化的有效机制，最终实现雾霾问题的妥善解决。

第一节 雾霾天气的气象学定义和形态分析

一、雾霾的气象学定义

雾和霾其实是两个不同的东西，二者的概念是不一样的，状态、形成原因和性质也是不一样的，但是两者又有相通的地方。下面具体来看这两个概念，从各个方面来分析。首先来说雾。雾是一种天气现象，它不是自然就存在的，而是由水汽凝结而成，而水汽又是近地面的空气当中的水汽。有雾的时候，空气的能见度低，会对视线造成不同程度的影响。当有雾的时候，空气比较湿润，这时候湿度就饱和了，或者即将饱和。雾和云的物理机理类似，但是为什么又有区别呢？除了高度不一样，还有就是尺度、浓度、大小等方面也不同。雾直径大约 $10 \sim 20\mu m$，浓度也是大小不一的，有大有小，尺度也是比较大的。雾是有颜色的，类似青白色或者乳白色，而不是纯白色，这是因为光散射的作用。

霾跟雾不一样，雾是水汽形成的，霾则包含灰尘、颗粒。这些小东西飘在空中，而且比较均匀。霾不是透明的，看起来脏脏的，因为它是黑暗的，还稍微有一点点蓝色。不止如此，有时候有机碳氢化合物也会来凑热闹，这样会使得空气更脏，更浑浊，更影响人的视线。这时候的能见度会更低，比雾的能见度低 10 倍，此时就是霾或者灰霾。

雾霾天气是近些年出现的一种新天气现象，是雾和霾的混合物，最初并没有被列入气象观测范围。雾与霾的区别在于，霾中大多是干尘粒，相对湿度不大，而雾更多是水汽的产物，所以湿度较大。霾发生时相对湿度小于 60%，能见度降低至 10.0km 以下，这时大气浑浊导致视野模糊。而雾导致能见度恶化是由于其发生时相对湿度大于 90%、能见度小于 1.0km 时大气浑浊造成了视野模糊。因此，霾和轻雾的混合物共同造成大气浑浊、视野模糊、能见度恶化，且大多是在相对湿度为60%~90%的条件下发生的，但其主要成分是霾。与雾和云不同，霾与晴空区之间并没有明显界线，灰霾粒子的尺度较小，且霾粒子分布较为均匀，人用肉眼是看不到空中飘浮颗粒物的，其粒子大小为0.001~10.000μm，平均直径为1~2μm，如图1-1所示。

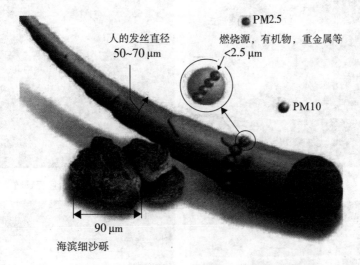

图1-1　与人的发丝相比，细颗粒物的直径大小不到发丝直径的1/20

二、基本形态分析

从2015年3月到4月，用时两个月对雾霾的基本形态进行研究，每天用硅片收集空气中沉降的颗粒物，再用扫描电子显微镜放大数万至数十万倍。研究选取了1081个颗粒分析，其中PM2.5颗粒494个，复杂的形貌和成分令人震惊。

通过分析外表形态和成分数据，我们将空气颗粒分为七大类。其中，占比最高的是扬尘颗粒，占33.4%，主要成分是硅铝酸盐、富钙颗粒，形状极不规则。其次是含硫颗粒，达14.8%。外形有的像盐粒，有的像绒球，主要来源是汽车尾气。其中的硫酸物一旦进入空气中和水蒸气结合，易生成弱酸性物质，有腐蚀作用。燃煤飞灰和烟尘集合体的比例分别为9.5%、6.1%。燃煤飞灰的形貌大多是规则的球形，而这种颗粒的形成通常是煤炭和天然气燃烧造成的。还有一些无法确定来源的成分，如硅氧化物、铁氧化物。最为特殊的是含微量元素颗粒，其中含钛颗粒是半透明球体，内部装满了钛氧化物微粒；含碲颗粒像长满枝杈的竹子，来源不明；含锌颗粒则像一串葡萄。另外，含铅、铬颗粒多次被观察到。铅本身比重较大，但与其他物质结合后，就像坐了小飞机，悬浮在空气中到处传播，严重威胁到人体健康。课题组同时测试了一些颗粒的力学性能，发现部分颗粒硬度比钢铁强 5 ~ 10 倍。还有一些颗粒内部也很奇特，切开燃煤飞灰颗粒后发现内部全是泡状。图 1-2 ~ 1-8 为多种颗粒的形态图。

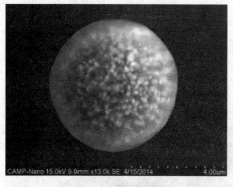

图 1-2　硫酸盐颗粒

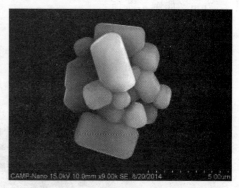

图 1-3　富钛合包壳颗粒

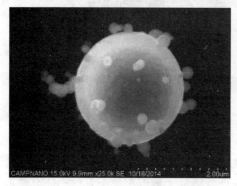

图 1-4　附着的超细颗粒

图 1-5　未知颗粒

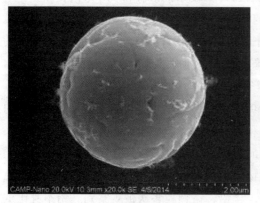

图 1-6　铁氧化物颗粒

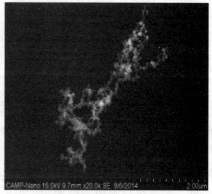

图 1-7　烟尘集合体颗粒

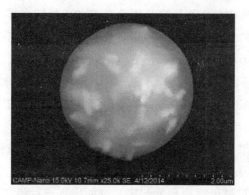

图 1-8　含铬、铅颗粒

第二节　雾霾天气成因分析

一、雾霾的气象因素与地理因素

空气是流动的，空气的流动主要是因为风。而空气中的颗粒、有害物质的流动也是由于大气流动——风，有害物质被吹到了没有有害物质的下风向，这时候下风向的空气会稀释这些有害物质，会使其对大气环境的不好影响逐渐降低。

污染物在大气中的迁移与扩散过程受许多气象因素的影响。通常影响大气污染的气象因素主要包括：①热力因子，如太阳辐射量，大气层结构稳定度和气温的垂直分布；②动力因子，如风速和风向；③大气中的水分；④天气形势以及混合层高度等。

影响大气污染的地理因素主要包括海陆位置、大气流动与地形、地貌、城镇分布等。这些因素在小范围内引起风向、风速、大气温度、湍流、气压的变化，对大气污染物扩散产生间接影响。

通过分析雾霾天气发生时大气相对湿度、风速、气温等气象要素以及可悬浮颗粒物浓度等环境要素的变化特征，可以得出：虽然雾是一种自然天气现象，但形成雾的气象条件不利于污染物的稀释和扩散，在这种情况下的大气污染颗粒物快速积累起来，导致空气污染。因此，当前我国大中型城市的雾霾天气不再是一种单纯的自然天气现象，更多的是空气严重污染的标志。

一到秋冬季节，我国北方及中东部地区早晚的温差较大，在相对湿度较大且静风或微风时，空气中的水汽更容易因为过饱和而凝结成雾。因此，在这种不利于大气污染物扩散的气象条件下，污染物会凝聚得更加快速，这时候空气中飘浮着很多颗粒物，就形成了霾。霾不仅影响视线，还会使空气质量变得很差，空气不再清新，甚至对环境造成污染。

在我国，雾霾发生在很多地方，其中东部、中部地区的雾霾越来越严重，发生的频率越来越高，其原因归纳起来有以下几种。

第一，来看水平方向，现代城市中高楼林立，各种建筑物拔地而起，在一定程度上会阻挡风的前进，使风的速度变小，甚至成为静风，这时候空气中的颗粒物、有害物质难以扩散，就会积累起来，进而出现霾；第二，从垂直方向分析，是由于逆温，出现逆温的时候，会跟平常不一样，平时高度越高，温度就会越低，而逆温的时候高处的温度却比低处的要高，这时候低处的颗粒物难以扩散，因此就会停留在低处；第三，是由于空气中颗粒物的增加和气溶胶背景浓度的增高。

二、雾霾形成的人为因素

PM2.5在地球大气成分含量中所占比重虽然不高，我们仍然要重视它对空气质量和能见度的恶劣影响。PM2.5的浓度增加会直接导致雾中的有毒、有害物质大幅增加，以致雾霾天气频发。PM2.5跟一般颗粒物不同，它的直径更小，而且有毒，其长期存在危害多多，首先是使空气质量变差，引起环境问题，其次是给人类的身体健康带来严重危害。

污染物主要来自人类活动，有多种形式，有气态的，还有气溶胶，经过一些反应，会形成二次无机气溶胶，然后形成雾霜，大大降低能见度。雾霜还有别的名字，如烟雾、烟尘雾、干雾、气溶胶云、烟霞、大气棕色云等。

简洁地描述雾霾天气，就是"气溶胶粒子在高温度条件下引发的低能见度事件"。雾本来是一种自然现象，但受人类活动的影响，近年来雾霾特指人类活动排放的大气污染物诱发的低能见度现象。

（一）雾霾频发与煤炭依赖密不可分

PM2.5究竟从哪里来的？它主要有天然来源和人为排放源。其中，天然来源包括花粉、海浪泡沫、土壤微粒等。但就目前而言，我国大气中的PM2.5主要来源于工业、交通、电力等人类的生产和生活活动。

雾霾真正威胁到人类的生存环境和身体健康，是在人类社会进入化石燃料时代之后。煤炭、石油等化石能源的广泛使用，极大地推动了人类社会的文明进程，但随之而来的环境污染，如同梦魇般挥之不去。说到化石能源，我们首先想到的是煤炭。毕竟，中国是一个煤炭大国。众所周知，煤炭在燃烧的过程中，会产生大量的废物，包括二氧化硫、一氧化碳、烟尘、放射性飘尘、氮氧化物、二氧化碳等，这些对 PM2.5 的"贡献"颇大。

燃煤对雾霾形成的影响，主要体现在燃煤产生的三种污染物上。

第一种是燃煤产生的烟尘细颗粒（图 1-9），包括细煤灰及没有完全燃烧的炭粒等固态物质，这也是人们肉眼能看到烟囱冒浓烟的原因。在煤炭燃烧不完全的烟气中，由于炭粒多而烟色偏黑；如果煤炭燃烧完全，则烟气中以煤灰为主，烟色偏灰白；如果煤炭中水分含量过高，烟囱里冒出的则是偏白色的水蒸气一样的烟雾，这也是人们常常误把电厂冷却塔蒸发的水蒸气混同为烟囱排出的烟气的原因。

图 1-9　烟囱排烟

第二种是燃煤产生的二氧化硫。二氧化硫是煤中的可燃硫燃烧后生成的，其产生量与煤的含硫量成正比。我国电煤（用于发电的煤）含硫量平均为 1.2% 左右，高的可达 5% 以上，低的可至 0.3% 以下。二氧化硫通常是无色、有强烈刺激性气味的气体，所以不能从烟囱是否冒烟来判断二氧化硫浓度的高低。

第三种是燃煤产生的氮氧化物。氮氧化物不仅来源于煤中的含氮化合物，还主要由空气中的氮气在高温燃烧时形成。

在英国，雾霾的严重程度就和煤炭消费有着直接联系。第一次工业革命的标志是燃煤的蒸汽机广泛使用。在煤炭的消费量越来越高的同时，笼罩在英国各城镇上空的雾霾也变得越来越厚。对煤的严重依赖一度让英国人深受其害，伦敦也曾因此被称为"雾都"（图 1-10）。

图 1-10　雾都伦敦

其实，不论我们是否喜欢，眼下的中国，与煤炭的"亲情"一时半会儿是难以割舍的。

中国是一个煤炭消费大国，在一次能源消费中，煤炭消费所占的比例一直保持在 70% 左右。我国的电力有八成左右是依靠燃煤提供。据统计，2005—2010 年，我国 GDP 每年以 10% 左右的速度增长，煤炭消耗量也从每年的 21.6 亿吨猛增到 33.86 亿吨，消耗量约占全世界的 50%。因此，从短期来看，我国很难摆脱对煤炭的依赖。

中国社会科学院发布的《气候变化绿皮书：应对气候变化报告 (2013)》中指出，化石能源消费增多是我国近年来雾霾天气增多的最主要原因。热电排放、工业尤其是重化工生产、汽车尾气、冬季供暖、居民生活以及地面灰尘都是大气污染的主要来源。

政府官员也认为，发展方式过于粗放、产业结构和能源结构不尽合理是导致雾霾的主要原因，其根源还在化石能源，一个是燃煤，一个是燃油。另外，发展方式粗放也会造成大量排污。

有鉴于此，2013 年 9 月，国务院发布《大气污染防治行动计划》，提出 10 条措施，力促空气质量改善，强调"加快调整能源结构，增加清洁能源供应"，并提出，截至 2017 年底，完成煤炭消费占能源消费总量的比重降低至 65% 以下的规划，力争实现京津冀、长三角、珠三角等区域煤炭消费总量负增长。

不过，降低煤炭消费总量或许只是问题的一个方面，眼下最为迫切的应该是找出最大的燃煤污染源，改变煤炭的利用方式。比如，燃煤电厂是燃煤大户，那么，燃煤电厂是不是就对雾霾的影响最大呢？未必。一方面，燃煤电厂都加装了除尘器和脱硫装置，而且国家对燃煤电厂大气污染排放物出台了有史以来最严格的控制标准，有的指标甚至比发达国家还要严格。另一方面，在建设燃煤电厂之前，需要对其进行环境影响评价，尽可能选择建在对环境影响相对较小的地方，且燃煤电厂属于高架源（高烟囱）排放，对近地面环境的影响较小。可以预期，随着科技进步、环保标准日趋严格，燃煤电厂对 PM2.5 的"贡献"将有效减少。

除了燃煤电厂，还有哪些燃煤污染源呢？

每到冬天，我国北方地区有不少单位、家庭是靠燃煤取暖，所用的锅炉虽小，可个数并不少。小锅炉的煤炭燃烧率不高，污染控制难度大、成本高，甚至一些小锅炉排放的废气没有做任何处理，就直接排入大气，成为形成雾霾的重要原因之一。所以，在降低燃煤电厂煤炭消费总量和污染排放量的同时，要治理燃煤小锅炉，优先向小锅炉提供天然气等较为清洁的能源，或采取热电联供等方式。

中央也对小锅炉治理进行了支持。在 2012 年，利用中央环保专项资金支持乌鲁木齐、兰州、太原等重点城市实施燃煤锅炉综合整治工程，进行煤改气或高效除尘改造并取得了初步成效。

（二）机动车为 PM2.5 主要排放源

雾霾的形成，有一定的复杂性，既有"源头"，也有"帮凶"。一般认为，PM2.5 是造成雾霾天气的"元凶"。至于"帮凶"，那就是不利于污染物扩散的静稳天气。所以，人们现在都说，"治理雾霾基本靠风"，风一吹，缉拿了"帮凶"，雾霾就散了。虽然 PM2.5 被锁定为"源头"，可对于治理雾霾而言，光有这个结论显然不够，还需要做进一步解析。对此，科研机构进行了深入研究，却并未达成共识。汽车尾气对雾霾的"贡献"，或许是最大的一个争议点。

2013 年 2 月，中国科学院"大气雾霾溯源"项目组研究发现，在北京地区，城市 PM2.5 的主要来源是机动车尾气排放（图 1–11），约占总量的 25%；第二项是煤炭燃烧和外部雾霾输入，各占 20%。项目组还发现，油气挥发和餐饮排放这两项因素近年来有快速上升的趋势。

中国科学院大气物理研究所研究员张仁健课题组与同行合作，在国际期刊《大气化学与物理学》上发表论文称，通过研究北京地区 PM2.5 的化学组成及来源解析季节变化发现：土壤尘、燃煤、生物质燃烧、汽车尾气与垃圾焚烧、工业污染和二次无机气溶胶，为北京的 PM2.5 的六个重要来源，其占总污染物的比重分别为 15%，18%，12%，4%，25% 和 26%。

图 1-11　不停排放的汽车尾气

以上研究成果一经公布，旋即引发巨大争议，争议的焦点就在于汽车尾气对 PM2.5 的"贡献"究竟有多大。前一项目组得出的结论为汽车尾气是 PM2.5 的主要来源，后一课题组却不这么看，将其列在了最后。颇有意味的是，张仁健课题组的成果公布后，中国科学院紧急召开新闻通气会，表示该院"大气灰霾追因与控制"专项组召集了相关专家进行认真探讨，认为他们过低地估算了"汽车尾气与垃圾焚烧"的危害。

但仍有不少网友对张仁健课题组的结论表示认可。他们最有力的证据就是，2013 年国庆期间，北京城区路面上行驶的机动车大大减少，可北京仍然出现了雾霾，这又该做何解释呢？

这是因为，在 2013 年国庆期间，北京市交通委公布的一组数据显示，仅北京的各大高速路，平均每天车流量就超过了 179 万辆，比 2012 年同期增加了约 10%。可见，北京城区的人和机动车虽然有所减少，但由于高速路免费，大量外地游客和北京人"自驾游"进出北京，城市周边地区的人和机动车数量不降反升。而且华北平原多条高速公路长时间拥堵也会加大机动车尾气排放，从而增大了污染物浓度。

中国科学院"大气灰霾追因与控制"专项组研究显示，2009—2011 年京津冀地区 PM2.5 排放的主要来源：汽车及相关产业约占 30%；钢铁、化工和电子等工业约占 35%；热电厂约占 10%；居民取暖、餐饮和农牧业约占 10%，其他还有生物质燃烧等。不过，其中部分 PM2.5 源于周边地区。

此外，就科学方法而言，先通过检测仪对 PM2.5 样品进行采集，之后进行化学组分分析得出其来源解析，是利用模型演算出来的。更为直接地表现机动车排放量的方法是编制污染源清单。

自 2007 年污染源普查开始，北京市环境科学院着重编制和更新北京市大气污染源排放清单。分析北京市环境科学院编制的清单可以看出，氮氧化物和挥发性有机物是造成北京市 PM2.5 的两种最主要的"前体物"（通过反应能够生成 PM2.5 的气态物质），这两种物质在机动车排放物中占比分别高达 42% 和 32%，直观地体现出北京市大气污染的主要元凶就是机动车尾气。

北京市环保局也表示，机动车在时速 60km 时排放的污染物最少，当时速低于 20km 时，污染物排放量则会高出至少 3 倍以上。机动车具体"贡献"了多少 PM2.5，其实在不同城市、不同时段不尽相同。不过，种种科学研究都证明，在北京这样的大城市中，机动车排放的尾气确实是大气污染的主要来源之一。

（三）本地其他排放

外来输送 PM2.5，让一个城市无法拒绝。

空气和水一样，具有流动性，甲地的污染物很容易被风携带到乙地。乙地不可能因为自己是农村或者城市就能幸免。因此，在京津冀、长三角和珠三角、成渝城市群等地，容易出现区域性污染的情况。

据研究，在京津冀、长三角和珠三角等区域，部分城市的二氧化硫浓度外来源的"贡献率"达 30% ~ 40%，氮氧化物为 12% ~ 20%，可吸入颗粒物为 16% ~ 26%。以上区域内的城市大气污染累积过程呈现明显的同步性，重污染天气一般在 1 天内先后出现。

初步研究还显示，北京有 24.5% 的 PM2.5 不是本地"贡献"的；上海有 20% 的 PM2.5 来自外省（图 1-12）……面对流动的大气，看来谁也不能独善其身。

图 1-12　被雾霾笼罩的上海

　　回首我国的城市化进程，会发现一个很有意思的现象：当城市经济发展到一定阶段时，就会大力搬迁所谓的高污染、高耗能产业。试问，这些产业搬离城市后，对迁入地的环境影响可以忽略不计吗？对高污染、高耗能产业，不能一搬了之，应该通过产业转移，以高新技术改造传统产业，实现产业转型升级。

　　不过官员和专家们都指出，虽然外来污染对本地污染的造成产生了一定的影响，但导致雾霾的主要污染来源仍然是由当地造成的，即当地的污染排放量远超过环境容量。因此，污染的结果也主要由本地承担。治理雾霾污染，在强调"区域联防联控"的同时，不能放松本地的污染减排力度。表1-1、1-2分别为1991—2000年全国34个主要城市各类污染物年均浓度与大气污染综合指数及大气质量指数。

表1-1　1991—2000年全国34个主要城市各类污染物年均浓度

城　　市	二氧化硫 / (mg/m³)	氮氧化物 / (mg/m³)	总悬浮颗粒物 / (mg/m³)	降尘 / (mg/m³)	综合指数
太原	0.254	0.072	0.541	32.40	8.378
贵阳	0.316	0.041	0.298	14.52	7.577
乌鲁木齐	0.150	0.108	0.482	24.67	7.070
重庆	0.265	0.057	0.292	14.84	7.017
济南	0.146	0.056	0.443	24.87	5.768
石家庄	0.151	0.059	0.389	29.75	5.642
青岛	0.168	0.054	0.257	16.80	5.165
天津	0.108	0.053	0.343	14.87	4.575
长沙	0.133	0.042	0.223	12.74	4.172
杭州	0.080	0.062	0.229	12.65	3.718
南昌	0.059	0.032	0.201	9.44	2.628
兰州	0.079	0.079	0.626	26.66	6.027
郑州	0.064	0.094	0.444	23.87	5.167
呼和浩特	0.078	0.036	0.452	12.61	4.280
西安	0.061	0.050	0.420	23.82	4.117
沈阳	0.103	0.070	0.361	27.17	4.922

城 市	二氧化硫 / (mg/m²)	氮氧化物 / (mg/m²)	总悬浮颗粒物 / (mg/m³)	降尘 / (mg/m⁰)	综合 指数
西宁	0.042	0.039	0.461	23.84	3.785
成都	0.065	0.058	0.285	12.52	3.668
银川	0.066	0.033	0.372	32.59	3.620
长春	0.036	0.054	0.325	27.17	3.305
南京	0.051	0.051	0.227	10.06	3.005
哈尔滨	0.028	0.044	0.330	31.26	2.997
昆明	0.038	0.040	0.252	9.69	2.693
福州	0.044	0.036	0.196	8.73	2.433
南宁	0.052	0.019	0.207	9.28	2.282
拉萨	0.002	0.023	0.278	16.86	1.883
厦门	0.020	0.020	0.097	6.76	1.218
海口	0.005	0.015	0.097	5.74	0.868
北京	0.107	0.117	0.386	17.36	6.053
广州	0.063	0.123	0.249	8.84	4.755
上海	0.070	0.083	0.236	12.76	4.007
武汉	0.041	0.067	0.222	17.87	3.133
合肥	0.041	0.046	0.169	9.10	2.448
深圳	0.016	0.065	0.128	5.98	2.207

表1-2　1991—2000年全国34个主要城市大气污染综合指数及大气质量指数

城　市	大气污染 综合指数	污染负荷系数			大气质 量指数	污染程度
		二氧化硫	氮氧化物	总悬浮颗粒物		
太原	8.378	0.51	0.17	0.32	3.44	极重污染
贵阳	7.577	0.70	0.11	0.20	3.65	极重污染
乌鲁木齐	7.070	0.35	0.31	0.34	2.43	重污染

城　市	大气污染综合指数	污染负荷系数			大气质量指数	污染程度
		二氧化硫	氮氧化物	总悬浮颗粒物		
重庆	7.017	0.63	0.16	0.21	3.21	极重污染
济南	5.768	0.42	0.19	0.38	2.16	重污染
石家庄	5.642	0.45	0.21	0.34	2.18	重污染
青岛	5.165	0.54	0.21	0.25	2.20	重污染
天津	4.575	0.39	0.23	0.37	1.66	重污染
长沙	4.172	0.53	0.20	0.27	1.76	重污染
杭州	3.718	0.36	0.33	0.31	1.29	中污染
南昌	2.628	0.37	0.24	0.38	0.93	中污染
兰州	6.027	0.22	0.26	0.52	2.51	中污染
郑州	5.167	0.21	0.36	0.43	1.96	中污染
呼和浩特	4.280	0.30	0.17	0.53	1.80	中污染
西安	4.117	0.25	0.24	0.51	1.70	中污染
沈阳	4.922	0.35	0.28	0.37	1.72	中污染
西宁	3.785	0.18	0.21	0.61	1.71	中污染
成都	3.668	0.30	0.32	0.39	1.32	中污染
银川	3.620	0.30	0.18	0.51	1.50	轻污染
长春	3.305	0.18	0.33	0.49	1.34	轻污染
南京	3.005	0.28	0.34	0.38	1.07	轻污染
哈尔滨	2.997	0.16	0.29	0.55	1.28	轻污染
昆明	2.693	0.24	0.30	0.47	1.06	轻污染
福州	2.433	0.30	0.30	0.40	0.89	轻污染
南宁	2.282	0.38	0.17	0.45	0.89	轻污染
拉萨	1.883	0.02	0.24	0.74	0.93	轻污染
厦门	1.218	0.27	0.33	0.40	0.44	清洁
海口	0.868	0.10	0.35	0.56	0.37	清洁

城　市	大气污染综合指数	污染负荷系数			大气质量指数	污染程度
		二氧化硫	氮氧化物	总悬浮颗粒物		
北京	6.053	0.29	0.39	0.32	2.17	标准
广州	4.755	0.22	0.52	0.26	1.97	标准
上海	4.007	0.29	0.41	0.29	1.49	标准
武汉	3.133	0.22	0.43	0.35	1.18	标准
合肥	2.448	0.28	0.38	0.35	0.87	标准
深圳	2.207	0.12	0.59	0.29	0.98	标准

（四）一些关于"雾霾真凶"的谣言不可信

现在是信息社会，人们在享受便捷的沟通交流的同时面临很多困扰。在这个自媒体时代，人人都可以借助博客、微博、微信等工具，发表自己对热点事件的看法。关于雾霾"真凶"的讨论，也不例外。这本是一件好事，但对公众的判断能力提出了一定的挑战。因此，我们对一些极富迷惑性的所谓"解读"还需多思量，多问几个"为什么"。

前面说到，静稳天气是雾霾形成的"帮凶"。实际上，这很容易理解。空气不流动，污染物自然难以扩散，所以很容易形成雾霾。这时候，有人想起了森林。还记得吗？学地理的时候大家应该都学过："森林的作用是防风固沙，涵养水源，保持水土……"于是，有人就"尖锐"地指出，植树造林能够使近地层风速减弱，使雾霾迟迟难以消散。乍一听，似乎也有道理。森林确实能使风速降低，不利于污染扩散。但别忘了，森林还能保持水土，不至于扬起很多沙尘；森林还能吸附一些颗粒物，清洁空气；更重要的是，森林能调节气候，增加降雨，雨一下，就能有效降尘（图1-13）。仔细比较一下，究竟孰轻孰重？

2014年2月25日，国家林业局公布了第八次全国森林资源清查成果：中国森林覆盖率为21.63%，远低于31%的世界平均水平；中国人均森林面积为1500m²，仅为世界人均水平的1/7。这表明，我们的森林资源是太少了，而不是多了。所以，必须继续加大植树造林的力度，努力提高我国的森林覆盖率。有了碧水青山，不愁雾霾不散。

图 1-13　防护林

2014 年 1 月，一篇博客文章在网上的转发量很大，作者认为"由于我国煤炭中有铀这个放射性化学元素，因此华北大面积持续雾霾是'核雾染'造成的"。那么，针对这一观点，相关专家会做何说明呢？

中国煤炭科学研究总院北京煤化工研究分院副院长陈亚飞指出，我国煤炭中的铀含量比土壤中的铀含量还低，而且在建立新煤矿之前，都会对煤质进行检测，有地勘部门监督，如果煤炭中的铀含量超标，是不允许开采的。

2013 年 3 月，内蒙古鄂尔多斯市国土资源局曾组织核工业专家对铀矿区所涉及的煤炭矿业进行了一次全面彻底的清查，结果显示没有因为煤炭开采而引发"核雾染"的现象。

同时，国外的研究也否定了"核雾染"的可能性。美国地质勘探局发布的《煤和粉煤灰中的放射性元素》指出，煤炭虽然可能含铀，但一般与普通土壤和岩石中的含铀情况没有差别。

前述的博客文章还提出："高铀煤在发电厂燃烧，铀不会消失，而是通过烟尘和废灰散落于环境中，这样必然会造成大量而广泛的永久性放射性铀环境污染。"对此，中国电力企业联合会秘书长王志轩进行了回应。王志轩指出，我国燃煤电厂的平均除尘率已经可以达到 99.5%，极微量的铀物质经过严格的除尘处理，能排向空中的所剩无几。科研人员对热电厂的实测表明，"核辐射检测数据均在正常值以内"。

其实，有一些科学思维的人，很快就能确认"核雾染"的说法是否属实。作为易开采、低成本的能源，千百年来，人们一直使用煤炭，如果真的存在"核雾染"，很早就会形成恶劣的雾霾天气了。而且，铀矿是多么重要的战略资源，谁会眼睁睁看着它流失？由此也可见，理性思考在当今时代显得尤为重要。

第二章 雾霾的影响与危害

有时候，呼吸会成为一件危险的事情。2013 年 10 月 17 日，世界卫生组织下属的国际癌症研究机构发布报告，污染的空气被确认为"一类致癌物"。这充分说明，从动物试验和人体流行病中提取的数据都得出污染空气是致癌物的结论。一个成年人通常每天呼吸 2 万多次，会吸入 10 ~ 15m³ 的空气，因此空气质量与人体的健康息息相关。那么，雾霾对人体健康的伤害究竟有多大呢？

2013 年 1 月，一场雾霾影响到北京、天津、河北、河南、山东、江苏、安徽、湖北、湖南等全国约 20 个省市。医学人员将此次雾霾发生期间的人群发病情况与同期无雾霾时进行对照，发现人群发病率增加了 20% ~ 30%，特别是呼吸系统和心血管系统疾病的发病率有了明显上升。

其实，早在 2009 年上海雾霾暴发期间，研究人员对上海市 6 家医院进行调查发现，空气中的 PM2.5、PM10 对医院门诊人数的影响有一定的滞后性，在雾霾暴发后的第 6 天，其累积效应达到最大化。在雾霾发生当日，PM2.5 日均浓度每增加 50µg/m³，呼吸科、儿呼吸科日均门诊人数分别增加 3% 和 0.5%；PM2.5 日均浓度每增加 34µg/m³，呼吸科、儿呼吸科日均门诊人数分别增加 3.2% 和 1.9%。2009 年，上海市因雾霾污染造成的健康危害经济损失为 72.48 亿元，占上海市当年 GDP 的 0.49%。

仅北京市从 2001 年到 2010 年，由于肺癌导致死亡的人数增长 56%。2009 年 7 月发布的一项麻省理工学院的研究发现，由于空中的可吸入颗粒物，致使中国北方居民的平均寿命约少于南方居民 5.5 年。

同时，美国健康影响研究所（Health Effects Institute）公布，仅在 2010 年一年，就有 120 万中国居民因空气污染过早死亡，损失健康寿命约 2 500 万年。

2013 年 3 月 3 日发布的《2010 全球疾病负担评估》报告，是由 50 个国家的 303 个机构 488 名研究人员，其中也有中国专家，共同完成的。该报告指出，2010 年，全球 20 个首要致死风险因子中，室外空气 PM2.5 污染排名第九，位居我国第四位；我国第五大致死风险因子是"家庭固体燃烧造成的空气污染"，排在"饮食结构不合理""高血压""吸烟"之后。

另据世界卫生组织有关报告，上述团体所监测的疾病有 102 种，其中受外部环境影响的有 85 种。北京协和医学院、中国疾控中心与美国华盛顿大学健康测量与评价研究所、澳大利亚昆士兰大学的研究人员一起，结合《2010 年全球疾病负担评估》数据，分析了 1990—2010 年间我国居民健康模式的转换情况，最终发现：环境空气污染、室内空气污染和二手烟草烟雾是我国 PM2.5 污染的主要来源，大大地提升了感染性疾病、心血管疾病和癌症的患病率。我国的环境空气污染和室内空气污染，作为 PM2.5 污染的两大暴露源，与发达国家相比更为严重。从流行病学来归因，大气 PM2.5 污染引发了我国 40% 的心脑血管疾病死亡、20% 的肺癌死亡。1990—2010 年，我国由于大气 PM2.5 污染导致的死亡率上升 33%，从 90 万升到 120 万人。

然而，目前的研究尚未观测到不影响人体健康、安全的大气 PM2.5 水平。即使世界卫生组织公布的大气 PM2.5 年均浓度指导值低于 $10\mu g/m^3$，仍能观察到 PM2.5 污染对人群死亡率的短期或长期的不良影响，其中短期影响更显著。环境保护部发布的《中国公民环境与健康素养（试行）》指出，空气污染物的浓度在短期内急剧升高，可使当地人群因吸入大量的污染物而危及身体健康；但这并不代表低浓度空气污染就安全，长期接触也会引发各种慢性呼吸道疾病、心血管疾病等；由于 PM2.5 的化学成分较多，婴幼儿、儿童、老年人、心血管疾病和慢性肺病患者会受其影响，如图 2-1 所示。

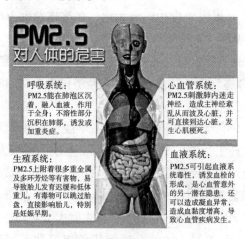

图 2-1　雾霾诱发多种疾病

不过，我国不同地区的空气污染对健康的危害也存在一定的区域差异，PM2.5

浓度值也不完全反映健康效应。例如，环境保护部、复旦大学等单位研究发现，虽然乌鲁木齐、兰州等西北城市 PM2.5 污染较严重，但单位污染物浓度的健康危害并不大。这是因为化学材料燃烧产生的 PM2.5 毒性最大，而自然燃料燃烧产生的 PM2.5 毒性相对较小。有数据显示，机动车排放的 PM2.5 比燃煤产生的 PM2.5 毒性高 3 ~ 5 倍，甚至更多。由于南方一些城市的 PM2.5 基本是由机动车排放的，而西北城市主要是风沙大，因此，由于 PM2.5 成分不同导致的健康效应也不同。

第一节　雾霾对人体器官的危害

PM2.5 是引起城市大气酸雨、光化学烟雾、能见度降低的主要因素，它对人体健康的危害尤为严重。

由于 PM2.5 的粒径小，比表面积相对大，很容易富集空气中的细菌和病毒等微生物，砷、硒、铅、铬等各种重金属元素，以及多环芳香烃、二噁英类化合物等持久性有机污染物。这些污染物多为致癌物质和基因毒性诱变物质，危害极大。

细颗粒物本身，或附着在细颗粒物上的其他污染物会通过呼吸系统进入人体。直径大于 10μm 的颗粒物会被鼻毛过滤阻挡，直径为 2.5 ~ 10μm 的颗粒物通常会滞留在鼻子或咽喉黏膜上，人们能通过擤鼻子或吐痰，把这些污染颗粒排出体外。但 PM2.5 直径小于 2.5μm，能深入人体肺泡甚至血液系统，又称为"可入肺颗粒"。颗粒越细，其比表面积越大，吸附的毒性物质就越多，在人体内的生物活性就越强，对心肺等器官的毒副作用就越大。

一、雾霾、空气污染与呼吸道疾病

在公众认知度高的大气污染物中，与人群健康效应终点的流行病学联系最为紧密的当属雾霾、颗粒物。近年来，WTO、欧盟等国际机构聚焦于颗粒物对健康的危害作定量评价。

进入 21 世纪以来，持续的雾霾天气笼罩着京津冀、中原和长三角 10 余个省市。雾霾已经成为最恶劣的空气污染现象之一，其中的颗粒物 PM2.5 造成的污染，是影响我国大多数城市空气质量的主要原因。

PM2.5 由碳质成分、二次污染成分、金属元素、有机物质和生物组分等构成，成分多而复杂。颗粒物中含量最多的碳质组分（有机碳和元素碳）可能会导致心率变异性、高血压、系统性炎症、血液高凝状态等。以往人们更关注颗粒物会引发心肺损伤或是致癌或是引起遗传物质损伤导致先天缺陷，这与颗粒物中的多环芳烃及过渡金属（如铁、锌、铜、镍、钒）可引起活性氧的产生和炎性因子的释放有关，其中含有致突变物和致癌物（砷、多环芳烃等）。

美国的研究表明：硫酸盐、硝酸盐、氢离子、元素碳、二次有机化合物及过渡金属都富集在细颗粒物上，而钙、铝、镁、铁等元素则主要富集在粗颗粒物上，它们对人体的影响不同。对人体来说，PM2.5 的危害大于 PM10，各国环境空气控制政策已将 PM2.5 设定为新目标。如今交通发达，机动车辆随之不断增加，加剧了 PM2.5 污染，导致环境恶化。研究发现由于大气中 PM2.5 在总悬浮颗粒物中的量逐年攀升，PM2.5 占沉积在下呼吸道颗粒物的 96%。城市大气中 PM2.5 主要来自交通废气排放（18% ~ 54%）及气溶胶二次污染（30% ~ 41%）。

结合污染水平改变的早期和持续反应，研究发现：研究对象从郊区迁移到城区后，其血压、炎症生物标志及同型半胱氨酸水平整体有显著的升高，而凝血生物标志物水平整体明显下降。观测结果显示，郊区大气 PM2.5 污染水平高于城区。于是，研究者进一步分析了 PM2.5 的化学成分，结论显示，城区 PM2.5 中来源于机动车尾气的碳质含量比郊区明显要高，而郊区 PM2.5 中来源于二次污染的硝酸根离子和硫酸根离子含量较城区明显偏高。得出最终结论，有机碳、元素碳、镍、锌、镁、铅、砷、氯离子和氟离子等对血压水平产生主要影响，其中以碳质组分最为明显；而锌、钴、锰、硝酸根离子、氯离子、二次有机碳、铝等对心血管生物标志物影响较大，其中以过渡金属最为稳定。这些来源于交通排放、扬尘（含建筑扬尘及远距离输送扬尘）和燃煤等污染是严重影响大气 PM2.5 健康效应的化学成分。

细粒子污染物即使是由无毒物质形成的，但因为它们能够被吸入，所以对肺也是非常有害的，如二氧化钛和碳。Fertin 研究了放在相同浓度二氧化钛中，两种情况下老鼠的气管肺泡发炎状况（一种情况下二氧化钛为精细粒子，颗粒直径大约为 250nm；另一种情况下二氧化钛为超细粒子，颗粒直径为 20nm）。结果发现在超细粒子中发炎反应是显著的，而在精细粒子中发炎却很少出现。这就说明了相同物质的超细粒子和精细粒子在致病原因方面有显著区别。

有充足的证据表明 PM10 含有超细组分，并且有报道说哮喘是和空气中的超细组分有密切关系的。柴油机排放的颗粒直径在 50nm 左右，还有一些研究也描述了尺寸在超细范围内的组分，尽管这些组分在总质量中只占很小的比例。

在颗粒物健康效应机制方面，进行了一些总结。第一种：一些空气中的颗粒物会随着呼吸进入人的肺部，改变循环系统，引发一系列炎症。颗粒物进入肺部的过程跟人身体循环有关，它是通过肺毛细血管进入血液中，进而进入肺部的。在引起炎症后，还会对身体各器官产生各种不好的影响。第二种，在颗粒物进入到肺部后，会有一系列并发症产生，使身体内的蛋白质、生物膜脂质、DNA 等受伤，进一步会使呼吸道受伤，继而引发呼吸系统疾病。第三种，是系统氧化应激及炎症反应，这些会引起其他症状的产生，如内皮功能紊乱、血液的高凝状态、血管舒缩异常、自主神经功能紊乱等，这些对心血管系统有不好的作用，会损害心血管系统。第四种，是颗粒物方面，还是超级细的颗粒物方面，这些是有毒的，针对的是神经系统、心血管系统。第五种，是更加严重的方面，这是因为颗粒物释放活性氧，会发生氧化，进而损害遗传物质、组织细胞，严重者还会导致细胞恶性转化。

目前，还不能完全明确 PM2.5 对心肺等损伤的毒性机制，但其引起的氧化应激、局部和系统炎症作用、自主神经功能改变、血液循环状态改变、血管生理状况改变及直接毒性作用等是目前较为公认的效应机制。事实上，颗粒物进入机体后，对各系统的影响是相互关联的，并不独立。例如，颗粒物进入肺部可刺激肺部的自主神经反射，直接影响心血管系统；颗粒物在肺局部引起的炎症反应可进一步促进系统炎症的发生，而系统炎症反应可同时对各个系统产生影响；免疫系统的细胞存在于机体的多个系统之中，颗粒物进入组织器官可能对其中存在/定居的免疫细胞产生影响，而颗粒物对机体免疫细胞和免疫因子的影响可引起机体对颗粒物损伤的反应性提高。

（一）呼吸道感染

雾霾天气会损害到人体的呼吸系统。空气中飘浮的大量颗粒、粉尘、污染物等，尤其是细颗粒污染物 PM2.5 比表面积大，易携的有毒有害物质更多，一旦被人体吸入，经呼吸道进入人体肺部深处并随血液循环，将直接危害人体健康。它会刺激并破坏呼吸道黏膜，使鼻腔变得干燥，破坏呼吸道黏膜防御能力，细菌进入呼吸道后引发上呼吸道感染。

研究表明，总悬浮颗粒物浓度每升高 100μg/m³，导致人群总死亡率、肺心病死亡率、心血管病死亡率分别增加 11%、19%、11%；总悬浮颗粒物每增加 100μg/m³，造成呼吸道症状和疾病发生的相对危险度为 1.13 ~ 1.59。

有研究做了调查分析，针对主体是北京市的儿童，人数达 6 000 名，目的是确定疾病跟大气污染到底有没有关系；当污染严重时，疾病人数、患病频率会不会变高，跟区域有没有关系，跟交通有没有关系。儿童长时间处于有较高浓度颗粒物的空气中，会更早出现慢性阻塞性肺疾病症状。

有专家指出，在身体机构中，最容易跟细菌近距离接触的就是呼吸系统，因为人不可避免地要呼吸，不可避免地会置身于室外，身体表面也会呼吸。这时候就会有污染物跟着吸进呼吸系统。并且，如果是在雾霾天，近地层紫外线会因为雾霾的影响，而受到削弱，这时候空气中的病菌更加活跃，更加肆无忌惮，猖狂地进入人的呼吸系统，进而出现感染的现象。

成人长期暴露在被污染的空气中可引发慢性阻塞性肺疾病和扩展，提升了发病率和死亡率。健康成人志愿者暴露于浓缩大气颗粒物中后，可观察到肺部炎症反应，表现为肺泡灌洗液中性粒细胞上升、血液纤维蛋白原升高等。居住在高污染地区的儿童呼吸道多种细胞受损及中性粒细胞、细胞间隙中的颗粒物痘高于居住在相对清洁地区的儿童。

霾和细颗粒污染物 PM2.5 损害健康的生理和生化机理主要是：颗粒物进入肺组织，引起局部氧化应激和炎症反应，氧化应激可损害生物膜脂质、蛋白质和DNA，与炎性因子共同作用导致呼吸道损伤，会增加发生肺功能降低及呼吸系统疾病的概率以及改变血液流变能力。

（二）支气管哮喘

雾霾天气时，大气污染更为严重，细菌和病毒伴随着空气流动而飘散开来，这时候人的防御能力是最低的，人受到感染的概率是极大的。因为这时候的天气，污染物会聚集在空中，且不容易散去，此时空气中的有毒物质会更多，如一氧化碳、二氧化硫、氮氧化物等，对人类的生产、生活造成极大的危害，使人类的健康、生命置于没有保障的境地。还有另外一方面，当雾霾天气时，空气中有很多东西，如烟尘、粉尘、尘螨等，它们会被吸入呼吸系统，如果恰巧是被患有支气管哮喘的病人吸入的话，这些人的症状就会更加严重，甚至会呼吸不畅、咳嗽、气闷，对健康极为不利。这些颗粒有的会进入到呼吸道，如果颗粒很大的话，还会使肺泡壁受到不同程度的腐蚀和刺激，打破防御系统，破坏肺功能，使人出现咳痰、咳嗽、喘息这些呼吸系统疾病的症状甚至会引起肺气肿、慢性支气管炎、支气管哮喘等。

哮喘和慢性阻塞性肺疾病都是肺气管发炎引起的疾病。肺气管的防御系统包含了它的黏膜通路，在这里黏液细胞释放出的黏液能够捕获沉积颗粒。黏液和它所捕获的颗粒被纤毛细胞向前推进，之后或被排出或被吞没。此外，上皮细胞自身也能对受颗粒刺激而释放出的发炎个体做出反应。巨噬细胞同样存在于肺气管壁和表面，它们能吞噬颗粒和释放个体。

大量的颗粒沉积物也会沉积在纤毛肺气管末端以外，在这里空气流量为零而且对于较小的颗粒，其沉积效率由于扩散沉积的高效而提高。在这些区域，巨噬细胞在驱除颗粒方面起到了最为重要的作用。巨噬细胞吞噬颗粒最终迁移到黏膜纤毛管道端口处并携带颗粒从肺部移出进入内脏。尽管由 PM10 引起的一些不利影响主要集中在肺气管，但除此之外，对心脏血管也有影响。

虽然目前研究还不能确立暴露在颗粒物中与哮喘发生之间的因果关系，但是颗粒物对儿童和成人哮喘的发生和症状均有强化作用。

北京在 2008 年奥运会期间成人哮喘门诊率的降低与 PM2.5 浓度的降低有关。

与儿童哮喘相比，颗粒物污染与成人哮喘关系的研究相对较少，但也有一些研究证实了两者之间的关联。对此有人专门进行了相关研究，这个研究连续了 11 年，而且不是固定人数的访问，是随机访问进行研究的，从 1991—2002 年，结果发现，在一类人群中，有些以前没有哮喘的，引发了哮喘，这跟空气中颗粒物的增加是脱离不了关系的，而且跟交通有关的，这类人群的年龄在 18 ~ 60 岁之间。

通过这些结论可以发现，成年人患哮喘跟空气中颗粒物的污染是息息相关的，这两者之间的关系也跟颗粒物多少和距离有关。

二、空气污染与肺癌

原发性支气管肺癌简称肺癌，是最常见的肺部原发性恶性肿瘤，是一种严重威胁人们健康和生命的疾病。肺癌在 20 世纪末已成为各种癌症死亡的首要原因，发病率仍呈上升趋势。目前，得肺癌死去的人数在常见的恶性肿瘤中排名靠前，男性是第四位，女性是第五位。

近几十年来，世界各国肺癌发病率均出现上升趋势，世界卫生组织年鉴表明：不只是中国，欧美一些国家的肺癌发病率也是不低的，且呈现一种持续增加的状态，研究中统计了 50 多个国家地区，在这里面，有 36 个是排在第一位的。

美国男性的肺癌发病率一直在上升，随着时间的推移，甚至一度增加十数倍。1950 年左右开始，在因恶性肿瘤死亡的患者里面，肺癌占到了第一位。自 1987 年起女性肺癌也跃居美国恶性肿瘤死因的第一位。

在英国，肺癌占男性全死因的 8.5%，占女性全死因的 3.9%，占 65 岁以下肿瘤死因的 20%。（1992 年资料）通过对我国全国不同污染状况的 11 个市县 1988—2002 年肺癌发病率和死亡率概况进行研究，研究结果表明空气污染与肺癌发病率和死亡率密切相关。

1988—2002 年全国 11 个市县男性肺癌指标均值中，男性肺癌粗发病率最高的是上海，达 75.8，其次为天津，为 72.7；最低的是扶绥，其次为林州，其男性肺癌粗发病率分别为 9.5、10.8。最高值与最低值之间相差竟达近 7 倍，由此可知肺癌发病状况的地域性差异还是十分显著的。男性肺癌世界年龄调整发病率最高的是天津，数值为 62.2，其次为哈尔滨，数值为 58.1；最低的仍然是扶绥，其次为林州，其男性肺癌世界年龄调整发病率分别为14.5、15.1。在全国11个登记的市县中，男性肺癌粗死亡率值最高的是上海，值为67.6，排在第二位的是天津，其男性肺癌粗死亡率值为57.0；排在最后两位的分别是扶绥和林州，男性肺癌粗死亡率分别为8.9和9.0。在11个市县男性肺癌世界年龄调整死亡率的对比中，排在前两位的是哈尔滨和上海，数值分别为50.8，46.5，排最后两位的分别为林州和扶绥，男性肺癌世界年龄调整死亡率分别为12.7，13.5(见表2-1)。可以从图2-2中得到更为直观的1988—2002年全国11个市县男性肺癌指标均值的对比状况。

表2-1　1988—2002年全国11个市县男性肺癌指标均值

登记处	粗发病率	世界年龄调整发病率	死亡率	世界年龄调整死亡率
哈尔滨	55.9	58.1	47.6	50.8
北　京	49.1	35.8	40.4	28.9
天　津	72.7	62.2	57.0	40.5
上　海	75.8	52.8	67.6	46.5
武　汉	49.6	51.1	44.2	45.8
磁　县	25.8	36.9	23.4	33.5
林　州	10.8	15.1	9.0	12.7
启　东	48.3	40.0	43.6	35.9
嘉　善	52.1	44.5	46.3	39.8
长　乐	15.8	24.2	15.6	21.4
扶　绥	9.5	14.5	8.9	13.5

　　1988—2002年全国11个市县女性肺癌指标均值中，女性肺癌粗发病率最高的是天津，达54.6，其次是哈尔滨，为33.5；最低的是扶绥，其次是林州，其女性肺癌粗发病率分别为2.9，6.2，最高值与最低值之间相差达18倍。女性肺癌世界年龄调整发病率最高的是天津，数值为38.6，其次是哈尔滨，其值为32.4；最低的仍然是扶绥，其次是林州，其女性肺癌世界年龄调整发病率分别为3.6，7.4。在全国11个登记市县中，女性肺癌粗死亡率最高的是天津，数值为41.5，排在第二位的是哈尔滨，其女性肺癌粗死亡率为31.2；排在最后两位的分别是扶绥和林

州，女性肺癌粗死亡率分别为 2.8 和 5.1。在 11 个市县中女性肺癌世界年龄调整死亡率的对比中，排在前两位的是哈尔滨和天津，值分别为 30.8，29.1，排最后两位的分别是扶绥和林州，女性肺癌世界年龄调整死亡率分别为 3.4，6.2。由此可见，全国 11 个市县女性肺癌指标均值在不同地区具有明显差距的同时，女性肺癌基本状况与男性也有着明显的差异，即男性肺癌发病、死亡状况显著高于女性（见表 2-2）。也可以从图 2-3 中得到更为直观的 1988—2002 年全国 11 个市县女性肺癌指标均值的对比状况。

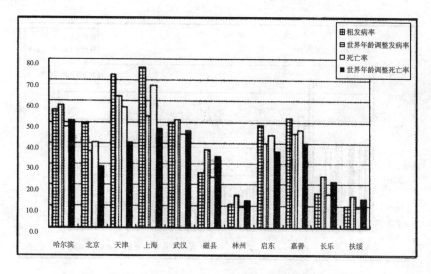

图 2-2　1988—2002 年全国 11 个县市男性肺癌指标均值比较

表2-2　1988—2002年全国11个市县女性肺癌指标均值

登记处	粗发病率	世界年龄调整发病率	死亡率	世界年龄调整死亡率
哈尔滨	33.5	32.4	31.2	30.8
北　京	33.1	21.7	28.6	18.2
天　津	54.6	38.6	41.5	29.1
上　海	32.2	18.8	29.1	16.4
武　汉	17.4	15.3	14.6	12.7
磁　县	13.5	16.1	11.8	14.1
林　州	6.2	7.4	5.1	6.2

（续　表）

登记处	粗发病率	世界年龄调整发病率	死亡率	世界年龄调整死亡率
启　东	16.5	11.8	14.9	10.6
嘉　善	16.3	12.5	13.6	10.3
长　乐	9.1	10.1	7.9	8.8
扶　绥	2.9	3.6	2.8	3.4

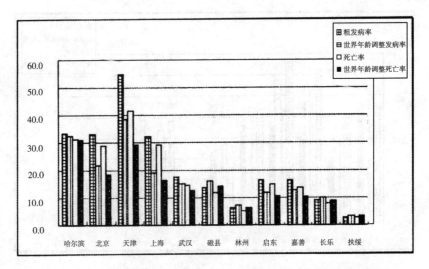

图 2-3　1988—2002 年全国 11 个县市女性肺癌指标均值比较

钟南山指出，在所有地区肿瘤发病率中，北京地区的肺癌发病率最快，增幅达 2.42%。由于朝阳区、丰台区和石景山区污染程度较高，其肺癌发病率最高，说明灰霾与肺癌发病率存在关联。庄一廷对福州市 1984—1993 年大气环境污染状况以及肺癌死亡人数做了连续追踪监测，数据显示：肺癌死亡率与大气中总悬浮颗粒物、降尘呈显著正相关。井立滨等报道：大气中总悬浮颗粒物、二氧化硫的增加，导致疾病死亡率增加。

通过对青岛市的肺癌死亡率分析，得出以下结论：青岛肺癌死亡率的增高与青岛市区上空大气的总悬浮颗粒物多少有很大关系。有人利用灰色关联度模型测算了人群整体因肺癌死亡率和大气中的总悬浮颗粒物年平均浓度的关系。结果表明，当前肺癌死亡率和九年前总悬浮颗粒物的灰色关联度是最大的，并且显示总悬浮颗粒物致肺癌的潜伏期为八年。Abbey 等发现，非吸烟者暴露于 PM10 后，肺癌发病概率会很高。

目前对颗粒物的研究倾向于 PM2.5，有学者通过美国癌症协会收集了 16 年的资料，该资料跟居住在大城市的五十万名美国人的死亡原因的风险因素有关。该学者发现与肺心病死亡率、总死亡率、肺癌死亡率与空气中的二氧化硫、细颗粒物和其他的污染物相关。PM2.5 每增加 $10\mu g/m^3$，肺癌死亡率增加 8%。英国的煤气工人曾经做过调查，Pike 等依据该调查指出，估计城市空气中多环芳烃有致癌作用，同时他认为大城市中 10% 肺癌病例可能会由包括吸烟的协同作用在内的大气污染所引起。Jakbosson 等研究认为：接触高浓度汽车尾气可能会促进肺癌发生。

曾经在日本进行了 PM2.5 与疾病关系的横断面研究，研究发现 PM2.5 的水平高低与广大女性朋友的肺癌发生率有正面关系，PM2.5 每增加 $10\mu g/m^3$，不吸烟女性发生肺癌的相对应的危险度为 1.10。另一方面考虑吸烟与 PM2.5 的联合作用，PM2.5 每增加 $10\mu g/m^3$，女性吸烟者发生肺癌的相对危险度为 1.04。

Michael Jerrett 等在洛杉矶的研究发现，控制了 44 个个体因素差异后，PM2.5 每增加 $10\mu g/m^3$，肺癌发生的相对危险度为 1.44。Elena Neniere 等的研究表明，每年因为长久暴露在室外的 PM2.5 中而引发的肺癌的病例数在 12 到 303 例之间。该研究依据其在法国四个城市的实验发现，这四个城市因肺癌的死亡率与 PM2.5 水平的相关性波动在 8% 到 24% 之间。

空气动力学当量直径小于或等于 $0.1\mu m$ 的颗粒物称为超细颗粒物，可直接被肺泡壁吸收，潜在健康危害更大，正逐渐引起学者的重视。有学者对 15 名非吸烟的志愿者进行研究，认为超细颗粒物与 DNAP 嘌呤氧化有关，但目前对超细颗粒物的流行病学研究较少。

我国的医院做了统计，近几年患肺癌的病患人数增长，年龄多数在 50 岁以上。肺癌病患增长最多的是 3 岁到 50 岁之间的人群。肺癌发病与空气中 PM2.5 的含量水平有关，华东地区年龄最小的肺癌患者只有 8 岁，这个小孩子患肺癌的原因跟家住在马路边，长期吸入来自公路的粉尘有极大的关系。当人吸入过多的 PM2.5 时，便会沉积在肺部，从而引发肺炎，更严重会引发其他的恶性病变，这就是雾霾的危害机理。

阚海东教授来自复旦大学的公共卫生学院，他表示肺癌的潜伏期不等，从几年到几十年波动，年龄小的患者，肺癌引起因素大多和基因突变、遗传因素有关。跟成人相比较，儿童的身高低，吸入汽车尾气和马路粉尘的量会更大，这是医学界之间达成共识的。儿童的单位体重呼吸暴露量高于大人的单位体重呼吸暴露量，这也导致了儿童受感染的概率会更高，因此儿童受雾霾、尾气等污染气体的影响是更大的。同时儿童的各个身体器官还没有完全发育，受到污染气体的侵袭伤害会更大。

在中国的上海、北京、广州等大城市，以及西方国家的一些大城市，肺癌是最常见的恶性肿瘤之一。从1950年左右开始，我国在肺癌方面的发病率呈现增加的趋势。女性、男性相比，女性更严重，且跟其他国家相比，也是最严重的。随着时间的推移，甚至越来越严重。

近20年以来，女性患肺癌的趋势呈明显的上升趋势。其中我国天津、日本大阪和美国旧金山湾区的肺癌发病率上升是较大的。我国香港和上海女性的肺癌发病率也在上升。全球的肺癌发病率高发区在美国一些地区和新西兰的毛利人居住的一些地区。在世界范围内登记的183个有肿瘤发病率地区的人群中，中国男性香港、上海、天津和启东肺癌发病率分别为第23位、第73位、第74位和第127位；女性肺癌发病率分别位于第52位、第13位、第102位及第23位。肺癌发病率的性别、发病地区都呈现升高或者相对不变的趋势，不管男性、女性，不管肺癌发病高发区、低发区，这是全球范围的现象。因此可以看出，受全球性环境污染的影响，再加上迟迟不能解决的吸烟问题，肺癌的发病率将会进一步升高。

三、空气污染对心脏、循环系统的影响

PM2.5污染会引起心血管疾病发病率和死亡率的增高，症状主要有动脉粥样硬化、心肌缺血、心律失常、心肌梗死和心率变异性改变等，这些危害在老年人及心血管疾病患者等易感人群中更加明显。

心血管病死亡是PM10有害健康的一个重要表现方面。国际环境流行病学领域在近几十年的研究中，已经证实长期、短期暴露于空气细颗粒物PM2.5中可以导致心肺系统中的死亡率、患病率和人群总死亡率等的增高。美国有一项时间长达16年（1982—1998年）的研究，研究人员跟踪随访了五十万名研究对象，研究发现随着PM2.5浓度每升高$10\mu m/m^3$，心肌梗死的入院率会升高2.25%，冠心病的入院率会升高1.90%，先天性心脏病的发病率会升高1.85%，呼吸系统疾病的危险度会升高2.07%，心肺疾病可增加6%，其95%CI为2%～10%。

在该研究的后续分析中，分别将生态协变量和空间自相关进行分析，便会发现这两种情况下的危险系数更高，这在缺血性心脏病中尤为突出。

研究中，以北京为例，研究了心血管疾病和PM2.5之间的关系，结果发现两者息息相关。在沈阳市、广州市也同样有此发现，而且跟死亡率、心血管系统疾病死亡率都是一个正走向的关系。在这些患病人群中，最多比例的是老年人和女性，65岁以上的老年人是主要患病人群。

有研究发现，人们长期在雾霾天室外活动，会增加人群的颈动脉中膜厚度，这也是临床动脉粥样硬化的表现之一。一般时候，人的心脏跳动是有规律的，跟

身体状况和昼夜有关。也就是所说的心率变异性，这个变动可以预示心血管疾病的发病。对此，进行了一项研究，该研究的针对主体是出租车司机，而且是身体健康的出租车司机，以此来研究 HRV 水平的变化。这是一项研究 HRV 水平变化跟机动车来源 PM2.5 的关系。

有一项研究，其研究对象是心血管生物标志物和 PM2.5 之间的关系。研究的主体是在校青年人，而且身体健康。研究当他们在不同地方时的血压、炎症生物标志物情况，以及半胱氨酸情况。这些不同的地方是郊区校园和城区校园，这两个地方的 PM2.5 污染不同，郊区轻、城区重。

除了这个研究，还有一些其他研究致力于这方面。那些研究也有一些发现，如室外 PM2.5 在不同时期的含量跟人身体健康的关系。冬季采暖期 PM2.5 污染严重，针对主体是健康的老年人。结果表明：碳质组分同此效应密切相关，同时此效应机制与心肺组织损伤没有依附，或许同肺部的自主神经系统受到颗粒物的刺激相关。

颗粒物进到循环系统里面，会对心肌细胞产生直接的毒性作用。比如，心肌系统可能被氧化损伤，这是由活性氧导致的，活性氧是因颗粒物引起的。钙离子通道也可能会被颗粒物干扰，引起心肌细胞的节律性发生异常，以及引起电信号传导的异常。

心脏病发病时冠状血管和中风时脑微脉管系统中产生了血液的凝结。同时，吸入肺里的颗粒带来的直观影响是可以理解的。但是对于 PM2.5 造成心血管疾病（中风和心脏病）死亡数量的增加是让人难以理解的问题之一，甚至有人认为是夸大其词。

PM2.5 造成心血管疾病的机理是：局部肺部感染能够被转化为提高前凝因子的条件以利于冠状和大脑微脉管系统的止血。这些条件可以分别促进心脏病和中风的发生。两种机理给出了合理的解释：一个是肝脏和肺部产生前凝因子的增加，另一个是 PMN 变形性的降低。

人体肺部吸入 PM2.5 引发炎症的可能性是增加的，这会通过在肺中局部产生凝结因子或者肺部个体对肝脏的作用从而影响到凝结系统，原因都是提高凝结因子的水平。流行病学研究结果表明，处于高污染的种群血液黏度会有所增加，其中纤维蛋白原对血液黏度起主要贡献作用。

肺部微循环的一个独特的特点是循环血液和末梢空间很接近，这会通过毛细管膜使空间中的发炎个体很容易进入血液。最近一项研究表明，在空气污染时血浆黏性会增加，证实了在接触能影响血浆的粒子后肺部会发出信号。作为移入空间的前驱物，嗜中性粒细胞在肺部毛细管中的变形能力是其在肺部开始螯合的影响因素。发生在吸烟或慢性肺部疾病恶化时的肺部炎症，增强了嗜中性粒细胞在肺部的螯合作用，就像通过氧化剂来降低细胞的变形性。这样，由氧化剂产生的超细粒子沉积在末梢空间，同样能够增强嗜中性粒细胞在肺部的螯合作用，所以也对肺部发炎产生了影响。另外，作为对肺部发炎的反应，嗜中性粒细胞变形性的降低会引发细胞在肺部微循环系统的过渡，或者从骨髓中释放变形性低的细胞。

颗粒物、系统炎性标志物进入循环系统后，还会引起一些其他损伤，如血管内皮功能的损伤。这时候，活性氧的产生会呈现增加趋势，组织因子和血管收缩因子内皮素 –1 的释放也会呈现增加的现象。相反的是，血管缓激肽的释放、血管舒张因子一氧化氮的释放会呈现减少的现象。这一系列事件都有令心血管事件产生风险的可能，可能会出现外周血压升高、血管舒缩功能异常进一步加剧。

在肺部超细粒子沉积之后，会出现发炎、氧压以及其反应基因的增多。初步研究发现，老鼠吸入超细粒子会增加血浆中 VII 因子的水平，研究表明 VII 是人群心血管疾病的一个风险因素。

VII 因子的多态性既会影响到 VII 因子抗原的血浆浓度和酸度，也会增加心肌梗死的可能。VII 因子和组织因子含有的信使 RNA，在凝结物中也存在，同时也在肺泡吞噬细胞中得到证明。而且这些细胞能在生物体外合成 VII 因子。这样，肺部的局部发炎和肺泡吞噬细胞的活化会引起局部普遍释放前凝因子，而后因子进入血液起到综合的作用。

四、空气污染影响生殖或致胎儿畸形

前不久，中国气象局和中国社科院一起发布了一个报告——《气候变化绿皮书》，报告中指出，人们的健康会受到雾霾天气的不良影响。我们大家都知道，雾霾会使人们的心脏系统和呼吸系统方面的疾病受到恶化，更进一步还会影响生殖能力。报告一出，引发了许多讨论和争议。

生殖细胞的 NDA 损失是会受到遗传的，这就是遗传性 DNA 损伤，它是由颗粒物引起的。

PM2.5 水平会产生一些毒性作用，这些毒性作用是由包括 DNA 和染色体在内的不同水平的遗传物质引起的。受到毒性作用会产生一些变化，如基因突变、DNA 损伤和染色体结构变化。总多环芳烃、芳香胺、致癌性多环芳烃、重金属及其协同作用、芳香酮等会影响到 PM2.5 毒性的遗传，除此之外还与 500 种有机物息息相关。

PM2.5 对遗传物质的损伤和它产生活性氧的能力是脱不了关系的，如超氧阴离子和羟自由基。燃烧物会产生很多颗粒，颗粒中夹杂了很多致癌物和致突变物，如苯、砷和多环芳烃等，这会使细胞分裂和遗传物质的正常进行受到损害。另一方面还会使免疫监视方面的功能受到损害，致使一些氧化损伤的出现和 DNA 链的断裂。研究表明，DNA 氧化损伤产物中的 8- 羟基脱氧鸟苷，其含量的增加和癌症的发生息息相关，且是正相关。

五、空气污染对神经系统的危害

雾霾有很坏的影响，伤害人的健康，损害人的器官，甚至慢慢地使人的神经系统也受到损伤。钟南山说，美国医学会对此也有研究，曾经在医学年会上有个结论，该结论说人的脑功能与空气中 PM2.5 含量有关，当 PM2.5 含量每增加 $10\mu g/m^3$，人的脑功能就会衰老 3 年。

在大气颗粒物与神经系统之间有过很多研究，研究具体涉及颗粒物暴露和神经系统损害两者有怎样的联系。虽然在这方面的研究不如在心肺系统方面的研究更加深入和全面，但是同样有一些研究所得，这些研究告诉我们，不能忽视颗粒物的暴露，它与我们神经系统有很大的关系。

一些中枢神经系统疾病与 PM2.5 有关，如认知功能损害和缺血性脑血管病。它们的发生与 PM2.5 进入中枢神经系统脱不了关系，而 PM2.5 和一些超细颗粒物是可以通过嗅神经等途径进入中枢神经系统的。

交通方面空气污染的暴露和其研究对象在神经生理功能的异常方面存着剂量反应的关系。如果长期暴露于污染空气中，其颗粒有可能会成为导致阿尔茨海默病产生的因子之一。

当大剂量的黑炭暴露于空气之中时，有可能会对儿童的认知功能带来影响，进而降低儿童的记忆力、在言语方面的智力等。颗粒物暴露引起脑功能的损害，其原因有可能跟神经元损伤或神经炎症的丢失有关。

当前，有人认为，有两种途径有可能会产生颗粒物进入神经系统，从而引发损害，这两种途径分别是：（1）间接损害，这是由系统炎症反应导致的，而系统炎症是由颗粒物引起的；（2）直接损害，只是由于颗粒物直接进入人的中枢神经系统导致的。

有人做过一个调查，该调查认为长期暴露在空气中会引起一些颗粒物的沉积，同时，研究发现了颗粒物位于人脑的球旁神经元，还发现了一些很小的颗粒物，小于 100nm，这些小颗粒物是在从额叶至三叉神经节血管的管内红细胞中发现的，也直接证明了颗粒物能进入到脑。为此还在动物中做了实验，以便更深入全面地探讨颗粒物、神经系统的关系，表现最为突出的是由于颗粒物而带来的神经退行性疾病和神经炎症。

六、空气污染对免疫系统的影响

研究表明，关于免疫系统在对吸入颗粒物之后的反应方面是有不同的两方面的。其一是有清除作用，免疫系统可以清除一部分颗粒物；其二是免疫系统本身机体可能会受到损伤。PM2.5会影响到脑小胶质细胞在组织中的定居，也会影响到肺巨噬细胞在组织中的定居。同时PM2.5会影响免疫系统自身机体的调节能力。研究还发现了另外的方面：颗粒物会引起哮喘，这与颗粒物的免疫佐剂功能是脱不了关系的，跟过敏性疾病的机制和颗粒物的免疫佐剂功能类似。柴油尾气排出的颗粒物和抗原同时暴露在空气中，就会引起一些不好的现象，如可能会明显增加过敏者的特异性免疫球蛋白E抗体。为此有学者做了相关实验，结果表明DEP有可能独自诱导外周血单核细胞出现Th2型细胞因子，并且进一步使Th2极化，而外周血单核细胞是源自哮喘患者的，这些会导致Th1细胞因子出现减少，进而使Th1反应出现缩减。还有些研究者采取了蛋白组学的研究方法，又进一步的发现：因为吸入一些超细颗粒物会很明显地增加支气管肺泡灌洗液中的补体C3和多聚免疫球蛋白受体，这与由于哮喘的损伤机理和由于吸入极细颗粒而引发过敏反应是脱不了关系的。除此之外，还有一些现象是跟引起哮喘发作息息相关的，如当主要抗原呈细胞树突状慢慢成熟时或者Th2型细胞发生偏向反应时，这些抗原是呼吸道吸入大气颗粒物引起的。很多调查研究中不仅发现了颗粒物对于促进Th2型细胞偏向方面的反应，而且也注意到了颗粒物可能会抑制对Th1型免疫方面的反应。这些研究说明颗粒物对免疫系统有抑制的功能，它有使机体对病原微生物的免疫反应降低的可能性，同时会出现感染性疾病增加的结果。

变应原污染是指人体遭受空气中的某种花粉、动物毛屑、真菌孢子等刺激，是某些易感人群发生的一种变态性疾病，现在越来越多哮喘病的元凶就是变应原。

产生变态反应的机制是空气中的花粉、动物毛发、真菌孢子等变应原吸入体内后对组织产生刺激作用，可产生特殊的抗体——免疫球蛋白E。这种免疫球蛋白固定在组织的肥大细胞内，当变应原一有机会与此种抗体结合时，即可使受损害细胞释放出组织胺，使支气管肌肉发生收缩，出现喘鸣和气短等典型的哮喘症状，同时上呼吸道及鼻窦内黏膜内的血管扩张，黏膜水肿，分泌增多，易受细菌、病毒感染而导致发生慢性鼻窦炎、支气管炎和肺炎。此外，在发生此种变态反应的同时，往往也伴随着出现荨麻疹。

七、空气污染和小儿佝偻病

中国疾控中心环境所进行了对雾霾和人身体健康方面相关影响的研究，得出了初步的结果：当出现雾霾天气时，不仅会产生系统疾病发病次数增多、住院人数、住院频率增高这些直接影响，还会出现很多间接性的影响，不利于身体健康。因为雾霾天颗粒增多，这样会阻碍紫外线辐射，使其辐射减弱，带来的后果是影响人体的正常发育甚至带来疾病，如影响体内维生素 D 的合成，增加空气中的传染物、传染概率，带来小儿佝偻病等。

八、空气污染与结膜炎

在雾霾天，空气中的极细颗粒粘到眼睛上，依附于眼角膜时会出现一些不好的疾病现象，如结膜炎和角膜炎，更深的危害会使结膜炎、角膜炎的症状更加严重。这会使患结膜炎、角膜炎的人数显著提高，患者人群不限于小孩、老人，同时蔓延到上班一族，尤其是经常使用电脑工作的上班一族。致使这些人群出现以下症状：眼睛疼、酸、涩、肿、过敏等。

第二节　雾霾对其他事物的危害

一、雾霾对交通安全的危害

（一）雾霾对公路运输的影响

雾霾天气，空气混浊，会对公路运输产生很大的影响。比如，当出现大雾时，就会使得驾驶员的视觉受到干扰，甚至出现错觉，导致驾驶员产生错误的判断。对此，交管部门做了相关的调查研究，同时将公路、天气、气象等结合起来，制定了表2-3。

表2-3　能见度不同情况下距离对交通的影响

能见度的距离	采取的措施	对交通产生的影响
<50m	高速公路需要关闭	影响非常大
50～100m	高速公路需要进行分段关闭	影响明显

能见度的距离	采取的措施	对交通产生的影响
100～200m	需要间断放行	影响比较大
200～500m	需要减速放行	有一定程度的影响

　　要对驾驶员的心理状态、心理变化进行分析，在很多时候，没有雾霾天时，驾驶员认为的间距及安全速度较大，如果突然遇到雾霾天，驾驶员的认知却不能随之立即改变，那么就会与实际形成较大差距，危险系数增高，因此可能会出现追尾事件。雾霾天，不仅影响驾驶员的判断，引起安全问题，驾驶员所运输的物品、驾驶员的体力和驾驶员运输所用到的时间都会不同程度受到直接影响。如果所运货物本来储备就不够，再加上高速公路被临时封闭，那么就会延缓货车上路的时间，导致货物不得不滞留在路上，使本就因雾霾而拥堵的公路更加拥堵。不仅如此，运输货物所需要的成本和时间也会大大增加。因为封闭了高速，这些车只能绕道省道、国道，如图2-4所示。

图2-4　雾霾会不同程度影响公路运输

（二）雾霾对航空运输的影响

　　雾霾天，空气能见度降低，在空中飞行的飞机当然会受到影响。在严重雾霾天的情况下，好多机场会被迫使临时关闭，或者延缓起飞时间，延缓降落时间。这样的情况下更会导致运输时间大大增加，影响旅客出行，影响货物贸易。在这一点上，民航业深知应该进行改进，在实践上也做了提高，包括技术和服务方面，致力于把这种由雾霾天带来的影响降到最低。不可否认，根本原因还是因为雾霾，首要的是解决雾霾问题，如图 2-5 所示。

图 2-5　雾霾会不同程度影响航空运输

（三）雾霾对铁路运输的影响

当雾霾天持续很多天时，除了公路、航空，还会影响铁路运输。出现雾霾天时，空气中有很多颗粒，颗粒的构成很复杂，不是单一，其中包括重金属物质。这对铁路行车安全和铁路上的电网有不好的影响，因为这些污染的颗粒、重金属会随着空气漂浮沉落在电力机车上，甚至聚在车顶高压器件上，这样就可能引起设备发生故障，产生"污闪"现象。如果在节假日，尤其是春运等高峰期，带来的影响会更严重。为此，铁路部门也采取了很多措施，力求将损失和不良影响降到最低，如图 2-6 所示。

图 2-6　雾霾天会不同程度影响铁路交通

（四）交通运输应对雾霾应采取的措施

1. 政府加强政策引导

最重要的是要守法，依法律法规办事，遵守法律法规，在这里要遵守《环境保护法》《固体废物污染环境防治法》和《环境噪声污染防治条例》等。再就是要加强物流体制方面的管理和强化，同时实施一些优惠政策，起到引导的作用。具体方法如下：支持铁路运输，构筑绿色交通发展框架等。作为消费者，应该利用绿色方式进行消费。

2. 提高大众环保意识

从各方面人员做起，提高环保意识以及对于环保的认知，当出现污染事件时，不能搁置，要及时处理解决，上报给有关部门，争取把等级降到最低。从企业方面来说，要从原料、动力方面抓起，使用清洁能源做城市运输工具的动力，如液化气、太阳能。科技人员要争取创新，赶上更新换代。

3. 整合信息资源，降低排放，降低运输成本

当位于同一个城市时，可以采用同城快运，当下同城快运的公司也很多。其业务方式有多种，主要是利用现有的公共交通系统作为其主要运输方式，配合其他的辅助运输方式，如汽车和自行车。这样一来可以减少公共交通压力，为环保做出一份贡献，尽一分力量。同城快运不只是一家公司，可以同时几家公司合作，开展团结有序的模式，提高运输和配送效率及满载率，减少汽车尾气方面的环境污染。

4. 运输车辆减排及技术支持

有的车辆在运输中可能会产生环境污染，对这样的车辆要安装监控软件，比如 GPS 系统。铁路部门也采取了很多方法，致力于解决雾霾天气和其他恶劣天气，旨在降低由于恶劣天气而对铁路运输造成的不好的影响。主要从以下方面进行了布置：在监测方面，尤其加强高压设备的检查，争取防患于未然；实践方面，修正提升应急预案，更加有效快速地解决问题和故障，争取在最短的时间内让延误列车正常通车。

5. 结论

从以上几方面的分析和研究中可以发现，雾霾并不是天气灾害，而是一种天

气现象。要判断雾霾对交通的影响，可以从能见度来判断。交通方式主要有几下几种，航空、公路、铁路等，相对应的交通运输也主要集中在这几方面。雾霾对交通运输的影响是我国交通运输发展要解决的一个重要方面。如果处理恰当，会大大有益于交通运输的发展，进一步促进我国经济的发展。治理雾霾天气，要循序渐进，有章可循，不能跨越，不能忽略。最根本的要从源头控制、治理，政府、大众、运输信息资源、车辆的减排各个角色要发挥得当。从个人到企业到社会多管齐下。做到减少污染、减小因雾霾而对交通运输造成的不良影响，促进经济发展的同时不可忽略可持续性。

二、雾霾对电力系统的影响

雾霾天气越来越多，空气中污染颗粒的增多，不仅会对工业设备带来损害，还会对农作物造成不好的影响。雾霾会导致用电增多，这就意味着电力系统的压力越来越大了，电力网负荷严重（见图2-7）。因此，由于雾霾等造成的大气污染成了很多地区用电量激增的难以避免的因素之一，日益受到电力行业和其他行业的关注。

电力系统中有一个很重要的东西，那就是网供负荷预测，之所以它的地位重要，是因为好多事项离不开它，如在制定发电计划方面，在对供电、生产电的平衡方面等，它都有不可或缺的指导作用。

网供负荷预测并不是一蹴而就的，而是要经过一系列的计算和研究。比如，对于历史数据的计算，在湿度方面得出一些结论，在温度方面得出一些结论，再将这些方面结合起来进行分析。

图2-7　雾霾加重电力负荷

（一）大气污染对网供负荷的影响

这里以华东地区为例，华东地区是典型的温带大陆性气候，冬季取暖，烟尘不易扩散，因此冬季的雾霾情况是最严重的。再加上华东较中部、西部而言偏东，因此日落时间较早，在季节上分析，这里位于北回归线以北，冬季日落时间也比其他三个季节的日落时间早。这些都是研究雾霾时应该考虑进去的因素。以苏州地区为例子进行分析，选取了其中两天：12月9，10日，表2-4是这两天的天气状况对比，由此表可以看出，这两天的最高气温差不多，可是日照时间则不一样，因为9号时有雾霾，而10号时没有雾霾。因此10号全天晴天，而9号却没有日照。再来看表2-5，是空气污染指数表，从表中可以看出由于雾霾的影响，9号的污染指数明显很高。表中AQI是一个定量描述空气质量状况的无量纲指数，也就是空气质量指数。在这个评价中，主要参数污染物有可吸入颗粒物、细颗粒物、二氧化硫、臭氧、二氧化氮、一氧化碳等，在PM2.5中则是不一样的，它主要是PM2.5颗粒的浓度指数。

表2-4 典型日天气状况对比

日　期	平均气温 /℃	最高气温 /℃	最低气温 /℃	天气实况	日照时间 /h
12月9日	8.7	11.7	7.5	霾转阴天	0
12月10日	5.9	10.2	2.6	晴天	7.5

表2-5 典型日空气污染指数

日　期	AQI	PM2.5/（μg.m⁻³）
12月9日	273	223
12月10日	113	85

图2-8描述的是典型日网供负荷情况。在这个图中，可以看出12月9日、12月10日这两天的日网供情况的变化趋势、随时间的变化以及最高点、最低点。12点后，12月9日网供比12月10日大，但是不太明显。12月9日夜间的网供负荷比其他时候低。从12月9日、12月10日这两天夜间的网供负荷能够发现，夜间受雾霾影响是比较少的。

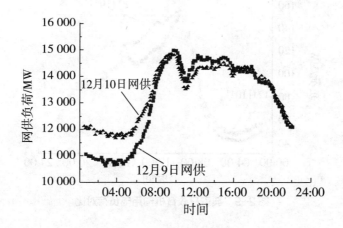

图 2-8　典型日网供负荷影响

（二）在大气污染的环境下各行业用电行为分析

我们分析研究了 12 月 9 日、10 日间各个行业用电的多少和变化，旨在找到负荷受到大气污染时发生变化的原因。

1. 办公企业、教育用电

办公企业、教育行业使用电的量在整个行业中的使用量微乎其微。苏州整个市区里面学校的用电负荷加起来得到总的负荷曲线，见图 2-9。由此图可看出，普通的日子跟有雾霾的日子使用电的量有非常明显的变化。在负荷分类中，这是最突出和最有特点的一类。在教育用电中，如学校，白天上课，晚上回家休息，因此在白天的用电多于晚上的用电，且白天的用电量差别不大，同时在教室内的用电多于教室外的用电。进行对比分析可发现，在有雾霾的天气中，教育场所的用电负荷时间主要在 9：00 ~ 17：00 之间，且明显高于没有雾霾天的用电量。以学校为主的教育场所主要是教学、实验等用电。

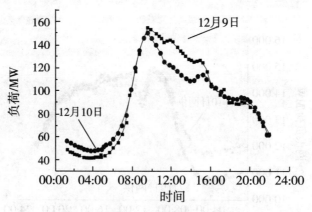

图 2-9　典型日教育机构用电负荷对比

2. 服务行业用电

把酒店和零售业的用电量放在一起进行对比分析。服务行业以酒店、商务零售等为主。在普通的日子里用电量跟人员多少关系很大，用电多的以照明、空调等为主。这些行业的夜间用电量明显高于白天用电量。把 12 月 9 日和 10 日的天气情况放在一起分析，气温相差不大，空调所用电量也相当。两者之间有一个极小的不同点，那就是在照明用电上。有一个服务行业网电负荷对比图，如图 2-10 所示。

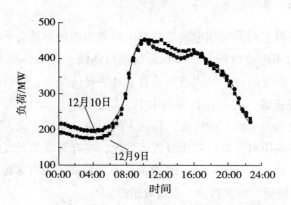

图 2-10　典型日的服务行业用电负荷对比

3. 新型工业用电

IT 和生物医药属于新型工业。跟一般工业做对比发现，新型工业的作业条件和环境明显高于一般工业，有不少生产不得不在室内的厂房进行，另外，在湿度和除尘方面也有相应的要求。图 2-11 所示为典型日的新型工业用电对比。可以看出上午 9 点到下午 5 点雾霾天的用电量要稍高于普通日的用电量，这跟厂房有照明、除尘方面的要求是脱不了关系的。

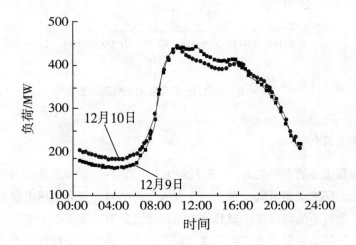

图 2-11　典型日新型工业负荷对比

4. 工业用电

在苏州用电量中，工业方面用电占的比例是最大的。为了使分析更加科学、准确，我们进行了分类，分为新型工业、一般工业和重工业三方面的用电。一般工业方面的用电，以传统轻工业为主，如图 2-12 所示。这种用电出现负荷率较高、峰谷差小的特点，这是因为苏州采取的特殊的电价——峰谷电价。将两天的用电量对比分析发现，用电量差别不大，只是雾霾天中午过后用电稍大。

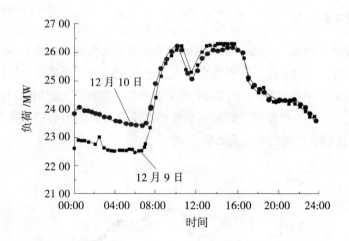

图 2-12　典型日一般工业用电负荷对比

5. 重工业用电

钢铁是重工业的主要类别，是高耗能工业。图 2-13 所示为典型日的重工业用电负荷对比。仔细看图可以发现，当受到大气污染时，全天的用电量都很高，这是区别于其他行业的特殊点。跟其他方面相比，照明在重工业用电中的比例还是很小的。大气污染中很多污染物是重工业产生的，空气污染指数的大小与重工业生产正相关。与此同时，在环保，治理大气污染方面，重工业有着更大的挑战和压力。

因为冬天太阳日落时间比其他季节早，因此本节将冬季用电量做比较。通常情况下下午五点左右有一个用电量激增。通过对各方面进行分析、对比可以发现，耗能高的重工业企业用电量猛增是第二天大气污染的显著征兆。相对来说，大气污染对新型工业用电量的影响较小，而商业类用电在用电高峰时刻的影响微乎其微。但是办公行业、教育行业等对照明要求高，影响明显。由此可见，耗能高的行业用电增长是电力负荷出现新一轮模式的明显信号，网供负荷的骤增是因为可见光的减少。

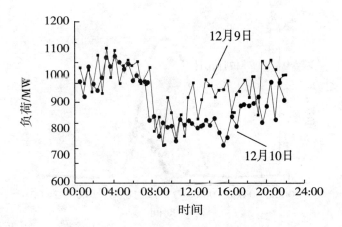

图 2-13　典型日重工业负荷对比

（三）大气污染环境对光伏发电的影响

当下电力系统采用的网络供电负荷主要指向各省统一调度在相同的电力需求下的用电负荷，网络负荷可以表示为当地电力负荷减去区域、孤立系统负荷的小发电厂的用电负荷。当下太阳能发电机组系统中，容量相对较小，一般被分为地区统调小电厂，也就是说太阳能在网供负荷方面的反作用。参看图 2-14 典型日光伏电厂的出力对比曲线。

从这里我们可以发现，在有雾霾污染的日子里，光伏电厂的出力显而易见呈减少趋势。这是造成在雾霾天气里，网供负荷暴增的原因，因为这样的雾霾天不能利用太阳能发电了。

下面我们采用了 12 月里面云量少的天气，旨在分析出大气污染和光伏电厂两者之间的关系。具体 PM2.5、AQI 与光伏电厂出力之间的关系，如图 2-15，2-16 所示。

从图中可发现，当空气污染的指数上升时，光伏电厂出力呈现减少的趋势。也就是说，在 AQI 指数比 200 高，PM2.5 指数大于 150 的条件下，光伏电厂出力以很高的速度下降。

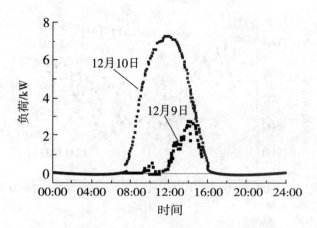

图 2-14　典型日光伏电厂出力对比

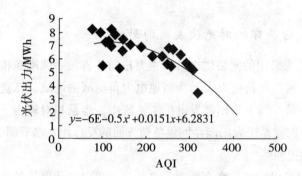

图 2-15　光伏电厂出力与 AQI 关系拟合

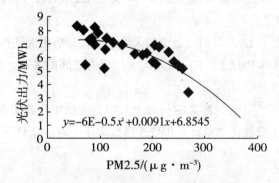

图 2-16　光伏出力与 PM2.5 指数关系拟合

（四）结论

耗能高的重工业用电量上升引起大气污染指数上升，它的不正常的上升是网供负荷进入大气污染模式的重要参考点。因为大气的污染，在社会各界的用电行为也发生了各种变化，这可以从很多方面看出，如照明负荷显而易见地增高。新兴工业中的一些设备的用电负荷也会上升，如通风、除尘、温湿度调节等设备。除此之外，光伏发电又是非统调负荷的一部分，它也会成为一个正面方向的增长量。所以说，受到大气污染，照明、除尘等都会增加网供电，增加其负荷。显而易见的时间段是上午九点开始一直到下午日落之间。

三、雾霾对设施农业的影响

设施农业是现代农业发展中的一种非常重要的方式。在这方面我国取得了很多明显的成果。

设施农业有利有弊，人为可控，但是也有问题和挑战，如科技能力不够、资金不足，最大的挑战来自天气灾害。当下雾霾不断，引发了各界的关注。雾霾是一种天气现象，它是飘在空中的颗粒，细小，包含粉尘、微粒、气溶胶等粒子。最常见的有氮氧化物（NO_2）、氧化硫（SO_2）和可吸入颗粒物（PM10）。雾霾有很大的危害，包括对身体和生活上的，危害身体健康，影响正常的出行工作，引发肺炎、支气管炎等，更严重殃及生命。还会腐蚀固体。雾霾还会损害设施农业中的设备、农作物，从而影响农作物的正常生长，进而降低收成、价格，给农民带来损失，给社会经济带来损失，如图 2-17 所示。

图 2-17　雾霾危及设施农业

（一）雾霾对设施农业的影响

雾霾对农业的影响是全方面的，并且对农业的影响也是持续性的。在初期萌芽阶段即产生影响，出现幼苗发育情况不好等现象，这跟许多因素有关，如湿度、室内温度、光照等。雾霾还会在农作物生长发育期间对其发育造成影响，在成熟期造成的影响更大，包括产量降低、质量下降等，进而使农作物的价格引起波动，这都是不好的影响。

1. 作物生长方面

绿色植物有呼吸作用，呼吸作用益处多多，可以促进植物分解物质，还可以增加其能量。这些都是植物生存所必需的东西。在有机物合成方面，在植物的病害防御方面，作用多多，还能使植物的新陈代谢更加顺畅。可是，在有雾霾的天气，尤其是雾霾天气严重的时候，空气中飘浮大量灰尘、颗粒，严重阻碍了植物的呼吸作用，植株难以吸附尘埃。植株的生长好坏受太阳光的影响很大，因为太阳光是植株的直接热量来源，棚内的光照强度、湿度、温度等很大程度上受太阳光的影响。在冬季，一方面太阳光本来就弱，另一方面，冬季取暖烧煤产生大量雾霾天气，更会使太阳光减弱，严重影响呼吸作用。这会使植株弱小，缺乏营养，降低产量。还会降低棚内的温度、湿度等，使植株的抗病能力大大减弱，病虫害的风险大大增加。

2. 作物萌芽方面

作物发芽是需要很多条件的，如一定的温度、足够的水分和充足的氧气，种子特别干燥的情况下是不易发芽的。雾霾天气的发生跟温度、降雨量有关，雾霾天的水分、温度条件不足以使种子发芽，并且棚内的小环境也会受到影响，使种子不能正常发芽。

3. 果实产量、质量方面

雾霾天气持续时间过长，使植株生长发育不良，降低其产量和质量。这是因为在雾霾天缺少了足够的氧气和光照，由于温度过低，可能会造成冻害现象的发生。严重的，雾霾天气如果出现得过于频繁，还会影响农作物的运输、生产和上市销售等。

（二）设施农业应对雾霾天气方面的措施

应对雾霾天，主要从农户、国家和人才培养方面来说。首先，应了解最新天气情况，做到未雨绸缪，这主要涉及农作物、农业设施、农业技术方面。其次，应制定必要的政策、法律法规，提供资金支持。最后，应注重专业人才的培养。

1. 生产经验、技术保证方面

生产经验、技术可促进农户个人的有序调节，这包括在光照、温度、湿度等方面。

使温室的温度、湿度得到有序调节。冬季是雾霾天的高发期，再加上冬季气温很低，会使农作物的生长速度降低。因此，需要对温室进行调节，保持在恒温、恒湿的状态下，这样才能有利于植株的生长，措施包括覆膜、铺地膜、建设自动化温室等。还可以借助其他工具，如煤炉、小太阳电炉、秸秆、暖气小拱棚、二道幕、地面覆盖等多层、多方覆盖保温。

从光照方面来说，包括强度和时间。天好、阳光好时，应把棚卷起来，使太阳光能照射进来，但是要避免阳光直射。雾霾天时，要进行人为干预，使农作物得到适当的光合作用；清理枯叶黄叶，这样才能避免光照盲区；在室内挂一些反光膜，以此来增强光照的强度；利用浴霸、植物生长补光灯等来实现增温增光的目的。

从水和肥来说。水和肥是作物生长的必要因素和关键因素，应该进行恰当的施肥和灌溉。根据不同植物的生长需要施不同种类的肥料和不同量的肥料。根据植物生长需要进行不同时间、不同量的灌溉，灌溉还需要根据植物生长的不同生长期来控制。对浇灌的环境也要及时调节，及时控制，避免虫害等。通过覆膜、掀膜调节水分的蒸发和棚内的湿度、温度，以保证植物正常需要。

治理病虫害方面，要综合、有效。这需要将治理和预防结合起来，预防可以从及时清扫积水、清理农作物废叶废茎、杂草，再就是布置黑光灯、防虫网等，这些都能在控制病虫害方面起到一定的作用。从农民方面来说，主要包括有效及时的观察和采取及时的措施。比如，可以利用低毒药物、生物药物等进行治理。治理是必要的，但是行之有效的预防更是应该放在第一位的。比如，事先用粉剂将植物进行保护，尤其要关注的是一些疾病的蔓延，包括霜霉病、灰霉病、晚疫病等，如果植物出现病状，那么就要立即进行烟剂治疗，与此同时，在防风降湿方面做到相互配合，这样做的效果是对小气候进行很好的调控。

在研究、开发设施方面，这些设施与之前的都是配套的，设施多种多样，也是分布于各个环节的。首先说设施园艺方面，该方面包含的设施有温室、大棚。

在这两个场所的用料应该不受局限，除此之外，还应在以下具体设施方面加强配置和使用：塑料膜、室内白炽灯、电热炉、通风装置、保温被等；再就是在设施养殖方面，应该增加、配置以下设施：环境调控、杀菌、监控、清粪设备、恒温装置等。这些配套设施必不可少，且发挥着重要的、不可替代的作用。

2. 政府政策保证、国家资金支持方面

国家应该采取行之有效的措施和方法，如建立一些专门基金，提出一些政策，制定法律法规等，保障农业的有序、健康发展。充分调动企业、农民投资和发展设施农业的积极性，形成多渠道、多元化、多层次的投入格局和保障机制；在资金监管方面，确保资金使用的质量、效率。

3. 人才保证方面

这主要体现在设施农业方面，因为它不是传统的农业模式，而是现代农业的模式之一，要求比较高，需要有专业人员进行随时检查和指导。在雾霾方面，做出行之有效的防雾霾措施和恢复措施，力争将其灾害降低到最低。

人才保证非常重要，要大力培养人才。这不仅需要国家的精神支持，还需要财力、物力的支持。因此，应大力培育并推广农业技术人员，要求农民自身提高自学能力，提高对农业技术的重视。只有全力发展现代农业，才能够得到更多的专业人才，使他们专注于农业生产。这样综合起来，才可以提高农民普及设施农业的生产技术方面的知识。

（三）结语

改革开放后，很多方面有了大的发展。农业也不例外，发展是瞩目的、跨越性的。这大大地缓解了供需局面，对农业发展，长远发展有很积极的作用，主要体现在土地产出率、资源利用率、劳动生产率等各个方面上。

现在，雾霾天很多，人们对于雾霾的讨论也很多，雾霾严重影响人们的生活，影响生产，危害人类的健康。治理雾霾，刻不容缓，我国需要更加努力，抓住主因，预测、防治、治理全面展开。设施园艺方面，要在技术上进行更大、更多的投入，研制新的工艺，在大棚结构、日光温室、种植、培育等各个方面进行创新，投入不只是技术上的，还有人力上的和物力上的。农业的发展离不开大背景，设施农业下，要求更多，只有严格控制，才能真正做好，注重量的提高，同时不落下质，双双提高。这样才能使农业产业化真正走上正轨，真正促进农业更好、更快地发展。

第三章 国外大气霾污染研究综述

20世纪30年代开始，工业化进程速度越来越快，曾经有很多大气污染问题，如光化学污染、煤烟型污染、酸雨等。西方发达国家经历了这些污染，并且探索了解决的措施，得到了很多治理经验，包括防治方面和治理方面的。具体来说，通过一些计划、制定严格完整的制度等，在各种措施共同实施的情况下，治理工作取得了一定成效，其工业结构和能源结构也向清洁化方向发展了。显而易见的有大气中的烟尘污染、硫污染，得到了基本解决，在对酸雨势头的控制上，成果也很大。总的来说，空气清洁了很多，环境好了很多。

农业时代的霾，其构成成分都是风、雨、土，与现代意义上的霾有根本的区别。以工业革命为分水岭，人类社会进入新时代，霾的成分也发生了巨大变化。古代的霾，或者说农业时代的霾，由风、雨、土组成，对人的健康伤害程度较小。工业革命以来，工业化、城市化造成环境污染，加剧霾的出现频率和灾害程度。纵览全球，几乎世界上所有的工业化国家都程度不一地遭受过霾的侵害。

第一节 两个典型雾霾地区

一、英国伦敦雾霾

工业革命的基本动力是蒸汽动力。自瓦特发明蒸汽机，蒸汽动力磅礴推动采煤业和制造业，工业厂的兴起与城市的扩张，互为表里，彼此推进。从此时开始，工业污染渐次登上城市舞台，成为影响城市发展的新兴力量。工业革命重镇——伦敦，烟囱高耸，工厂密集，素有"雾都"之称。工业革命激活了伦敦，也为伦敦创造了五花八门的就业岗位。每年秋冬两季，大批烟囱清洗工人，攀登民宅屋顶或工业烟囱顶部，专心致志清洗烟囱。满脸烟灰的烟囱清洗工人成为工业伦敦的经典形象，如图 3-1 所示。英国作家查尔斯·狄更斯于 1838 年出版写实小说《雾都孤儿》，以"雾都"伦敦为背景，令"雾都"声名远扬。

图 3-1　伦敦奥运会再现工业革命

"工业革命还带来了其他更持久的问题。维多利亚时代的伦敦城，正如查尔斯·狄更斯说的那样，是一座臭名昭著的'巨大而肮脏的城市'，不卫生的环境和受苦受难的下层百姓成了这座新兴工业化城市的标志。伦敦城由于空气污染（尤其是煤燃烧排放的污染物）而变得非常脏，人们每天都得更换袖口和衣服。"

如果说蒸汽机是工业革命的发动机，煤炭就是工业革命须臾不能离开的能源粮食。本土丰富的煤炭资源为英国人"靠煤用煤"提供了便利，成为英国率先叩开工业革命之门的先天优势，一位学者甚至认为"英国的工业化是把人口和企业放在煤的基础上"，受益于工业革命的磅礴发展，英国伦敦的城市体量、人口规模、生产能力、消费能力急剧增长。18 世纪初，伦敦成长为欧洲人口最多的城市，将巴黎、柏林、布鲁塞尔等欧洲大陆的城市远远甩在后面。据统计，1750 年伦敦人口约为 67.5 万人，到 19 世纪初时比半世纪前增长近一倍，进入 19 世纪中叶，人口增长至约 268.5 万人，城市体量的扩张产生了庞大的工业用煤、生活用煤（包括冬季采暖用煤）需求，由此也带来了大量的污染排放。

在欧洲贸易网络和金融市场占据首席地位的伦敦，坐落在泰晤士河畔、英格兰南部，靠河濒海，海洋性气候明显，以丰富的水汽、雾气闻名于世。19 世纪以来，大量的工业用煤使伦敦产生了以"煤烟型污染"为主要特征的工业污染。1863 年，伦敦开通世界上首条地铁，牵引车也是以煤炭作为燃料。工业革命以来，伦敦对煤炭的依赖程度与日俱增，煤炭如同伦敦居民一日三餐的面包一样重要。

有 100 多年的时间，英国的工业革命如火如荼地进行，但是其空气质量却是一直在变坏。在空气中飘浮着的颗粒也是逐渐变多。1905 年，有学者第一次提到了 "smog"，他是把 "烟"（smoke）和 "雾"（fog）整合在一起而提出的，这个词语是用来形容雾都的。在 20 世纪初期，英国采取了一些措施来应对，如限制工业的发展，限制家庭中燃烧煤的使用，这使得雾霾天气有所缓解。但是，有害的方面仍然不容小觑，这是因为造成天气污染的现象无法从源头上根除。英国伦敦有很多工厂，工厂生产会有很多烟雾从烟囱冒出来，里面有非常多的污染物飘向空中，这是英国的典型事件之一。

在 1952 年 12 月 5 日，伦敦天气非常冷、无风、大雾。天寒地冻，伦敦居民为了驱寒，不得不加足马力，使用比平常更多的煤炭，大多数伦敦市民采取的仍旧是烧煤炭炉子这样一种低效、高污染的取暖方式。为了满足战后伦敦的重建需要，伦敦建有多座以煤为动力来源的火力发电站。由于空气对流不畅、污染量大，煤炭燃烧产生的二氧化碳、一氧化碳、二氧化硫等气体与各种粉尘在城市上空蓄积，引发连续数日的雾霾天气。据史料记载，当时伦敦的一处歌剧院正在上演歌剧《茶花女》。雾霾侵入歌剧院内部，正在观赏节目的观众看不见舞台，演出被迫中止。观众提前散场，出来发现大街上伸手不见五指，水陆交通几近停摆。

"1952 年 12 月的伦敦大雾持续了 5 天。当时能见度只有几米，找到路的唯一办法是沿着马路护栏和房屋行走。人们根本看不清交通状况，过马路必须靠听觉。造成污染的最直接原因是发电站和普通家庭使用的煤炭以及汽车尾气。1952 年伦敦大雾引发的直接死亡人数达到 4 000 ~ 6 000 人，其中主要是儿童和患有呼吸疾病的人群。这是一场全国性灾难。如果按照中国的人口规模换算，相当于 8 万人死亡。大雾带来的严重影响还加剧了人们已有的病情，并非所有死亡人数都立即进行了登记。估计最终的死亡人数为 1.2 万人，换算成中国的人口规模，则将近 25 万人。"

经历过天气污染的英国人意识到了空气中的烟雾对人的不好影响，并且他们也意识到了污染源——燃煤。国家也曾经禁止烧煤，在这方面的研究一直没有停下来，有学者研究得出空气污染还会缩短人的寿命。但是并不能根本解决，因为人们只能靠燃煤来取暖，而燃煤就必定会带来空气污染。

以伦敦的空气污染情况看，其雾霾的主要成分是燃煤排放和工业污染，因此治理过程也要分先后，分阶段。从空气烟尘到工业污染，循序渐进。1999 年，伦敦建立了首个对 PM2.5 的监测站，该站 1999 至 2000 年期间，PM2.5 年均浓度值在 13 ~ 16μg/m³ 波动。后来又不定时建立了几个位于城市、郊区和路边的 PM2.5

监测站，现在达 17 个监测站在运行。

二、美国洛杉矶雾霾

在 20 世纪 30 年代，美国洛杉矶雾霾被作为粮食问题专家的乔治·博格斯托姆称为"历史上人为的三大生态灾难"之一。这是由于对大草原过度开发，导致 3 亿多吨尘土被刮走，很多的黑霾使得大片农作物绝收、减产，很多牲畜渴死或呛死，是美国人不堪回首的"尘土飞扬的十年"。我国非常有名的地理学家竺可桢对这样一种人为的生态灾难做了以下解读：

"我国东北西部和内蒙古东部，与美国中西部大平原、苏联哈萨克斯坦北部同为北半球温带三大肥沃草原。雨量在 300～400mm 之间，地形平坦，气候适宜于牛羊的生长，实为天然的良好牧场。美国在第一次世界大战以后，因小麦昂贵，地主们有利可图，于 20 世纪 20 年代至 30 年代大量地把美国中西部牧场开垦为麦田。1933—1938 年，美国年年干旱，雨量比常年平均少 25%，三亿亩草原土地受风吹蚀，土壤被吹去数厘米到一米，尘土飞扬，黑霾蔽天，起风时白天需点电灯，甚至对面不见人，以致交通断绝。1934 年 5 月 11 日一次黑霾长达 2 400km，广达 1440km，高达 3km，使美国东部大城市，如纽约的天空也为之变色。这五年间风尘灾祸使中美地区数十万人无家可归，对此，后期美国又花了数十亿美元来做善后、重建工作。"

很长时间以来，美国中西部的大草原是印第安人的家园，但是后来发生了"尘土飞扬，黑霾蔽天"的现象，这跟当地人们掠夺式的开发方式脱不了关系。白人农场主控制、侵占，将这里改造成机械耕造，发生了土地退化、沙化现象，且非常严重。沙化退化指地表覆盖土减少，黑霾也就随之而来了。

洛杉矶位于美国加利福尼亚州南部，濒临浩瀚的太平洋。19 世纪后期，因为加利福尼亚金矿的发现、大规模的石油开采、巴拿马运河的通航以及通往美国东部地区铁路的兴建，洛杉矶的发展由此步入快车道。到 20 世纪初，洛杉矶已经成为美国西部海岸的第二大城市。1941 年后，凭借得天独厚的石油资源和雄厚的工业基础，洛杉矶的飞机制造、电子仪器、石油加工、钢铁业发展迅猛，为许多来自四面八方的美国人及世界移民提供了众多的工作机会、发展良机。但随着经济增长，洛杉矶的人口、汽车保有量、经济总量节节攀升，带动了洛杉矶旺盛的化石能源（主要是石油）消费。据不完全统计，洛杉矶在 20 世纪 40 年代中后期拥有 250 万辆汽车，这个数字远远超当时欧洲许多城市的人口规模。

城市规模的增长随之带来了大量的污染物排放。从 1943 年开始，洛杉矶每年从夏季至早秋，城市上空出现一种使人眼睛发红、咽喉疼痛、呼吸憋闷的深褐色气体。这种烟雾中含有大量的碳氢化合物、氮氧化物。当它们经过太阳紫外光照射后，变得非常不稳定，产生复杂的光化学反应，原有的化学链遭到破坏，生成新的二次污染物——光化学烟雾。含有有毒物质的光化学烟雾，可随气流漂移，远离洛杉矶城区的远郊也深受其害，如图 3-2 所示。

图 3-2　雾霾笼罩下的洛杉矶

　　"光化学烟雾，即所谓洛杉矶烟雾，不是由发生源排出物质自身形成的烟雾，而是在大气中排出物质经太阳光线照射，发生的化学反应中形成的。光化学烟雾主要在夏季，而且在中午时发生，那时大气中的氧化剂 (Oxidam) 浓度显著增高，同时出现视程缩短，眼的刺激，植物和农作物的损伤，橡胶制品裂纹等损害。在洛杉矶附近，经常发生这种烟雾，据说是从第二次世界大战结束前后即 20 世纪 40 年代中叶开始出现的。"

　　从时间上看，"光化学烟雾主要在夏季，而且在中午时发生"，从地形上看，洛杉矶光化学烟雾与伦敦烟雾一样受到地理环境的影响。洛杉矶一面临海、三面被山环绕，处于太平洋东海岸的一个口袋形地带，并且是一个盆地，直径约 50km，当空气在水平方向流动时，速度缓慢。洛杉矶地狭人稠，大量的经济活动和汽车运动在此交会，生成大量的光化学烟雾。风力弱小或天气静稳，光化学烟雾上升高度有限，无法越过山脉，只能在城市上空盘踞。如果时间变长的话，光化学烟雾扩散不开，浓度越来越高，形成对人体健康伤害更大的污染。

　　洛杉矶被锁定在高化石能源消耗、汽车尾气污染的发展轨道之上，光化学烟雾在这座城市的上空挥之不去，洛杉矶渐渐有了"美国烟雾城"的称号。1955 年 9 月，洛杉矶再次爆发高强度的光化学烟雾，65 岁以上的老人死亡 400 余人，为平时的 3 倍多。从这一时期开始，洛杉矶每天向居民发出光化学烟雾预报，不少居民以此作为依据决定自己是否出门。光化学烟雾频繁，民众怨声载道，大多数民众却难以割舍使用汽车的习惯。身处洛杉矶好莱坞的明星用另一种方式表达不满，一名演员想出"雾霾罐头"的点子，设计了一段近似夸张的广告词"这个罐头里装着好莱坞影星使用的有毒空气，你有敌人吗？有的话省下买刀的钱，把这个罐头送给他吧！"在好莱坞影星的推介下，"雾霾罐头"成为公众关心环保议题的切入点，如图 3-3 所示。

图 3-3　洛杉矶街头兜售新鲜空气

　　1958 年，洛杉矶在经历连续 3 天光化学烟雾之后，有一位不断擦拭流泪眼睛的女士，她打算呼吸一瓶采集于城外的新鲜空气，瓶身上写着"如水晶般透明的空气"。洛杉矶光化学烟雾长期居高不下，引人注目，其天空甚至被人讽喻为"冲坏了的胶卷"。面对此种状况，洛杉矶政府终于排除阻力，多管齐下——规定所有汽车必须安装催化式排气净化器，从技术上解决汽油燃烧不充分的问题，敦促石油公司必须在成品油中减少烯烃的含量；增加汽车的载人数，这时就可以用公交专用车道，进而减少道路发生拥堵的状况和增加排污；开发智能交通系统，减少堵车、机动车污染，提高交通管理的水平。

　　通过几十年的努力，洛杉矶的空气质量开始慢慢转好。根据洛杉矶环保部门的统计，1977 年不健康的天数 121 天，1989 年不健康的天数是 54 天，天数减少了很多，1999 年不健康的天数是零。今天，洛杉矶已将"美国烟雾城"的称号摘掉，不再为光化学烟雾所困。

　　从美国洛杉矶的雾霾情况来看，雾霾的主要成分是以石油为主的化石燃料消耗所产生的污染物排放和工业污染，所以对它的治理也是分步骤的。首先要对化石燃料的排放进行限制，其次对工业污染进行严格控制，最后是在空气质量标准方面，要全方位、合理。

第二节　发达国家在大气污染防治方面的对策

一、欧大气污染防治法对策

在应对大气污染方面，欧洲各个国家都签订了很多协议，还有一些跨国协议。在这些协议里面有很多规定，涉及污染物的控制方面，其中有量的控制和类别的控制，涉及的污染物类别有氮氧化物、硫氧化物等。下面列举一些签署的重要协议：1979 年，签订了空气污染方面的条约，该条约签署国为欧盟各个国家，并且依附于联合国欧洲经济委员会的支持。1985 年，在硫的排放方面签订了相关协议，协议里面包含了对硫排放的限定，签署地点为芬兰赫尔辛基；此后在 1994 年，针对排放量的限制、方法、差别又签署第二硫协议，也称为奥斯陆协议，该协议是在生态系统沉降方面的协议，是首次提出的。1999 年，在有机挥发物排放方面签订了 Gothenburg 协议，该协议是针对 2010 年的排放。有机挥发物主要有氨、硫、氮氧化物等。各国签署的协议、做出的努力起到了很大的作用，有助于减少排放，还有助于提高环境质量。在各方的共同努力下，1980—1996 年间即有较大成效，二氧化硫的排放量大大减低了，从 6 000 万吨降到了 3 000 万吨。

二、美国大气污染方面的防治对策

在 20 世纪 70 年代晚期，美国在治理环境污染方面做出了很多努力，其中颁布实施了两项法律，1977 年的《国家环境政策法》和 1990 年的《清洁空气法》。他们做出的这些努力致力于使空气质量达到标准。

（一）许可证制度

在 1990 年之前，修订前的《清洁大气法》提出的要求比较低，只是在新污染源许可证方面，要求提前领取。在 1990 年修订后，又有了更多的要求，如首先要符合许可证条例的规定，之后还制定了相关的规划。这些做法都是为了更好、更科学、更全面地将所有污染源放进规定中。污染源的提交有时间要求，必须在许可证规划提出的一年中。许可证的发放机构明确由州的有关机构发放，由联邦环保局审查，污染源必须在能控制和监测的系统内。

（二）环境税

环境税意义重大，可以促进创新等。比如，二氧化硫税、损害臭氧的化学品消费税、开采税、汽油税、固体废弃物处理税、环境收入税等，除此之外还有不少环境税收方面的优惠。举例说明，为了促使一些企业安装环保方面的设施，安装节能设备的公司或企业可以恰当地税收抵减。

（三）设定技术方面的标准

技术方面的标准比较严格，要求比较高，清洁空气方面需要用"最佳可用控制技术（BACT）"进行控制排放。在控制技术方面应该具体问题具体分析，结合相应的程序。除此之外，不可忽视的是保护发明、专利等知识产权，以此来加快国家标准化的制定、研究。

（四）研发与示范

研发方面包括研发主体、研发技术、研发客体等，一直以来得到了各种支持，包括场地提供、技术示范、申请许可的审批等方面。对此，专门有机构进行了目标评估，针对示范、试验、评估等方面致力于各界合作达到科技共赢。

（五）财政支持

财政支持针对研发者，对于有突出贡献的研究者提供丰厚的奖励，让其再接再厉。比如，美国设立了"清洁空气优秀奖"，这是专门针对空气清洁技术的，并且在其他方面也在逐渐推进，如宣传教育、社区行动、高效交通创新、法规政策创新等。

三、日本大气污染防治对策

日本的工业化启程较早，并且速度很快，它在第二次世界大战以后发展速度就已经很快了，同时伴随着严重的环境问题、环境污染，如"骨痛病"和"水俣病"，造成的后果特别严重。值得赞扬的是日本对问题解决的速度、效率和决心，这是在治理污染方面值得所有国家学习的。

跟欧洲、美洲的一些国家不同，日本出现环境污染，原因是过分注重了发展速度，忽略了环境，但是其补救措施做得很到位，主要体现在应对速度上，日本的大气污染防治历程大致可划分为两个时期。

第一时期为 1955 年至 1973 年。1945—1955 年是十年经济复苏。1955—1970 年初是经济快速增长期。经济快速增长，能源消耗也越来越多，与之伴随的是更多更严重的环境污染等。东京一到冬季市民很难看见太阳；在川崎、尼崎、北九州岛等地，更严重的是对人民身体健康方面的影响，如引发支气管哮喘病、慢性支气管炎。1964 年 9 月，发生在富山市的化工厂氯气泄漏事故，导致 5 131 人中毒。从 1955 年左右到 1965 年出现的污染主要是以硫氧化物为主的污染，这是因为大量石油型企业的建立导致的。对此日本政府进行了一系列的努力，从法律法规到实际举措，制定了相关规则，并且加强技术改进，技术改进包括企业技术改进和治理环境污染方面的技术改进。经过多方努力，取得了不错成效，赢得了这次污染大战的胜利。

第二时期为 1974 年之后，到现如今。现在的大气污染类型有所变化，且种类增多了。因此相关的治理措施也相应改变，随机应对。污染主要来源于汽车污染、工厂作业等，污染物以氮氧化物等为主，而且主要是城市中的生活大气污染。采取的措施仍沿袭了前一时期所用到的，在汽车方面制定标准，限定排放标准，并且开发清洁能源。在开发清洁能源方面，不仅有财政支持，还有政策支持，大大支持节能技术、节能产品的开发。并且引导由重工业向服务型、信息化工业发展，这样一系列措施下来，也收到了明显的成效，大大改善了空气污染状况，使空气质量变好，还我们一个愉快的环境。

第三节　国外大气污染防治技术应用状况

一、美国大气污染源最佳可行控制技术（BACT）

美国在此方面的举措主要是在控制污染源和发展清洁能源方面，制定一系列法律法规，防治和治理环境污染，包括基于最佳控制技术的排放标准体系、运行许可证制度等。具体措施方面主要有经济措施，加大财政支出，大大支持新能源的开发利用，激励能源创新，努力使工业结构更加合理，能源结构更加清洁化。

美国在这方面的标准主要遵循"技术强制"原则，主要标准有"最佳可行控制技术"（BACT）和"最佳可行改造技术"（BARCT）。"最佳可行控制技术"的针对主体是新建源，"最佳可行改造技术"（BARCT）针对的主体是现有源。"最佳可行控制技术"致力于减少污染物排放量，达到最大减排的目的，主要采用生产工艺和技术来达到，这个技术是考虑到能源、经济、环境三者结合起来综合的结果。

（一）建材行业

在建材行业，主要手段是制定标准和采取技术。详细来说，就是制定具体类别的排放标准，如沥青、水泥、石灰、黏土制品、玻璃等。而为了达到或在标准之内，就需要科学技术的支撑，而现有技术又不够，所以就致力于开发新技术，包括行业技术和清洁生产技术以及减排技术、治理污染方面的技术。如，在很普遍的水泥行业，就制定了《波特兰水泥新源排放标准》，严格限定，且严格遵循，还实施了清洁技术，比如节能粉磨技术、新型干法预分解窑技术等。再加上静电除尘、湿法脱硫袋式除尘等，大大控制 PM2.5，SO_2，NO_x。

（二）热力、电力行业

主要是针对新建源方面，要求采用最佳可行控制技术（BACT），涉及的分支行业有燃气轮机、燃油、燃气内燃机、锅炉和加热设备、商业炭烤设施、餐馆燃烧设施，以及生活所用烘干机、烤箱、窑炉等。之后对具体小分支进行具体规划，如在燃气轮机、燃气锅炉方面，主要燃烧控制、低氮燃烧器（LNB）或超低氮燃烧器使用、SCR 等技术的采用，以此来达到 NO_x 减排的目的；再就是一些其他措施，如在固定式内燃机方面，则具体采用机前处理、机内净化、机后处理等，来达到控制 CO，HC，NO_x 排放的目的。

也有一些其他地方对于治理环境污染方面的举措，如加州的南海岸，其空气质量管理区（AQMP）也在此方面提出了具体要求：一是要制定规范，该规范是针对天然气燃料方面的，旨在将天然气的品质进行提高；二是在监测系统方面，主要是强化系统建设，旨在使其的排放达标。

（三）石油、化工行业

此行业主要是在制定标准方面。比如，《炼油厂催化裂化、催化回用及硫回收单元有害空气污染物排放标准》《炼油厂新源排放标准》，这些都是针对石油炼制工业方面的，都进行了严格的标准制定，并且还不断修改、完善，旨在提高大气污染治理，收严排放标准。具体可参见表 3-1。

表3-1 美国石化行业大气污染物控制技术汇总表

行　业	工　业	污染物类型	技　术
石　化、炼油	工艺加热炉	颗粒物、SO_x	使用清洁燃料，使用低含硫燃料，如采用脱硫炼厂气代替燃料油等
		NO_x	低氮燃烧器；低氮燃烧器 + 烟气再循环（FGR）；低氮燃烧器 +SCR 或 SMCR
	催化裂化	SO_x	催化烟气脱硫；添加硫转移剂
		VOC_s	催化原料预加氢
化　工	纤维浸渍工艺	颗粒物	袋式除尘器与 HEPA 过滤联合使用
	聚酯树脂的生产	VOC_s	沸石浓缩于催化氧化
	生产液态 CO_2	VOC_s	蓄热式氧化器 (RTO)
	催化剂再生、流化床催化裂化装置	NO_x	选择性催化还原 (SCR)

（四）钢铁、冶金与铸造行业

此行业主要是采取技术提高、控制技术等，以此达到控制污染物排放的标准。该行业的主要污染物有颗粒物、NO_x、SO_x 等。制定的标准也是针对具体行业的，如针对铸铁加工业、铸钢加工业、铸造、铁合金生产等的控制技术；还有一些工艺技术，如钢包冶金、电弧炉、感应电炉、制芯、铸造及浇注、熔渣处理、干燥机、预热装置等；通过一些除尘技术控制颗粒排放；通过末端治理控制 NO_x、SO_2 排放。

（五）印刷、涂装等其他行业

此行业主要是制定标准，控制污染物的排放，以及提高技术，减少排放，寻找开发替代能源。比如，在印刷、涂料、农业杀虫剂等重点行业控制 VOCs 的排放。南海岸地区还控制石化行业污染物的排放。主要分析 VOCs 的污染控制技术方面，分为预防方面和治理方面两大类，预防方面主要是针对技术方面，如寻找原材料替代、改进工艺技术、设备更换、防止泄漏等；治理方面主要是末端治理。

预防方面，一是需要将产品替代进行优先考虑。比如，在涂料方面可以选择无溶剂含量或低溶剂含量的；二是在正常的实践中要步步紧抓，提高各个环节材料的利用率，将其最大化；三是寻找可以替代的设备，这样做的目的是减少VOCs的排放，并且尽量减少生产中材料的使用量。在末端控制方面，主要有以下几类：吸收（洗涤）法、燃烧法、冷凝法、吸附法、生物法等。燃烧法是最常见的，它的适用领域是在喷漆、化工、绝缘材料等行业中，针对浓度比较高的VOCs废气的处理，而且效率较高，处理率高达95%，甚至更高。

举例说明，曾经清洁空气法修正案（CAAA）对涂料行业中的VOCs排放进行了排放限度方面的规定，要求按照最佳可行控制（BAC）来进行生产，将技术经济可行性与健康、环境、能源影响放在一起综合考虑，不只是注重经济的发展，而忽略环境的保护，忽略人类的身体健康。为了使排放控制在规定的限度内，需要在以下方面进行提高：措施、设备、工艺、系统、方法等，其中包括原料、化学配方重组、产品替代、重新包装、消费、存储、处置等。正是因为有这些规定，所以有针对性地提出了一些法律法规加以保障，促进技术的进步，以更好地控制、治理环境污染。其中有一个产品配方重组，它得到了有效的认可，认为是经济技术上最可行的策略，在涂料中对VOCs的含量、树脂技术等方面进行了改进。汽车制造业方面也随之进行了限定和技术方面的改进。OHAP减排技术等还在烘干炉尾气方面、溶剂型涂装生产线方面、自动化喷枪排气方面进行了控制等。

二、欧盟大气污染源最佳可行技术（BAT）

此技术主要是针对固定源污染方面的控制，将预防和控制相结合，旨在使工业污染防治系统变得更加协调、更加一致、更加一体化。具体的措施有制定制度和提高控制技术两方面。其中制定制度方面有：制定排放限值、许可制度、最低要求，企业必须严格地遵循、履行；技术方面主要有：针对污染源VOCs，制定控制技术，具体分析，在严格遵循污染控制指令、行业指令的基础上实施。这是欧盟根据美国的经验所制定的。

（一）大型火电厂

大型火电厂主要是针对各类污染物，给出最佳可行技术。主要涉及去除SO_2、NO_x、颗粒物等方面。去除SO_2的方法有：湿法石灰石石膏脱硫、喷雾干燥法烟气脱硫、海水法脱硫、干法脱硫、烟气循环流化床脱硫、氧化镁脱硫、亚硫酸钠脱硫、亚硫酸氢钠法烟气脱硫等；去除NO_x的方法有：烟气再循环、分级燃烧法、低NO_x燃烧器、减少空气预热等；去除颗粒物的方法主要是开展末端治理，利用湿式电除尘器、静电除尘器、袋式除尘器、湿法除尘器、旋风除尘器等。

（二）建材行业

建材行业的主要污染源是石灰、水泥、玻璃、陶瓷、矿棉等，这些污染源排放的污染物有 SO_x、颗粒物、NO_x、VOCs 等。因此要控制 SO_x、颗粒物、NO_x、VOCs 的排放量，对此欧盟实施了最佳可行控制技术。比如，水泥行业中主要的污染是颗粒污染，因此对应采取末端处理，利用的手段有：袋式除尘器和静电除尘器；在控制 NO_x 排放方面，利用的手段有：燃烧控制、工艺优化、末端治理等；去除 SO_x 方面，主要有湿法洗涤、干法洗涤等。

（三）石油及化工行业

石油及化工行业的污染物以颗粒物和 VOCs 为主，因此欧盟相对应地提出了最佳可行技术。比如，最常见的天然气提炼、矿物油提炼行业，在去除 SO_x 方面，采用文丘里洗涤、脱硫催化剂、海水法脱硫、湿法洗涤等；在 NO_x 的控制方面，可以利用 SNCR，SCR 或者采用再生器优化的方法；在去除颗粒物方面，可以采用洗涤器处理、静电除尘器、三级甚至多级旋风除尘器方法。

（四）钢铁、冶金与铸造行业

钢铁、冶金与铸造行业以 SO_x、颗粒物、NO_x、VOCs 等污染物为主，控制技术多样。比如，钢铁烧结工艺中去除 VOCs 的方法是通过使挥发性碳氢化合物含量降低或者顶层烧结来达到的；在抑制二英形成方面，采取在烧结混合料中注入含氮化合物的方法；在去除 NO_x 方面，利用烟气再循环、低含氮燃料、低 NO_x 燃烧器等方法；铸造工艺污染物的控制以预防为主，如在铸造与成型车间里面使用自动卷帘系统、真空清洗、严格控制粉尘等措施；在去除颗粒物方面，主要利用方法有：旋风器、湿式洗涤器、织物或袋式过滤器等方法。

（五）印刷与涂装行业

印刷与涂装行业的主要污染物是 VOCs，对此欧盟同样提出了最佳可行技术。主要是去除 VOCs 的措施，如对印刷生产区域的空气进行再抽取和处理，方法是利用自动化清洁器或水性油墨；控制柔印、凹印包装所产生的 VOCs，方法是利用优化焚烧炉、废气流中调整溶剂浓度等。

三、小结

从国内到国外，在治理环境污染方面都做了巨大的努力，取得了一定的成效，但是还有一些顽固性问题以及新问题的出现，治理环境污染刻不容缓，且是一项长期、持久的工作。先来看国内的环保产业，产业受到了制度、政策的共同推进，因此迎来了发展的整合期。并且这个领域被各界看好，得到了各界的不少投资。突出企业很多，但是要做全国领头羊还是很难的。

从欧美地区来看，欧美一些先进技术对于节能环保做出了很大的贡献，且在一定时期仍然发挥着重要作用，如 BAT 技术，值得我国认真学习和借鉴。我国也应用了一些技术，由于范围广大、行业广大，发展的潜力还是很大的，可以指引我国大城市的未来发展方向。

国外最近这些年的节能减排技术方面的发展速度已经低于我国节能减排技术方面的发展速度，这跟国外的重点工业发展是有关系的，国外的重点工业已经不是传统冶金、玻璃、水泥等高能耗、高污染的工业，这些工业基本上已经转到发展中国家进行生产了，他们国内的工业已经在节能减排的压力下研发了新技术。

国外的节能减排技术是分步骤、按程序走的，首先是很重视产业循环利用生产方式，其次是在源头上减量化，再次是中端的再利用，最后是末端的在资源化。以日本的冶金行业为例，其在利用率方面是极高的，因为有很多措施，如在钢铁企业废弃物的循环利用方面，对于含铁粉尘、钢铁渣最大限度进行回收再利用，还有就是废塑料、废轮胎的回收再利用，这样做不仅可以节约能源，还可以减少排放，在其他方面有利，如减少了填埋废弃物的过程，节省人力、物力、财力，节约用地。以美国新能源开发为例，新能源主要体现在发电技术、交通运输技术和能效等方面的技术，美国投入大量的精力，投入大量人力、物力、财力，加大力度进行开发、研究，最终在这个方面取得了其他国家羡慕的成效，更值得我国学习、借鉴。这些新能源细分下来主要有：太阳能、地热能、风能、水力发电，这些属于发电技术；燃料电池、生物质能、性能先进的汽车，这些属于交通运输技术；工业、建筑物、能源管理、气候变化与政府间合作，这些属于能效方面的技术。欧盟也有长远规划，计划在未来三年实现接近零排放。不难看出，新能源、再生能源、交通技术、建筑节能等必须要成为我们研究的焦点，这是我国长远发展必须要解决的。

接下来分析污染防治技术和大气污染防治技术，相对来说，国外的技术都较先进，尤其是在工业大气污染防治技术方面，在控制原料方面做得还是比较好的，而我国则相对较差，在防治和治理上不能达到预期效果，需要长期努力学习。国外在焚烧垃圾、原料、燃料质量、涂料、VOCs 含量等方面控制得比较好。我国在控制 VOCs，NO_x、有毒有害污染防治技术上发展空间还比较大，但是在控制 SO_2、颗粒物排放方面的技术做得比较好。

由以上叙述可知，我国的发展重点在节能环保技术、节能减排等方面，同时应在环保创新技术能力方面大大提高，加强环保激励约束机制的建立和完善。总体来说就是围绕节能、减排来开展，学习国外，充实自己，加大力度。

第四节　国外雾霾一体化治理的经验

这里以典型城市洛杉矶为例，学习他们的治理方法、经验，为我国更好地治理雾霾打下基础、提供思路。

一、洛杉矶的大气污染治理方面的经验

洛杉矶是一座位于美国西海岸的城市，它的面积为 1214.9 平方千米。人口大约 1800 万，是美国的第二大城市。洛杉矶治理环境污染方面的经验值得我们借鉴、学习。

（一）洛杉矶的大气污染治理过程

在这里，首先要了解洛杉矶著名的"光化学污染事件"。每年从夏季至早秋，只要是晴朗的日子，洛杉矶上空就会出现一种弥漫天空的浅蓝色烟雾，使整座城市上空变得浑浊不清。这种烟雾使人眼睛发红，咽喉疼痛，呼吸憋闷，头昏、头痛。1943 年以后，烟雾更加肆虐，以致城市 100 千米以外的海拔 2000m 的高山上的大片松林也因此枯死，柑橘减产。仅 1950—1951 年，美国因大气污染造成的损失就达 15 亿美元。1955 年，因呼吸系统衰竭死亡的 65 岁以上的老人达 400 多人。1970 年，有 75% 以上的市民患上了红眼病。这就是最早出现的新型大气污染事件——光化学烟雾污染事件。

洛杉矶遭受到烟雾的侵扰可以追溯到第二次世界大战以前。1903 年的一天，厚重的工业粉尘使广大居民误以为发生了日食。第二次世界大战极大地提高了工业发展水平，也带来了空气污染。城市人口以及机动车的数量快速增长。根据气象记录，1939 年到 1943 年间能见度迅速下降。洛杉矶人也越来越感到震惊，烟雾模糊了他们的视野，烟尘侵入了他们的肺部。到了 1943 年，更严重的状况发生了，这就是著名的洛杉矶"光化学污染事件"。人们开始追溯根源，找到了南加州燃气公司生产厂，因为该厂生产的产品中含有丁二烯。再后来，又找到了更多的源头，如废木厂焚烧的垃圾、机车和柴油机车喷出的烟、焚烧炉、锯木厂、城

市垃圾场等，这使人们意识到这是一个极大的事件，必须引起足够的重视。

1946 年，Tucker 特别在《洛杉矶时报》上进行了对于雾霾问题的分析，包括原因和解决方法等。他认为应该从各个方面做起，并想出了 23 种解决方法，其中有废橡胶禁止燃烧方面的内容。

1952 年，化学家 Arie 指出了雾霾中的主要成分——臭氧，他说雾霾的形成与光化学反应下的气粒转化以及汽车尾气有着不可脱离的关系。他的结论成为大气治污史上具有里程碑意义的研究。

这些研究和发现让大众越来越了解雾霾与雾霾的形成原因等。从市到州，一系列级别越来越高的法规制定出来，一系列治理大气污染的措施开始实施。例如，开始由专人检查燃料添加、炼油过程中的渗漏和汽化，首次提出并制定了汽车废气标准，出台了车辆排气设备等方面的规定等。

治理雾霾的过程是漫长的，道路是曲折的。一开始，由于大众的不理解，制定相关标准时遭到了很多抵制，并且汽车生产商也严格抵制，石油大亨也发出强烈反对的声音，因为要开发新的清洁能源，他们觉得自身的利益受到了损害。此时，人们发现困难重重，必须要寻求新的正当的立法支持。

1969 年左右，环境问题被范围更大、人数更多的人群所关注，并且越来越多的人强烈呼吁保护环境，强烈希望环境问题得以解决。比如，1970 年 4 月 22 日的游行活动，有 2000 万民众参加，规模非常大。之后美国联邦政府出台了《清洁空气法》，这具有里程碑的意义，让民众意识到制定全国范围内的环境污染标准不是梦。这也加速了美国颁布《清洁空气法》，进而 1972 年召开了联合国第一次人类环境会议。在 2009 年的第 63 届联合国大会上，每年的 4 月 22 日被定为"世界地球日"。

经过几十年的治理，到 20 世纪 80 年代末，在各方的努力下，洛杉矶的空气质量得到了显著改善，短时可吸入颗粒物、PM2.5、臭氧的污染指标为达标，除此之外的污染物指标都达到了美国联邦政府标准。

（二）洛杉矶的大气污染治理措施

1. 加强空气污染治理先进技术的研发

技术开发永远都应该受到重视。正是因为洛杉矶意识到了这一点，所以一直致力于空气污染治理方面的技术开发，使得其在治理污染方面首屈一指。下面看一些具体实例。比如，在 1953 年，洛杉矶实施了很多治理空气污染的措施，其中有最接近大众的公交系统快速化，常见的露天焚烧也受到了禁止，也不是一味只注重工业增长的速度了。在汽车尾气方面，制定了严格的标准，并且提倡将丙烷作为公交车、卡车的燃料，而不再使用会引起空气污染的柴油，同时在碳氢化合物的排放量方面做出了规定，要求减少其排放。关于汽车尾气减少排放的举措，美国也是首个在 1960 年左右实施的。1975 年，环保要求更进一步，在汽车方面的体现是：被要求都要配置转化器，这样有利于尾气在排放前得到转化；在 20 世纪 70—80 年代，环保措施越来越到位，提倡使用天然气、甲醇，而建议尽量不用汽油；要求发展零排放或者接近零排放则是由加州空气质量管理局技术进步办公室在 1988 年的重点举措，目的在于助力私营企业达到这一要求，从而在这一方面减少空气污染。这些举措涉及很多先进的科学技术，如电动汽车、燃料电池、零VOC 涂料和溶剂、重型车辆和机车、遥感等，其中重型车辆和机车是可以用替代燃料的，以此来减少空气污染。除了在具体的治理方面加速发展外，在监测方面也没有减缓步伐，而是快马加鞭。比如，在监测 PM10 方面，1970 年加州在全美就已经处于领先地位了。到了 1980 年，开始监测废气中的铅和二氧化硫。PM2.5的监测始于 1984 年，开始注重对 PM2.5 中化学成分的分析是在 1990 年。由此可见，加州治理空气污染的步伐和速度确实是鲜有其他城市可以比的。

2. 引入市场机制

市场机制的引入始于 20 世纪 70 年代，主要是实施了排污许可证制度，再加以强有力的监测，保障其能落实到位。针对的主体有各种排污企业，排污轻重分不同标准，有主要污染源和一般污染源。主要污染源受到了特别监控，美国联邦这些企业的排污量在 100 吨以上。加州对于排污量在 10 吨以上的企业都进行了监控，并且标准更严格，这些都被列为主要污染源。检测系统为 SCAQMD，对排污进行实时监测。政府强制排污企业承担减少空气污染的责任。

3. 通过立法为空气污染防治提供法律保障

法律保障是分层次的，洛杉矶在这方面主要分为四个层次，是根据主体划分的，依次为联邦、州、地区和地方政府，其中地区是指南海岸空气质量管理局。首先，美国环境保护署负责制定全国性的空气保护法规，这是联邦政府层面的体现。联邦政府分别在 1955 年、1963 年、1967 年通过了《空气污染控制法》《清洁空气法》《空气质量控制法》，并且进一步衍生了 1970 年的《清洁空气法》，还与时俱进，分别在 1977 年和 1990 年进行了两次修正。这项立法是全国性的，并且拥有广泛的约束力。其次是在州政府层面的体现，加州在 1988 年就通过了《加州洁净空气法》，这项立法中含有对空气质量方面很全面的规划，时间范围是未来 20 年。可见立法之严，决心之强大。立法中具体有污染源方面的规定、污染等级方面的规定、消费产品管制方面的规定、空气质量方面的规定。其中，涉及排放标准和汽车燃料标准，针对的主体是路面的、非路面的移动污染源，这些标准是由加州空气资源局制定并监督实施的，比联邦政府的《清洁空气法》严之又严。鉴于此，州政府将《加州洁净空气法》作为监管空气质量标准的主要依据。再就是地区管理层面，体现在对污染物排放的监管和协调功能。在污染物排放的监管方面，针对的主体是间接污染源、固定污染源、部分移动污染源，是由南海岸空气质量管理局来监管的，其中，移动污染源有火车和船只等的可见排放物。南加州政府协会还负责交通规划研究，协调减排政策；还负责人口预测、区域经济等的编制。

4. 成立专门的空气质量管理机构，实现联防联控

这是分阶段、分步骤的，分别在 1946 年、1947 年、1967 年、1977 年成立了烟雾控制局、洛杉矶县空气污染控制区、加州空气资源委员会 (ARB)、南海岸空气质量管理局 (SCAQMD)。烟雾控制局成为全美首个地方空气质量管理部门，它建立了全美首个排放标准、许可证制度，这是关于控制工业污染气体方面的；洛杉矶县空气污染控制区的成立过程曲折，但是取得了最终的胜利，顺利成了全美第一个空气污染控制的管区，负责控制空气污染。之后也在一些县成立了功能相似的组织。加州空气资源委员会的工作很具体，制定了相关空气质量标准，涉及有关污染物，如光化学氧化剂、总悬浮颗粒物、二氧化硫、二氧化氮等，它也是全美首个制定此类标准的组织。南海岸空气质量管理局的成立意义非凡，它致力于统一监管污染物排放，包括各区内企业和各固定污染源，并且其成立也实现了跨地区合作应对空气污染，因为它是由橙县、洛杉矶县、河滨县、圣伯纳蒂诺县的部分地区联合成立的，还能使治污费用的分摊更加合理。

（三）洛杉矶的大气污染治理经验

洛杉矶的大气污染治理经验主要有以下几方面。

第一，是在建立跨区域机构方面，这样有助于增加治理污染的权威性。污染无界，因此只能各地区、各机构、各组织联合起来，增加治理的决心，从大众做起，从身边的一点一滴做起。并且要上到行政，下到执行，一步不能落下，在跨区域的空气质量管理机构的带领下，打赢治理污染这场硬仗。

第二，主要在民众支持方面。立法的出台离不开民众强有力的支持和愿望。公众对于美好环境的期许促使他们向政府施加压力，同时政府出台法律的实施离

不开公众的执行和参与。公众对于政府制定、实施空气质量标准方面有正常的监督权利，如最常见的PM2.5的监控。

第三，要重视科学和技术研究。当空气污染刚刚出现时，大家因为没有经验而显得都很尢措。但是，各界并没有因此而退缩，而是慢慢研究，找到适合的解决路径，终于找到了光化学烟雾污染的原因，那就是机动车、工业尾气的排放，找到原因之后，研究逐渐走上了正轨。20世纪50年代后，政府应对污染的一个重要措施就是对污染进行科学研究以及有针对性地成立相关机构进行高水平的科技攻关。例如，1968年成立的加州空气资源局（CARB)，第一届主席由斯米特担任，几十年来CARB引领与左右了美国空气污染的科研水平、控制技术、标准制定、法规条例等进程。

第四，污染不只靠治理，还应该有政策相辅相成。这包括污染治理政策、空气质量标准两方面的内容。政策的制定主体是联邦政府，之后授权州、地区空气质量管理机构执行、治理。这些标准都非常严格，包括严格的空气质量监管、污染源排放标准、制定清洁能源政策以及清洁能源、再生能源方面的规定等。

第五，是产业结构调整方面的内容。这是非常重要的一点，只有产业结构更加合理，才能从源头上减少污染。体现在洛杉矶方面，就是传统工业替代，代之以新兴工业、信息工业等，如互联网、生物技术、通信、软件等。这些新兴产业和信息产业的发展使得传统工业逐渐被代替，如能源、机械制造、化工产品等，从而减少污染物的排放。

第六，是清洁能源的开发方面。只有大力支持清洁能源、可再生能源的研究、使用，才能减少污染物的排放。但是基于技术的发展和手段的有限，这是一项长期、艰巨、伟大的工作。洛杉矶地区的体现是，在政策方面，要求减少臭氧、温室气体等污染空气的气体的排放；在能源方面，就是替代煤、石油，代之以天然气；再就是可再生资源的开发、利用，如太阳能、风能；还有政府在新能源方面的经济补贴，如为公众安装太阳能设备、购买新能源汽车进行补贴等。

第七，是公共交通方面。加大公共交通使用力度、效率。鼓励民众乘坐公共交通工具出行，减少私家车出行，减少汽车尾气的排放。洛杉矶地区的体现是，地铁系统和公共交通工具用道方面。比如，扩建区内轻轨系统、扩建市地铁系统；设立高速公路车辆的专用通道、设立新能源汽车专用通道、在市区内增设自行车车道等。

第八，这方面跟生活息息相关，是居家节能方面的。比如，使用节能家电，尽量在交通条件好的地方增加住宅等。

二、伦敦的大气污染治理经验

伦敦治理大气污染的历史较早，这跟它实现工业化的时间息息相关。19 世纪初到 20 世纪中期的 100 多年间，伦敦在冬季发生过多起空气污染案例，举世闻名的有"伦敦烟雾事件"，在 20 世纪 50 年代的影响是超级大的。正因为这个事件，让世界记住了伦敦。伦敦尽一切可能积极治理，最终成为全球的生态之城，其治理污染的许多经验值得借鉴。

（一）伦敦的大气污染治理历程

烟雾事件发生于 1952 年，为此英国开始了长期的探索与治理，其可以分为四个阶段。

（1）1953—1960 年，这是第一阶段，这个阶段是进行初步治理。在这个阶段，首先成立了专业调查机构，其次是相关法律的出台。其中，比佛委员会就是专门调查污染的机构，包括成因的调查，结果出来后再因地制宜地制定相关解决方案。再就是《清洁空气法》的出台与清洁空气委员会的成立，二者相得益彰，在法律的规定下采取具体的措施：更换燃料，改造家用壁炉，禁止黑烟排放等，以及划定控烟尘区域。到 1960 年的时候就已经初见成果，伦敦的 SO_2 含量下降了 20.9%，黑烟浓度下降了 43.6%。

（2）1961—1980 年，这是第二阶段，这个阶段是有很大成效的阶段。这个阶段分别在 1968 年、1974 年修订了旧法，颁布了新法规。其中，补充完善了《清洁空气法》，《污染控制法》则是新颁布的法规。《污染控制法》针对机动车燃料等的控制，如硫。比较明显的是对烟尘控制区的范围明显扩大了。烟尘控制区覆盖率在 1976 年已达伦敦地区的 90%，这样的结果是明显降低了黑烟、SO_2 的含量。1980 年的雾霾天数甚至降到了每年 5 天。

（3）1981—2000 年，这是第三阶段，此阶段的特征是平稳改善。这一阶段的治理重点有所改变，并且出台了很多法律。在大气污染治理重点转移方面，原来以控制燃煤为重点，此阶段以控制机动车污染为重点。在出台的法律方面，在 1981 年、1989 年、1991 年、1993 年、1997 年、1999 年各出台了一部法律，分别为《汽车燃料法》《空气质量标准》《道路车辆监管法》《清洁空气法》《国家空气质量战略》和《大伦敦政府法》。这些法律法规的出台更加完善了伦敦大气污染治理方面的法律。

（4）2001 年至今，这是第四阶段，这个阶段是低碳发展阶段。这个阶段的主要污染物发生了变化，治理理念也发生了变化，提出了一些新理念，出台了新政策。主要污染物已不是原来的 SO_2 和黑烟，主要污染物是 NO_2、PM10。再就是新概念的提出——低碳经济，这是在《英国能源白皮书——我们能源的未来：创建低碳经济》中提到的，基于此，之后对伦敦的空气质量战略做了两次适当的修订。成效有：基本消除了酸雨危害，控制了 93% 的空气中的烟的污染。

（二）伦敦的大气污染治理措施

1. 建立和完善法律法规

1956 年，在著名的《比佛报告》之后出台了《清洁空气法》，它也是第一部空气污染防治法案。之后又有不同程度的修订、完善，以及新法律法规的出台——《环境保护法》《污染控制法》《环境法》《汽车燃料法》《空气质量标准》《道路车辆监管法》《大伦敦政府法案》《气候变化法案》《污染预防和控制法案》等。这些法律法规的制定和完善也标志着治理大气污染越来越成熟化。

2. 制定国家空气质量战略

这是从 1995 年开始的，之后越来越成熟，范围也更广。2004—2009 年每年都制定了法律法规，依次为：2004 年的《能效：政府行动计划》、2005 年的《气候变化行动计划》和《英国可持续发展战略》、2006 年的《低碳建筑计划》、2007 年的《退税与补贴计划》《英国能效行动计划 2007》、2008 年的《国家可再生能源计划》、2009 年的《低碳转型计划》等。这些法律法规的出台标志着国家对空气质量越来越重视。

3. 加大财政投入

这方面的投入针对新能源的支持方面，成立了专门的基金，如碳基金、环境改善基金和绿色能源基金等，这些都是对于低碳、新能源的投入、支持和鼓励。英国政府曾在 2009 年为节能住房改造特意拨款 32 亿英镑；碳基金的成立也是为了支持低碳技术的发明和低碳经济的运行。布朗政府曾投入 104 亿英镑，用以"碳预算"。碳基金是一种商业化基金，其资金来源于气候变化税，每年大约有 6600 万英镑，大大减少了碳排放。环境改善基金则是在低碳能源、高能效技术示范和部署方面的投入，它是由英国政府在 2008 年启动的。绿色能源基金是用来大大提高低碳能源的使用的，比如太阳能、风能、海洋波浪能等，它是由英国在 2010 年 3 月设立的，启动资金 10 亿英镑。

4. 加强利用清洁能源等技术，大力发展低碳经济

在伦敦烟雾事件初始，伦敦烟尘浓度和 SO_2 浓度极高，其中烟尘浓度达到了达 $4460\mu g/m^3$，SO_2 浓度达到了 $3830\mu g/m^3$。通过专业分析，找到了污染源——工业燃煤和家庭燃煤，划定了"烟尘控制区"，在区内只能烧无烟燃料。还对天然气、无烟煤做了推广使用，这些措施都是为了减少污染物—— SO_2 和烟尘污染的排放。到 1980 年，煤炭仅限于远郊区工厂使用。煤炭等的比例也从 90% 降到了17%。低碳经济的概念是在 2003 年提出的，提出要在 2050 年建成低碳社会。之后又公布了蓝图——政府公布的发展低碳经济的国家战略，是在 2009 年提出的，并计划在之后到 2020 年改变再生能源份额，将其在能源供应中的份额提高到 15%。还有一些可再生能源，如潮汐能、风能、波浪能等，这些在低碳领域中占到 40%。

5. 疏散人口、工业企业，平衡发展资源

疏散人口包括修建新城，将人口和一些工业进行转移。这些新城距离伦敦市中心的距离不等，在 80 ~ 133km 之间。除了修建新城，还有经济措施，即给一些资金支持，鼓励搬迁、转移。1967 年之后的 5 年间，迁出了 28 万个劳动岗位，随之而来的是新城工作岗位和人口的大量增加。

6. 加强对机动车尾气排放的综合治理

这包括对车辆种类、数量的控制，因为汽车尾气是一个很大的污染源。再就是增加新能源汽车，提供新能源汽车通道，增加公共交通工具通道，提倡公共出行、步行或者骑自行车等，这些都是节油、无污染的出行方式。还有就是在停车位收费、堵车费等方面采取措施。例如，《交通 2025》的公布，使得私家车数量大大减少，这样一来，污染物的排放也就大大减少了。

7. 加强城市绿化建设

这一点主要包括增加绿化面积、绿化种类，进行长远规划，促进生态、经济的协调发展。设置绿色规划带，改善城市整体环境。重视生态园林，倡导建设"花园城市"的理念。目前，伦敦城市中心区有 1/3 的面积被花园、公共绿地和森林覆盖。

8. 加强信息公开，鼓励市民积极参与

英国是最早将空气治理民众化的国家。各个方面进程都让民众及时参与、及

时知晓，使他们对控制污染的事情了如指掌，能更切身地参与其中。政府为此还开设了一些专门的网站，供民众讨论、学习、参与，对空气质量数据进行实时了解。伦敦对于空气污染治理的主体不是单一的，而是由多方共同参与的，如大学、研究机构、工厂、学生、民众等。

（三）伦敦大气污染治理经验

概括起来，伦敦大气污染治理经验主要有以下四个方面。

1. 通过法律法规为环境治理保驾护航

在这一方面，英国属于领先者，有很多是值得各国借鉴的。以时间线来说，1956 年的《清洁空气法案》，1968 年的相关法律文案，1974 年的《控制公害法》，20 世纪 80 年代之后，还出台一系列的法律法规。其中，《清洁空气法案》具有里程碑意义，因为它是首个空气污染防治法案，而且是世界范围内的，在控制煤炭用量、划定烟尘控制区、推广使用天然气以及重污染企业外迁等方面做了规定。《控制公害法》主要针对土地、空气、水源等领域，还规定了含硫最高值。20 世纪 80 年代之后，主要是在控煤方面，提倡使用清洁能源。这些法律法规为有效地防控和治理大气污染提供了可靠的保障。

2. 加强科学规划，强调制度引领

英国重视大气污染治理的战略规划，特别是从 1995 年起，国家制定了一系列防治大气污染的"行动计划"，值得一提的是《低碳转型计划》，它是在 2009 年制定的，是防治大气环境污染的行动纲领，主要目的是低碳。它展现了一个非常美的蓝图，同时考虑了经济、环境两者之间的关系，将协调和保护统一起来，制定科学的规划，加上完善的治理措施，是治理大气污染的一盏明灯。同时，通过制定控制大气污染的科技计划、战略性新兴产业发展计划等，把对大气的综合治理与利用转变为新兴产业，彻底消除隐患，大力促进了生态文明建设。

3. 绿色产业随行

城市要想发展，就不能走只注重经济的传统工业的路子，这样会造成环境的破坏、能源消耗的加剧、空气的污染等。基于此，英国最早意识到了"低碳"，并大力提倡、支持，进行紧锣密鼓的筹划，制订适宜"低碳"的发展计划。在该计划中，有对能源比例的内容，如到 2020 年，可再生能源、绿色能源分别要占到15%、40% 的份额。近年来，英国在可再生资源方面取得了有效成果，尤其是对近

海风能方面的利用和开发，居全球前列，其次在太阳能开发利用方面也加大了科研力度、开发力度。

4. 环保理念驱动

英国民众和政府方面对比都有体现。就政府而言，制定环保的法律法规，如《气候变化行动纲要》，它主要涉及减排的目标、基准等，再基于此标准进行具体的小计划；在经济发展方面，不是一味求速度，而是注重产业结构的调整；对环保措施的大力支持，并进行有效宣传，使大众更全面了解污染问题，了解环保。就民众而言，越来越有环保意识，人们从自身开始，注重对环境的保护。

5. 科学技术支撑

科学技术是非常重要的手段，在空气污染治理的过程中，科学技术发挥了关键的作用。科学技术体现在预防污染、治理污染、减少污染的全过程。在预防污染、减少污染方面，主要是改变生产工艺，在生产环节就控制好，不产生或极少产生污染。在污染治理方面，包括对污染源的治理和对污染物的处理、末端处理。除产业升级外，科学研究和科学技术为国家的宏观决策提供了可靠的依据。英国前首相布莱尔在回顾伦敦治理大气污染过程时深有体会地说："拯救环境还要依靠科学技术。"

三、东京大气污染治理经验

东京大气污染跟伦敦的污染有相似之处，起因都是源于高速发展的工业，只注重了经济的快速增长，而忽略了对环境造成的污染，时间都是在第二次世界大战后。环境污染的表现也很相似，就是空气变坏，质量变差，污染物的排放越来越多，以碳氢化合物、氮氧化物为主，这两种污染物跟汽车尾气排放脱离不了关系。同样，东京也采取了快速、强劲的手段，来治理环境污染，包括政策手段和经济手段等。结果也很有成效，如今的东京，非常清洁，能源利用率非常高。在这一点上值得我们学习。

（一）东京大气污染治理过程

可以用四个阶段来说明。

1. 第一阶段：工业公害防治阶段

这方面主要靠政府出台的条例来实现。条例有《东京都工厂公害防治条例》

《烟尘限制法》《公害对策基本法》《大气污染防治法》以及在其基础上衍生出来的《东京都公害控制条例》。其中，1949年的《东京都工厂公害防治条例》意义重大，是日本出台的第一个针对城市公害问题方面的条例，内容包含了针对的限制对象、工厂申报手续、工厂制约措施等。光化学烟雾现象变得非常严重的时候是在20世纪60年代，《东京都公害控制条例》就是在这样的背景下出台的，政府的规定相当严格，规定了一些污染物，如二氧化硫的总量排放。再就是政府成立了专门的机构——公害局，来治理工业公害工作。

2. 第二阶段：环境保护阶段

如果说第一阶段以治理为主，那么这一阶段则是以防治为主。以前只注重经济发展的时代过去了，取而代之的是既注重经济，又注重环境保护，这是从1980年左右开始的。政策也变得更加综合，重心也有所变化，从工业公害、尾气排放治理转到了控制污染方面和保护环境方面。这是一种更加积极、更加主动的状态。1980年，原来的公害局也换了名称，国家环境保护局，由此可知政府的态度、重心已有所改变。再就是立法方面的变化，《东京都环境影响评价条例》的颁布，将建设项目环境准入标准提高了。不是污染后再治理了，而是预防污染的发生。《东京都环境管理规划》是一个更加综合、更加全面、更加完善的规划，也在1987年问世了。

3. 第三阶段：优先可持续发展阶段

如果说第二阶段是将经济和环境综合起来考虑，那么这一阶段的重心完全转向了可持续发展。现在是主动治理污染，而不是被动治理。表现为制定了更加严格的条例和企业对治理污染的重视程度越来越高。比如，《减少汽车氮氧化物总排放量的特殊措施法》《东京都环境基本条例》《东京绿地规划》等专项环境规划相继制定。在这个阶段，条例规定、政府指导、企业履行、环境保护工作取得了一定的成效。

4. 第四阶段：环境革命阶段

目的是"低能耗、二氧化碳低排放型城市"的建立。"以保护市民健康安全为基本出发点，推动环境革命，促进环境优先型和事前预防为主的环境政策的实施"成为21世纪之后的指导点。分别在2002年、2006年制定了《新东京都环境基本计划》《东京都新战略进程》等条例，其中第二个条例是一项紧急的三年计划，主要是对地球温暖化防治方面的对策和研究。再就是2007年出台的《东京都大气变化对策方针》，率先提出削减二氧化碳气体排放实施策略，其中一个主要点是降低温室气体排放，以及将东京建成一个典型的被学习的新兴城市。

（二）东京大气污染治理主要措施

1. 大力削减温室气体的排放

未达到节能减排的目的，在法律法规的规定下，民众强力执行，从身边做起，从小事做起。最典型的就是选用节能家电，还可以建造节能住宅。除了民众自发的外，还规定了一些企业必须严格遵守节能减排的规定，生产的商品要具有节能作用。再就是新能源方面，主要涉及太阳能，太阳能产品厂家的商品要符合节能的标准。

2. 加速治理汽车尾气污染

这方面的治理涉及交通道路、交通工具、民众行为等方面，最主要的是交通工具方面，更多地采用公共交通工具和开发新能源汽车。在交通轨道方面，要大力增加公共交通轨道设置。在交通工具方面，应该减少汽油、柴油汽车，因为它们排放的废气污染多且严重；应该增加新能源汽车，因为它们排放的废气较少，对环境造成的污染能最小化。再就是治理尾气方面的技术，要创新，要不断研究。再就是增加新型环保汽车的燃料供应站，即氢燃料供应站，还要制定相关的章程。

3. 严格控制工业企业污染

这是很重要的一点。主要从产业结构方面来进行调整、控制。包括方向、发展战略、地区布局、支柱产业、主导产业等。在地区布局方面，不再局限于市区内，而是向外扩展、搬迁。发展战略方面，对于重污染企业进行严格控制、甚至关闭。在开发新产品方面，重点研究新工业——"高精尖新"工业，促进产业整合、产业延伸。除了这些方面，还支持清洁生产，致力于减少污染物的排放。同时，将循环经济、生态学的理念和方法应用进来，并在各个行业进行具体实施，如农业、工业、服务业等。

（三）东京大气污染治理方面的主要经验

1. 营造良好氛围，注重环境保护，建立健全公众参与

这是表达群众声音的很重要的一个手段。公众的意见是很重要的，公众的支

持也是离不开的。东京公众参与始于自下而上的反公害运动，随着时间的推移，衍生了公众参与。东京治理污染，离不开公众的压力。之后，政府、企业和公民在环保目标上达成一致，因此有三个主体：政府、企业、公众。东京公众参与有三个方面的体现：预案参与、过程参与、行为参与。具体来说，制定政策主体是政府机构，但是制定之前有民意调查、审议等，因此政策、法律法规、计划等的制定都有民众的见解在里面；再就是公众对企业、政府的监督方面，是通过市民选举、社会活动等方式来实现的；最后是市民"从我做起"，通过自我行动参与环保事业。政府采取多种措施和手段鼓励公众参与。

2. 完善大气污染控制政策，由被动治理向主动治理转变

东京大气污染方面的治理是一个由被动治理向主动治理转变的过程。环保意识在不断进步，技术也在不断进步，治理思路越来越成熟，治理措施越来越完善。这一系列的转变都是通过不断完善大气污染控制政策实现的。当然，也离不开政府政策的指导，正是有政策的不断完善，才更好地指导了实践。

3. 加强城市绿化建设，建立治理大气污染的长效机制

这主要是法律规定方面的，然后认真按照规定进行治理。比如，《城市规划法》规划了用地种类、用地规模等。最有效的就是扩大绿化建设。这个手段不仅有效，还很经济。比如，在拥挤的城市中心区域或者在屋顶、墙上进行绿化，这样做有很多作用，比如防止扬尘等。不止如此，条件允许的情况下，还可以修建微型庭院。为了扩大绿化范围，政府实施了很多优惠政策。

4. 加强环境技术开发、研究、应用，为治理大气污染提供基础保障

这包括污染源方面的治理和末端治理方面。二者结合起来，共同治理。污染源方面，应该注意产业结构调整，主要发展知识密集型、技术密集型产业，能源结构也应当进行转变，社会的各个层面都可以增加节能技术的使用，转变的方式跟人们的生活息息相关，如改变高消费、高生产、高废弃物的生活方式等。要做到这些转变，应该在经济和生活上都争取减少碳排放。

四、德国鲁尔工业区大气污染治理经验

鲁尔工业区很著名，地理位置优越、资源丰富，位于德国西部，在鲁尔河、利珀河两河之间。鲁尔工业区有很多重工业，比如氮肥工业、机械制造业、建材

工业等，重工业的分布也比较有特点，一般位于河谷的两侧。作为德国的传统工业区，鲁尔工业区曾经很辉煌，发展速度很快，甚至在1950年左右成为世界上很重要的工业中心。

（一）鲁尔工业区大气污染治理过程

燃煤造成的空气污染和"逆流"天气是德国鲁尔工业区雾霾的主要原因。鲁尔工业区1961年共有93个发电厂和82台高炉，排放到空气中150万吨烟灰和400万吨SO_2，大气污染物在空气中，因为大气层低空空气垂直运动受到限制，很难在空中飘浮，接近地面，从而形成了阴霾。1962年12月，鲁尔地区部分地区空气SO_2浓度为5 000μg／m³，呼吸系统疾病、心脏病和当地居民癌症发病率显著增加，造成156人死亡。1979年1月17日上午，西德意志广播二台突然中断了正在广播的节目，紧急通知鲁尔工业区西部地区民众，空气中二氧化硫含量严重超标，德国历史上的第一次雾霾一级警报响起。1985年1月18日，雾霾再次笼罩了鲁尔工业区，空气中二氧化硫的浓度超过了1 800mg/m³，这是雾霾最严重的三级预警。空气中都是刺鼻的烟尘，能见度非常低。这次雾霾导致了2.4万人死亡，19 500人住院。

德国从19世纪的工业化开始，一直到20世纪60年代的100多年间，忽视了废气排放方面。德国也没有重视1952年伦敦烟雾事件，这是因为当时只顾经济的发展了。1961年，勃兰特在竞选总理时提出了"还鲁尔一片蓝天"的治污纲领，从此德国治理空气污染的努力一直没有停止。

1964年，北威州政府颁布了《雾霾法令》，可是在经济利益、就业压力之下，设定的污染限值是比较宽的，而且采用了"环保措施"——"高烟囱"政策，也就是将烟囱加高到300m，以此来使低层大气中的污染物浓度降低。1971年，首次把大气污染治理纳入了联邦德国的政府环保计划。1974年，第一部联邦大气污染防治法生效，对NO_2、SO_2和H_2S执行更严格的污染限值。1979年签署了《关于远距离跨境大气污染的日内瓦条约》，1999年签署了《歌德堡协议》。

这些措施取得了一定成果。1964年，鲁尔工业区、莱茵空气中SO_2的浓度大概为206μg/m³，2007年下降到了8μg/m³，降幅达97%。悬浮颗粒物浓度在1968—2002年间也下降明显，2012年鲁尔工业区PM2.5年均含量最高只有21μg/m³。整个德国，自1985年以来，空气中可吸入颗粒物逐步减少，这是各方共同努力的结果。

（二）鲁尔工业区大气污染治理措施

1.持续出台和实施相关法律法规和标准

具体如表3-2所示。

表3-2　出台和实施的相关法律法规和标准

年　份	法律法规	具体措施
1974年	《联邦污染防治法》	针对大型工业企业进行法律约束，为其制定更严格的排放标准。该法律经过多次修改和补充，成为德国防治大气污染最重要的法律之一
1979年	《关于远距离跨境大气污染的日内瓦条约》	强调各国通过科技合作与政策协调来控制污染物排放。此后每隔几年，在这一公约的基础上都衍生出新的关于控制大气污染的协议条款
1999年	《歌德堡协议》	欧洲国家以及美国、加拿大共同签署《歌德堡协议》，为硫、氧化氮、挥发性有机化合物和氨等主要污染物设定相关的排放上限。根据该协议，到2010年，德国要完成 SO_2 排放减少90%、氮氧化物排放减少60%等目标
目前	8 000多部环境保护法规	相当一部分涉及雾霾和大气污染治理。根据法律规定，一旦企业造成空气质量问题，公民有权要求相关机构对企业进行调查，要求企业根据法律更新完善装置。如果问题仍旧没得到解决，相关机构有权让企业停业

2.大力发展高新技术产业和现代服务业等低碳和绿色产业

具体如表3-3所示。

表3-3　高新技术产业和现代服务业发展线

时　间	举　措
19世纪中叶—20世纪60年代	鲁尔工艺区兴起，在很长一段时间内一直依赖煤炭、钢铁、化学、机械制造等重化工业发展，"偏重"的产业结构带来了雾霾等严重的大气污染

（续 表）

时 间	举 措
20世纪60—70年代	鲁尔工业区开始调整产业结构与布局，发展第三产业并开展生态环境综合整治。开始采取的主要措施有制定调整产业结构的指导方案，通过提供优惠政策和财政补贴对传统产业进行清理改造，投入大量资金改善当地的交通基础设施、兴建和扩建高校和科研机构、集中整治土地，为此北威州政府1968年制定了第一个产业结构调整方案"鲁尔发展纲要"
20世纪70—80年代	鲁尔工业区在继续加大前期改善基础设施和推动矿冶工业现代化的同时，加大开放力度，制定特殊的政策吸引外来资金和技术，逐步发展新兴产业
20世纪80年代以来	德国联邦政府和各级地方政府充分发挥鲁尔工业区内不同城市的优势，因地制宜形成各具特色的优势行业，实现产业结构的多样化。发展新兴产业需要强有力的科研基础支持，为此鲁尔工业区积极发展科研机构，除了专门的科研机构外，每个大学都设有"技术转化中心"（鲁尔工业区已发展成为欧洲大学密度最大的工业区），形成了一个从技术研发到市场应用的体系。同时，政府鼓励企业之间以及企业与研究机构之间进行合作，以发挥"群体效应"，政府对这种合作下进行开发的项目予以资金补助

3. 联合周边国家制定统一的环境治理政策

具体如表3-4所示。

表3-4　环境治理政策时间线

时 间	举 措
1979年	制定《关于远距离跨境大气污染的日内瓦条约》为区域大气污染控制做出规定
20世纪80年代初	欧共体制定了更严格的污染物排放限值，不再只针对周边大气的污染物浓度，而是直接针对废气本身。截至1988年，鲁尔工业区80%的发电厂安装了烟气净化设备，不符合排放标准的发电厂在1993年之前全部关闭
1999年	欧洲国家以及美国和加拿大共同签署了《歌德堡协议》，要求共同减少排放规模

时 间	举 措
2005 年	2005 年 1 月 1 日起，德国实行统一的欧盟排放标准，粒径小于 10μg 的可吸入颗粒物年平均值应低于 40μg/m³，日平均值应低于 5μg/m³。日平均值高于该值的情况，每年不得超过 35 天
2010 年	2010 年德国将欧盟关于 PM2.5 的规定引入本国，争取到 2020 年将 PM2.5 年平均浓度降至 20μg/m³ 以下

4. 建立空气监测网络和预警响应机制

德国鲁尔工业区和空气质量监测网站配合当地政府发布一系列措施，根据当地具体情况，包括禁止部分或所有车辆在该地区行驶、限制或关闭大型锅炉、避免燃烧行为等，进行严格的污染防控。到目前为止，德国和美国有 643 个空气质量监测站，他们分工构成了一个完整的空气质量监测网络。联邦环境保护署监测站点有七个，位置远离城市和农村地区，根据国际惯例和欧盟法律主要负责监控空气质量不受人类生活的影响。德国各地监测网络监测数据都可在网上找到，包括一氧化碳、颗粒物、二氧化硫、二氧化氮、臭氧和其他特定的指标，并可以预报。

5. 开展环保宣传、环保教育

教育大众使用节能电器，在家里不要烧树叶和木材，注意加热方式的选择，提倡节能和减排，如天然气集中供热，乘坐公共交通工具或者骑自行车，主动选择、使用可再生能源，尽量选择小排量汽车和小型车辆，减少有害气体的排放。公民的环保意识与日俱增。根据一项民意调查，92% 的德国人认为环境保护非常重要，87% 的人说，因为担心下一代的生活环境，他们必须使自己的行为有利于环境保护。

（三）鲁尔工业区大气污染治理经验

1. 分时期、分阶段持续推进

德国将大气污染治理作为一项长期的任务，具体问题具体分析。20 世纪 60 年代主要消除煤烟和大颗粒粉尘；70 年代重点减少空气中二氧化硫的含量；80 年代重点治理氮氧化物、碳氢化物、臭氧和重金属等空气污染物引起的光化学烟雾等污染；从 90 年代中期以来，重点整治微小颗粒物。在 20 世纪末德国雾霾才根本解决，然后采取一些新举措进行巩固。

2. 制定标准，并强化系列行动计划

控制空气污染的一个战略是制定空气质量标准，限制排放。在此基础上制订符合当地实际的一系列行动计划，包括考虑各种各样的污染因素，如根据现有技术单位设定排放上限，对大型工厂和公路工程采取严格的审批程序，制定跨境空气污染控制政策等，都要根据当地实际情况。

3. 通过高投入促进治理地区实现转型

在这方面有一些典型的措施，如 1996—1998 年进行政府补贴，分别为 104 亿、97 亿和 85 亿马克；在集中整治土地、关闭污染企业、治理污水、解决失业问题等方面也进行了大量资金投入，仅在推动鲁尔工业区生态和经济改造的"国际建筑展埃姆舍尔公园"计划过程中，从 1991 年至 2000 年就耗资 800 亿欧元以上。

4. 注重追求大气污染治理方面的实效

德国鲁尔区工业园区污染治理注重实效。比如，高污染企业转移到发展中国家或发达地区，并改善烟囱，减少局部空气污染物浓度，因为欧洲一半的酸雨是由高烟囱造成的。德国的空气污染控制侧重于减少和避免大气环境对人类健康和环境的影响，直接限制和采取措施控制污染源，如禁止污染分散排放等。因此，使大气污染治理取得了实实在在的效果。

5. 重视科技的支撑作用

在德国治理大气污染的过程中，高度重视科学技术的应用，包括强化处理技术、加强空气污染源的分析和研究，应用各种现代测试手段进行实时污染源在线监测等。由于实施严格的环境法律，企业尽可能多地利用先进技术治理污染，但是限制超额排放的资金远远高于其自身环境治理的成本。

五、巴黎大气污染治理经验

过去几十年中，法国巴黎虽然没有出现灾难性的大气污染问题，但也一直为大气污染所困扰。为治理大气污染，无论法国中央政府还是巴黎地方政府都出台了多项措施。

（一）巴黎大气污染治理过程

法国是世界上能源结构相对合理的国家之一，巴黎市的主要能源依靠核能，故煤烟型污染几乎已完全根治。巴黎的大气污染主要是过多的机动车辆。根据2010 年每日大气污染指数 (API) 调查，巴黎和北京的汽车保有量几乎相等，巴黎为 500 万辆，北京约 480 万辆。需要指出的是，巴黎私人拥有的柴油车数量已由2002 年的 41% 增加到 2012 年的 63%；货车数量同期也有所增加，大部分配备的是柴油发动机。21 世纪初以来，巴黎的空气质量时好时坏，其城市大气污染对人的身体健康的危害日益严重，患呼吸道疾病和其他疾病的人数明显增多。2013 年12 月，大巴黎地区连续多日大气污染指数大幅超标，成为 2007 年以来巴黎最为严重的污染情况。不仅在巴黎，2013 年法国 15 个城市市区大气微粒物指标超过欧盟标准上限，因此法国将面临欧洲法院起诉，更可能面临数亿欧元罚款。

巴黎市民和政府对大气污染的认识，是伴随着问题的严重性一步步深化的。在 20 世纪 90 年代，法国政府把大气污染的程度分为 10 级，1995 年 6 月 30 日，巴黎测得污染达到创纪录的 7 级 (严重污染)，这让巴黎人很震惊。但巴黎市政府并不重视大气污染的监测，对于实施应对措施也是疑虑重重。在一些环保组织的引领下，巴黎市民对政府进行了讨伐。在公众的压力之下，1996 年，法国国会通过《防止大气污染法案》，提出要加强对空气质量的监测、消除工业污染源、根据污染情况限制出行等。此后，为了治理巴黎等城市的大气污染，一方面法国中央政府在国家层面出台了一批法律法规和行动计划来促进节能减排和空气质量改善，另一方面巴黎地方政府则根据当地的实际特点实施了一些个性化的治理措施，最终使情况得以好转。

（二）巴黎大气污染治理主要措施

1. 出台专门法律法规

在 1996 年出台的《防止大气污染法案》的基础上，法国政府于 2010 年颁布了《空气质量法令》，规定 PM2.5 和 PM10 的浓度上限，可吸入颗粒物 1 年内超标天数不得多于 35 天。为了推动节能减排，法国于 2005 年 7 月通过了《能源政策法》，并于 2007 年召开 "环境问题协商会议"，提出要到 2020 年为节能减排、促进可持续发展方面投资 4000 亿欧元。在降低建筑能耗和污染方面，法国出台了新版的《建筑节能法规》，规定从 2013 年 1 月起对所有新申请的建筑必须符合年耗能的限制进行了大幅调整，对于耗能巨大、污染较重的老建筑，也将逐步分批进行改造。

2. 针对空气质量改善实施专门的行动计划

法国实施的旨在改善空气质量的行动计划有三个。第一是颗粒减排计划。2011 年，基于 Grencllc 环境会议框架，法国中央政府出台"颗粒减排计划"，在工业、服务业、交通、农业等各领域建立一系列长效机制，减少可吸入颗粒物对民众健康的影响和对环境的污染。第二是空气质量紧急计划。针对 2011 年推出的"颗粒减排计划"中的缺陷，2013 年法国政府审核通过了"空气质量紧急计划"，该计划重点聚焦交通工具的减排问题，针对可吸入颗粒物（PM10 和 PM2.5）和二氧化氮等污染物，制定了 5 个方面、38 项具体应急措施。例如，鼓励发展多种运输形式和清洁交通、在大气污染严重区域限制机动车流量、减少工业和居民生活燃料排放、采用车辆税收等调节手段改善空气质量、加强宣传和交流力度改变公众一些污染环境的日常行为习惯等。第三是空气保护计划。该计划由各地方政府针对各地区的不同情况，为改善或保持本地的空气质量，根据中央政府的"空气质量紧急计划"而制定相关措施。要求城市常住居民超过 25 万人和污染指数超标的地区必须制定"空气保护计划"。主要内容包括降低城市内快速道的限速、降低一些燃料机器的排放值、强化对工业污染物排放的检查力度等。全法国目前已有38 个空气保护计划在建或已实施，这些计划覆盖地域包括了大部分法国常住居民。

3. 加强对巴黎地区 PM2.5 排放的科学研究与监测

2011 年，在法国科学院大气系统实验室的支持下，一个多国研究小组对2009—2010 年巴黎的 PM2.5 水平进行了全面的研究。项目使用了高海拔和遥感监测方法，重新安排巴黎 PM2.5 排放源清单。为了加强对 PM2.5 排放的监测，巴黎加强了对空气监测站的建设。目前，巴黎广大地区有 50 个自动空气监测站，配备了大量便携式探测仪。为了减少城市的温室气体排放，巴黎采取了一系列措施来解决汽车污染问题。例如，设置自行车道，提倡人们骑自行车，推出"自行车城市"计划，为市民提供几乎免费的自行车租赁服务，减少交通道路空间资源的使用，进行更多的环境保护；开展"无车日"活动；用电动汽车或浓缩的天然气汽车取代燃油汽车；扩大地铁和公交线路，拓展公共汽车覆盖范围，并计划恢复电车轨道。此外，巴黎还针对三大主要排放源（车辆、供暖和工业）实施了欧盟标准，减少了 24% 的氮氧化物排放和 45% 的微小颗粒物排放。

（三）巴黎大气污染治理经验

1. 加强大气污染防治的法制建设

法国针对大气污染防治出台多项法律法规和专项行动计划，为治理大气污染提供了坚实的法律保障。此外，还出台了具有法律约束力的大气污染应急行动方案，对大气污染严重时的工业生产、居民生活、交通出行等的限制做出明确规定，并建立信息发布系统，及时发布有关信息。

2. 改善公共交通，鼓励使用清洁能源交通工具

因为巴黎的能源主要依靠核能，汽车的尾气排放是巴黎大气污染的主要来源，所以，巴黎把大气污染的防治重点放在降低汽车能耗与排放上。一方面积极发展公共交通，拓展公交汽车和地铁的覆盖面；另一方面鼓励市民使用清洁能源交通工具，并且有政府补贴。

3. 加强对大气污染源的科学研究和监测体系建设

大气污染源的确定是开展大气污染治理的前提，法国重视这方面的研究。2011 年由法国科学院大气系统实验室主持的对巴黎地区 PM2.5 情况的综合研究，给巴黎的大气污染治理提供了科学的依据。政府还完善了对大气污染的监测，加强了大气污染监测站和大气污染信息发布系统建设。

第四节　国外雾霾一体化治理经验的启示

改革开放以来，中国经济持续快速增长，工业化和城镇化全面加速。由于经济持续增长与经济规模扩大、消费扩张及消费方式变化、人口增长等各种因素导致资源消耗和污染排放的增加，使环境问题日趋严重。虽然我国在改革开放之初就重视环境问题，并提出不走发达国家先污染后治理的老路，但最终也未能摆脱库兹涅茨曲线所揭示的环境与发展演变的规律，在很大程度上重蹈了西方国家的覆辙。

2010 年 5 月，国家环境保护部、国家发展和改革委员会等 9 部委针对我国一些地区酸雨、灰霾和光化学烟雾等区域性大气污染问题日益突出，严重威胁群众健康，影响环境安全问题，制定下发了《关于推进大气污染联防联控工作改善区域空气质量的指导意见》。2013 年 9 月，制定了《大气污染防治行动计划》，下发了《京津冀及周边地区落实大气污染防治行动计划实施细则》。2013 年底，正式启动京津冀及周边地区六省（市、区）大气污染联防联控机制。

事实上，京津冀及周边地区大气污染联防联控机制早在 2008 年北京奥运会召开之前和召开期间就已经实行过，并收到显著效果。但就目前实施情况看，与珠三角、长三角的联防联控对比，京津冀联防联控遇到的困难和挑战要大很多。江苏、浙江、上海经济发展基本上一致，联防联控有许多有利的条件。珠三角联防联控只涉及一个省，做起来相对简单。但京津冀的联防联控则不同，一是地域广，超过 21 万平方千米；二是跨越的省份多，包括河北、天津、北京、山西、山东、内蒙古 6 个省（市、区）；三是经济发展非常不平衡，既有中央直属的特大型的发达的大都市，也有众多的经济欠发达的小城镇。面对错综复杂的情况，大气污染联防联控理念的确立、法律法规的制定、体制机制的完善等，还难以适应治理实践的要求。发达国家大气污染联防联控的经验给了我们一些启示。

一、树立联防联控理念，建立区域管理组织，增强责任意识和合作意识

树立联防联控的理念。大气污染治理不是某一个城市、某一个地区乃至某一个国家单独能够实现的。西方发达国家在经历了沉痛的教训之后，深刻懂得了这个道理，于是采取签订共同遵守的条约或制定共同遵守的法律等形式，实施跨城市、跨地区、跨国乃至跨洲的区域联防联控措施治理大气污染。改革开放以来，一些地方和企业在追求经济增长和物质财富的过程中，忽视了人的精神，造成人们生理和心理上的差异和不平衡。从某种意义上说，中国的生态环境危机本质上是一场精神危机，环境问题本质上是一个生态伦理问题。只有唤醒人们的生态意识，培养人们热爱生活、热爱自然、与自然和谐相处的内在情感，才能正确理解和处理人与自然的关系。只有拥有高尚的道德才能自觉遵守行为准则，保护环境，积极履行保护自然的道德义务。因此，推动区域联防联控的内在动力是人们正确的环保理念的确立。

建立联防联控的区域管理机构。实行区域联防联控，只有建立具有权威性的区域管理主体，才能保证联防联控取得实效。加利福尼亚州是学习的榜样，1946 年美国的首个空气污染控制区设在洛杉矶，一开始是在洛杉矶及其邻近区域内召开非正式会议，以此来解决空气污染。然而，事实表明，这个方法并不好。在这个过程中，需要一个跨越行政区域并拥有指令权的机构来负责区域空气污染问题。经过多次讨论、研究，1976 年，加州建立了南海岸空气质量管理区。它是一个由

12 人组成的委员会领导构成的，3 个委员是州政府代表，9 个委员是部分规模较大城市代表。另外，还有南加州政府协会 (SCAG) 和加州空气资源委员会。加州南海岸空气质量管理区在制定区域空气质量管理中发挥了重要作用。加州的经验表明，设立一个跨行政区域的、独立的、专门的权威机构，对于综合治理空气污染至关重要。目前，我国的京津冀大气污染一体化综合治理还没有这样一个机构。现在的"京津冀及周边地区大气污染防治工作小组"只是一般性的协调协作组织，不是一个具有综合管理职能的权威机构。因此，国家建立一个统一协调管理京津冀及周边地区大气污染防治协作的领导机构是非常必要的，可以统一负责区域内大气污染治理工作。比如，采取对氮氧化物、区域内细颗粒物、挥发性有机物、二氧化硫等污染物的控制对策，和产业结构、能源结构、产业布局、城市发展进行规划调整等，并赋予其相应的执法权和监督权，以保证实现《关于推进大气污染联防联控工作改善区域空气质量的指导意见》中提出的"五统一"（统一规划、统一监测、统一监管、统一评估、统一协调）的总体要求。从发达国家的实践看，新型的组织保障机制的建立是大气污染治理区域一体化能否顺利实施的关键。

要增强合作意识和责任意识。区域内各级政府和每一个企业，都要从保护好区域内大气环境、提升环境质量的大局出发，紧密配合，通力合作，克服地方保护主义和片面追求经济效益的错误做法。

日益严重的雾霾侵袭着每一个人的健康，保护环境涉及每一个人的切身利益，也是每一个公民应该履行的责任和义务。环保的代价不仅是企业、政府的，更是每一个人的。我们必须为环境保护付出代价。区域联防联控要求每一个公民都要积极参与，既要参与空气质量标准和政策措施的制定，也要参与实施过程和结果的监督。同时，做到从我做起，从一点一滴做起，共同营造家园的美好蓝天。政府要为公民参与创造便利条件。

二、加强立法执法，促进信息公开，为联防联控提供法律保障

通过加强立法保障污染治理的有效实施，同时严格依法行政，严肃查处环境违法行为，实行严格的执法责任制和过错追究制是发达国家的重要经验。中国环境保护的立法进程明显滞后于经济社会发展，而且环境立法缺乏系统性、协调性，加上环境执法不严，甚至环境法律在某些地方形同虚设。为此，需要学习借鉴西方国家环境立法经验，立足于中国实际，按照可持续发展原则，预防污染和有效控制跨界污染原则，水、大气、固体废弃物等污染综合控制原则，公众参与原则以及环境与经济综合决策原则等，加快建立健全各项环境保护法律制度，特别是污染物总量控制、许可证、排污费、环境影响评价、环境审计等方面的环境法律

制度，使之更加完备、更加透明、更加公正，并且把污染综合控制和全过程控制作为这些法律制度的基本目标。目前，国家针对区域一体化防控大气污染制定了相关意见，但还没有出台专门法律法规，应在认真总结区域一体化防控大气污染实践经验的基础上，加大区域治理的法律法规建设。同时，鉴于不同地区空气质量状况差异以及开展区域空气污染防治紧迫性的不同，可以鼓励各区域根据实际情况在中央政府的指导下进行探索性的政策创新，鼓励区域管理机构和地方政府出台相关法律性、政策性文件，为区域治理提供保证。地方政府的创新，还可以为中央政府制定更大范围政策法律提供经验，如美国加州创新性的空气质量管理计划的制定和实施，明显地影响了联邦政府 1990 年空气法案的制定。

发达国家的经验表明，加强空气质量监测，推进环境信息公开，鼓励公民参与，对提高环境公共治理绩效至关重要。比如，北京目前建立了 27 个环境空气质量自动监测子站，并且分布在全市各区县。据数据统计，大伦敦城面积约为 1 577km²，北京约为 16 410km²，伦敦面积不足北京的十分之一，但是环境监测站数量是北京的 4 倍。洛杉矶城面积约为 1 290km²，它有 37 个大气环境监测子站，且洛杉矶的空气污染监测数据 24h 实时在网上发布。污染检测数据的公开与及时发布，有利于公众环保意识和参与程度的增强，极大地推动了空气污染的治理，增强了监管机构的权威。因此，要完善区域空气质量监管体系，提高空气质量监测能力，增加区域空气质量监测点位，完善空气质量信息发布制度。公众参与是治理雾霾的社会基础。要采取多种形式动员和引导公众参与区域大气污染联防联控工作，建立和完善知情制度、监督制度、听证会制度、环境信息公开制度、公诉制度，使环境信息公开的内容、主体、方法以及责任变得更加规范，公众获取环境信息的法律程序、途径和方式更加明确，开辟公众参与和法律诉讼的有效渠道。

三、加大科技投入，强化市场参与，调动各领域积极性

发达国家在治理空气污染的过程中，科学技术发挥了关键性的作用。例如，英国政府鼓励企业采用空气污染控制技术在解决关键技术和产业的问题上，科学技术的突破在国家宏观研究基础上更加重要和可靠，更能取得良好的效果。在没有认定主要空气污染源的 1943 年至 1950 年期间，由于缺乏对大气污染的认识，加州拖延了治理的宝贵机会，不仅造成了巨大的经济损失，还造成了对居民的空气污染。后来，加州空气资源局的一项重要任务就是研究空气污染的原因和解决方法。为了应对该地区大气污染机制的复杂性和控制对策的复杂性，科学研究应有效地支持管理决策，而管理决策应以科学研究为基础。这需要充分利用有关机

构的环境研究力量，建立区域环境研究合作平台，如区域大气科学研究中心。根据发达国家和我国珠江三角洲的经验，京津冀地区大气科学研究机构应该包括污染源的列表、监测组、模型组块和评估小组，通过加强区域大气复合污染的机理研究，建立一个动态的污染物来源清单，在此基础上制定区域内城市的污染物削减分配方案。在技术支撑方面，应组织力量开展烟气脱硝、有毒有害气体治理、洁净煤利用、挥发性有机污染物和大气汞污染治理、农村生物质能开发等技术攻关，加大细颗粒物、臭氧污染防治技术示范和推广力度，加快高新技术在环保领域的应用，推动环保产业发展。

发达国家更善于解决环境问题的一个主要原因是有更稳定的政府投入机制。在财政支出环境方面，中国经历了一个曲折的发展过程，直到 2006 年，"节能环保"才成为中央和地方一个独立的支出类别。对于正在面临环境问题的中国来说，必须迅速改变，特别是对于重点污染区域，中央和区域内各级政府要加大资金投入力度，推进重点治污项目和大气环境保护基础设施建设。在加大政府投入的同时，要改变市场策略。目前，我国环境公共治理方式单一，只依靠处罚和行政措施，实践证明，只有行政命令、惩罚是难以实现环境保护的可持续发展的。相反，发达国家经常使用经济手段来鼓励节能减排。在日本等发达国家，环境保护的资金来源包括排放收费、环境税和环境基金。自从 1990 年美国《清洁空气法修正案》正式提出排放量交易制度后，目前发达国家都一一尝试通过排放权交易制度促进市场对大气污染的调节。京津冀区域大气污染治理手段应趋于多元化，并且应当更加注重市场机制。例如，明确资源和环境的产权，征收环境税、费，广泛使用排污许可证，发展、完善碳排放权交易市场等。

四、优化区域发展规划，合理调整产业结构，转变经济增长方式

在西方发达国家中，工业化程度较高的德国却很少出现雾霾天气。虽然鲁尔工业区出现过严重的空气污染事件，但从总体上看，德国的环境压力比较小，其中一个重要原因就是德国的发展规划比较科学合理。以城市发展布局为例，德国10 万人口以上的城市共 82 个，其中超过 100 万人口的城市只有 3 个，最大的城市首都柏林，也只有 338.67 万人，许多的城市人口都在 30 万以下。从企业和事业单位的分布来看，一些世界著名的大企业、大科研院所和著名的大学等，多数分部在中小城镇。这种布局，不仅减少了环境压力，也减少了公共安全压力。德国制定发展规划最大的特点，首先是坚持"以人为本"，不断提高全体民众生活水平和实现社会收入分配的相对公平是规划的最终目的，发展的含义更多地指有效地保护和合理利用自然资源，使得生态群落越来越多样化，景观、环境更适宜民

众生存。其次是重视区域协调均衡发展，力图为全国的所有区域创造相对平等的发展机会和发展环境。目前，我们国家正在着手制定京津冀一体化发展规划，德国的经验值得借鉴。例如，适度限制大城市规模的无限扩张，鼓励中小城镇的发展，特别是河北等欠发达地区中小城镇的发展；在产业布局上，多为中小城镇发展支柱产业创造条件；在产业转移上，要严格环境监管，防止污染转移，确保产业转入地的环境安全等。

日本自 20 世纪 50 年代和 80 年代以来，"工业优先"和"环境保护""经济发展同等重要。中国改革开放 40 年，经济发展迅速，经济增长方式粗劣。从日本的经验看，我国应加快转变经济增长方式，走可持续发展之路，这也是京津冀区域一体化治理大气污染的治本之策。一方面，各级地方政府必须以可持续发展为环境保护的核心价值观，通过环境教育、文化取向、舆论引导、伦理道德等，唤醒企业和公众的环保意识；另一方面，我们应该通过技术进步、结构升级、法律约束和社会规范来促进经济增长方式的转变。

五、建立长效机制，保障治理成果的可持续性

污染治理是一个长期的过程。从 1943 年开始，美国洛杉矶的空气污染治理，花费了很多很多资源，各方也付出了巨大的努力，是时间最长，规模最大的人类污染控制，即使在今天，空气质量得到翻天覆地的改变，污染控制的难度还是很大的。京津冀地区的空气污染防治的难度应该是众所周知的。2008 年，北京主办奥运会时，与山西、天津、河北、内蒙古和山东等邻近省区市签订了空气污染协议。根据北京市的空气质量状况对这些省份的能耗进行适当限制，最直接的做法就是停工停产。北京的空气质量确实得到了短暂的提升。在亚运会期间，长江三角洲地区的空气质量也得到了类似的改善。然而，短期停止生产并不是防止空气污染的长期方法。只有建立和完善各省区的合作制度和执行责任，才能实现共同治理。发达国家政府将控制空气污染作为一项长期任务。不同的发展阶段，雾霾将由不同的污染源造成。因此，在京津冀地区，污染治理是一项长期而艰巨的工作，应该制定长期的管理战略和规划，逐步建立和完善管理机制，进行扎实的进度管理工作。此外，即使治理取得了一些成功，采取巩固措施以确保治理的可持续性也很重要。

第四章　雾霾污染的持续性及空间溢出效应分析

　　我国的雾霾问题受到了国内外的广泛关注，尤其是从 2013 年开始，该问题就变得越来越严重，造成的负面影响甚至到了国外，导致出现了很多损失，包括经济的和社会的等。不可忽视的是雾霾对人类身体健康的影响，小到呼吸道感染，大到死亡。雾霾近些年越来越高发，让人忘不了的是 2014 年的一次持续性的雾霾，从 10 月 7 日一直到了 10 月 11 日，当时人们感到身体或心理上的不适，尤其是对老人、小孩这些群体造成的影响更严重。市民强烈关注且情绪比较激动，政府部门则组织起来最大力度地治理雾霾。甚至因为雾霾问题，一些外国友人刻意避开中国，导致很多交流的机会就这样溜走了。

　　目前对雾霾的研究主要集中在两个方面：一是绕不开的 PM2.5，二是区域污染和治理的溢出效应。具体来看，PM2.5 方面主要集中在研究其来源和成分。比如，有学者认为北京 PM2.5 污染的重要来源是燃煤、汽车尾气的排放；有的则认为主要是扬尘、燃煤；还有人认为主要是二次污染物，即由物理或者化学变化产生的。官方显示，PM2.5 的主要来源是机动车尾气。再就是区域和溢出效应方面。有学者认为城市之间、省域之间都有相互影响，且他们依据的指标是烟尘、SO_2、CO_2、NO_x、PM10 等。但是，没有采用 PM2.5 作为指标。本节从一个新的角度——PM2.5 来探讨，并且在研究的开始便是带着问题去研究。比如，一个城市的雾霾会对另一个城市产生溢出效应吗？雾霾天气会一直持续吗？治理区域雾霾应该怎么办？这些研究很有意义。

　　本章的主要内容有以下几点：首先来看指标的选取方面，采用了 PM2.5，此指标的选取有特殊性和重要意义；其次来看研究方法方面，主要采用区制转换模型，分情况研究，之后用广义脉冲响应函数、格兰杰因果检验来综合分析不同城市之间的空间溢出效应，这些分析分别是在高污染、低污染的不同状态下研究的；最后来看研究内容方面，该研究是为了分析区域内不同城市间污染的空间溢出效应和单个城市持续性特征，都是在 PM2.5 指数的基础上进行的。

下面是研究假设。

首先，雾霾指数是有区制转换效应的，也就是说，当污染状态为高时，它向低污染区转化的概率反而较小，这是因为雾霾的污染是有黏滞效应的。

雾霾污染的高低主要取决于污染源排放量的多少，假设污染源的排放量没有变化，那么如果雾霾污染的高低出现变化，则可能是由于大气活动的周期。也就是说，污染程度不是一直高，也不是一直低，而是交替发生的。在风的速度小、温度高、降雨量和次数少的情况下，大气不太容易向周围扩散，因此空气中的污染物也就难以消散，此时就会呈现出一种污染程度高的现象，并且不会短时间消散，会持续一段时间。在风的速度大、温度低、降雨量和次数多的情况下，大气容易向周围扩散，因此空气中的污染物也就容易消散，此时就会呈现出一种污染物向周围散去的现象，即该地由高污染转化为低污染。相同的道理，如果某一城市，一开始是低污染，突然遭到严重雾霾的袭击，便会由低污染转换为高污染。

其次，不同城市间的雾霾污染情况存在空间溢出效应，有这样的表现：随着时间的增加，一个城市的雾霾会扩散转移到另外的城市，如果这个城市的雾霾污染程度变大了，那么附近城市的雾霾也可能会变大。

一个城市雾霾对另一个城市雾霾的影响，通过两个方式来达到：扩散、刮风。具体表现是：如果刮风比较大，那么雾霾会被风从一个城市刮到另外的城市；如果刮风比较小，那么雾霾也会从污染程度高的城市扩散到污染程度低的城市，只不过需要的时间比较长。

本研究结果也有其他学者认同并支持，比如，陈媛认为大气颗粒污染物是雾霾的主要成分，地区的颗粒污染物浓度的高低受到空气流动、扩散作用两者的影响，并且会使迁移中经过的地区也受到影响，风力、扩散效应会使污染物在城市之间进行迁移，因此会有空间溢出效应的产生。另外一个学者王志娟也做了类似的研究，认为雾霾颗粒扩散与否和浓度大小可能会受到风、相对湿度气象因素等的影响，而且城市间雾霾浓度的领先滞后关系跟气象因素、污染物的自由扩散大大相关，而城市间污染集聚效应的产生也是由于单一城市高浓度雾霾扩散到周围的城市所致。

第一节　实证研究方法

本节采用马尔科夫区制转换模型、AR 模型描述雾霾指数的持续性特征。区制转换模型将污染状态分为低污染、高污染这两种状态考察，然后在 Hsiao(1981) 的格兰杰因果检验、脉冲响应函数基础上对城市之间雾霾指数进行描述，然后分析出空间溢出效应。因为脉冲响应函数、AR 模型两者的使用比较常见，因此本节只对马尔科夫区制转换模型、基于 Hsiao(1981) 的格兰杰因果检验进行基本说明。

一、马尔科夫区制转换模型

马尔科夫区制转换模型可以对变结构的时间序列进行描述，而且可以将这种结构性变化看成是一种状态向另一种状态的转换，并且可以估计状态之间的转换概率，在此基础上更准确地刻画序列的变动过程。不少文献利用马尔科夫区制转换模型研究一个经济变量在各状态之间的非周期转换，如利率期限结构动态建模、经济周期建模、股市波动研究等。

本节建立了两种状态的马尔科夫区制转换模型，目的是更好地刻画城市 PM2.5 浓度的高污染状态、低污状态间的相互转换和在这两种状态下的持续性特征，如式（1）、式（2）所示：

$$Y_{tH} = \alpha_{01} + \sum_{i=1}^{s_1} \Phi_{s1} Y_{t-i} + \varepsilon_1 \quad \varepsilon_1 \sim N\left(0, \ \sigma_1^2\right) \tag{1}$$

$$Y_{tL} = \alpha_{02} + \sum_{i=1}^{s_2} \Phi_{s2} Y_{t-i} + \varepsilon_2 \quad \varepsilon_2 \sim N\left(0, \ \sigma_2^2\right) \tag{2}$$

在这里面，Y_{tH} 是高污染状态的 PM2.5 指数，Y_{tL} 是低污染状态的 PM2.5 指数，高污染程度状态与低污染程度状态之间的转换概率矩阵 $\boldsymbol{P} = \begin{bmatrix} p_{11} & p_{12} \\ p_{21} & p_{22} \end{bmatrix}$，$p_{ij}$ 表示由状态 j 向状态 i 转换的概率；σ_1 是高污染状态下的雾霾指数的波动率；σ_2 是低污染状态下的雾霾指数的波动率。

二、基于 Hsiao 程序的格兰杰因果检验

Granger 给出了平稳序列的 Granger 因果关系的检验方法，可是这个方法的实证结果对于滞后阶数的选取非常敏感。Hsiao 在基于最小化最终预测误差 (Final Predication Error，FPE) 的准则上对此进行了改进，此方法可以更合理地确定滞后阶数，在此基础上得到更稳健的检验结果。如使 X_t，Y_t 为两个城市的 PM2.5 指数序列，利用基于 Hsiao(1981) 的格兰杰因果检验研究两城市 PM2.5 指数的领先滞后关系，步骤如下。

（1）选择一个比较大的滞后阶数 K_{max}，逐渐递减滞后阶数 K，估计式 (3)：

$$X_t = c_1 + \sum_{i=1}^{k} \alpha_i X_{t-i} + u_{1t} \tag{3}$$

求得使 FPE 值最小的 K^* 值，作为 X_t 的最优滞后期。

（2）将 X_t 的最优滞后期 K^* 作为给定值代入模型，对于 Y_t 选择一个比较大的滞后阶数 l_{max}，逐渐递减滞后阶数 l，在不同 l 估计式 (4)，得到不同 l 下方程的 FPE，

$$X_t = c_t + \sum_{i=l}^{k} \alpha_i X_{t-i} + \sum_{j=1}^{l} \beta_i Y_{t-i} + u_{2t} \qquad (4)$$

求得 $\text{FPE}(K^*, l)$ 最小的 l，作为 Y_t 的最优滞后期。

（3）比较 $\text{FPE}(K^*)$ 与 $\text{FPE}(K^*, l^*)$，如果 $\text{FPE}(K^*, l^*) < \text{FPE}(K^*)$，则 Y_t 是 X_t 的 Granger 原因，如果 $\text{FPE}(K^*, l^*) > \text{FPE}(K^*)$，则 Y_t 不是 X_t 的 Granger 原因，其中：

$$\text{FPE}(m) = \frac{T+m+l}{T-m-l} \text{RSS}(m)/T$$

其中，RSS 为残差平方和；m 为方程中除了截距项的变量的个数；T 为样本容量。

三、数据的基本统计特征

本节研究对象为京津冀地区的 7 个城市，包括承德、北京、保定、天津、唐山、廊坊、张家口；在指标选取上，PM2.5 指数是雾霾污染程度的代理变量。跟传统的空气污染指标相比，这个指标具有以下优势：① PM2.5 颗粒能够直接进入人体的肺组织甚至血液循环中，对人体的危害更大，因此对 PM2.5 的分析更具有重要意义。②空气中颗粒物变化趋势是直径越来越小，PM2.5 直径比 PM10、粉尘等其他较大颗粒指标直径小，其浓度高低能够反映其他大颗粒物浓度的大小，这与人们直观感觉上相一致，能够更精准地对雾霾污染程度进行描述，而如果采用 PM10 这一指标，则会出现民众认为空气污染很严重但 PM10 这一指标认为空气质量良好的情况。③ PM2.5 浓度和二氧化硫、氮氧化物等其他气体指标比较来说，浓度很高，这是产生霾的根本原因，PM2.5 浓度大小直接决定雾霾污染程度。

本节样本区间从 2013 年 10 月 28 日至 2014 年 9 月 30 日，数据为 PM2.5 指数的日数据，数据来源于"天气后报"网站，通过网络爬虫程序获取，网址为 www.tianqihoubao.com。

单位根检验表明 7 个城市的 PM2.5 指数序列均为平稳序列，图 4-1 给出了京津冀地区 7 个城市 PM2.5 指数在样本区间内的均值和标准差。

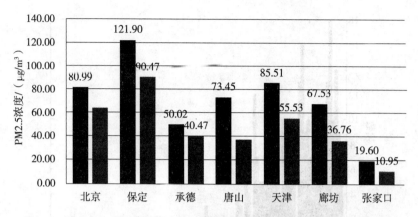

图 4-1　京津冀地区 7 个城市 PM2.5 指数的基本统计特征

对图 4-1 进行分析可知：所有城市的 PM2.5 水平都高于环保部要求的 PM2.5 平均浓度限值，所有城市 PM2.5 含量都高于了 35μg/m³，这些城市或多或少都受到了雾霾侵袭。下面来具体分析，在平均水平上，北京、天津的污染情况属于轻度，保定中度，还有一点，只有张家口达到了二级标准；PM2.5 指数均值方面，张家口是最小的，保定是最大的；在 PM2.5 指数标准差方面，承德是最小的，保定是最大的；PM2.5 指数在京津冀地区波动性保持比较大的状态，而且高、低污染状态容易出现交替。

再来分析另一方面，PM2.5 浓度在京津冀地区的分布是呈现尖峰厚尾状的，也就是说，偏度均值是 2.189 7，都是比 0 大，并且分布呈现右偏。峰度的平均值是 9.618 7，都是在 3 以上，并且是有尖峰厚尾的。也可以说，所有的城市在呈现极端天气方面的概率是很大的。

图 4-2 所示是 PM2.5 指数在北京市的直方图。从这个图中分析有以下结论：PM2.5 浓度在北京市的峰度是 6.592 3，偏度是 1.673 7，也就是说分布形式是尖峰右偏。达到由国家环保局要求的二级标准天数有 42.57%（一年中），而 PM2.5 指数大于 150 的天数概率为 10.2%，可能有严重 PM2.5 污染的日子是比较多的。

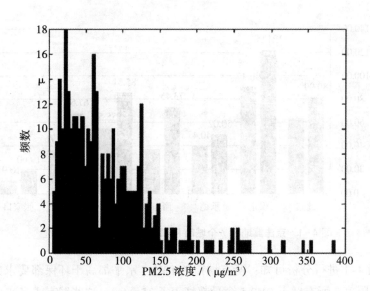

图 4-2 北京 PM2.5 指数直方图

对此，进行了相关系数的考察，主体是不同城市，目的是检验有没有趋同效应，针对区域是京津冀地区，针对点是 PM2.5 指数。下面来看表 4-1 所示的相关系数矩阵分析。

表4-1 京津冀7个城市PM2.5指数的相关系数矩阵

	北 京	保 定	承 德	廊 坊	唐 山	天 津	张家口
北京	1.000 0	0.715 3	0.842 8	0.837 5	0.718 9	0.690 4	0.579 6
保定	0.715 3	1.000 0	0.596 6	0.863 0	0.782 3	0.827 7	0.470 8
承德	0.842 8	0.596 6	1.000 0	0.711 3	0.655 7	0.570 4	0.748 1
廊坊	0.837 5	0.863 0	0.711 3	1.000 0	0.845 6	0.860 1	0.510 5
唐山	0.718 9	0.782 3	0.655 7	0.845 6	1.000 0	0.890 1	0.497 2
天津	0.690 4	0.827 7	0.570 4	0.860 1	0.890 1	1.000 0	0.404 0
张家口	0.579 6	0.470 8	0..748 1	0.510 5	0.497 2	0.404 0	1.000 0

由表 4-1 可知，京津冀地区的大气污染呈现明显趋同性的特征。相关系数最小为 0.404 0、最大为 0.890 1，85% 的相关系数都超过了 0.5，说明城市之间的 PM2.5 污染浓度存在高度的正相关，北京和周边六市的 PM2.5 指数有同涨同落的趋势，京津冀地区形成了一个区域性的雾霾污染群落。可能的原因是京津冀地区是中国钢铁工业最集中的区域，工业排放是造成雾霾污染的主要因素之一，京津冀地区的所有城市均或多或少地受到工业排放的影响。

第二节　实证结果

一、雾霾污染的持续性特征

在这里，借助了 AR 模型，利用 Q 检验来考察模型充分与否，利用 AIC 准则确定最佳滞后阶数是什么，指数则是 PM2.5 指数，是对 7 个城市做的分析，目的是考察京津冀地区各个城市 PM2.5 指数的持续性特征。下面来看 AR 模型估计及衰减天数（表 4-2）。

从表中我们可以得出以下结论：京津冀地区 7 个城市的 PM2.5 指数都是有低阶 AR 效应的，而且一阶自相关系数都在 0.5~0.75 之间。

但是 AR 模型是有局限性的，它展现的只是平均水平上京津冀地区 PM2.5 指数的可持续性特征，在真实的情况中，高雾霾污染、低雾霾污染不是单一出现的，而是呈现交替状态。本节进一步地对京津冀地区 7 个城市 PM2.5 指数建立马尔科夫区制转换模型，目的是更准确地展现高污染、低污染状态的持续性特征。区制转换模型比 AR 模型有更大的最大似然值，相比之下，区制转换模型在展现 PM2.5 指数持续性特征方面效果要更好，而其中的计算过程则是利用 Matlab 2012a 编程来达到的。参见表 4-3 的估计结果，源于各城市高污染、低污染状态的波动率、均值、各状态之间的转换概率。

表4-2　AR模型估计及衰减天数

	北　京	天　津	承　德	张家口市	唐　山	保　定	廊　坊
C	80.774 3	84.860 1	49.119 4	36.642 3	102.191 8	119.899 1	95.460 8
Φ_1	0.700 4 (0.000 0)	0.568 0 (0.000 0)	0.666 9 (0.000 0)	0.740 5 (0.000 0)	0.625 2 (0.000 0)	0.690 1 (0.000 0)	0.655 4 (0.000 0)
Φ_2	-0.182 7 (0.000 6)				-0.133 5 (0.013 5)		-0.126 3 (0.019 6)
衰减至0天数	5	10	13	17	6	14	7

注：AR方程为 $X_t = C + \varphi_1 X_{t-1} + \varphi_2 X_{t-2} + u_t$，括号里面为 p 值。

表4-3　城市PM2.5指数区制转换模型参数估计结果

	北　京	承　德	张家口市	天　津	廊　坊	保　定
μ_1	36.554 3	39.428 6	25.782 6	67.150 9	80.352 9	64.887 8
Φ_{11}	0.080 0 (0.040 0)	0.440 0 (0.000 0)	0.540 0 (0.000 0)	0.470 0 (0.000 0)	0.490 0 (0.000 0)	0.020 0 (0.000 0)
Φ_{21}						
μ_2	160.900 0	112.977 3	94.864 9	114.650 0	168.974 7	229.769 2
Φ_{12}	0.700 0 (0.000 0)	0.560 0 (0.000 0)	0.630 0 (0.000 0)	0.400 0 (0.000 0)	0.450 0 (0.000 0)	0.870 0 (0.000 0)

	北　京	承　德	张家口市	天　津	廊　坊	保　定
Φ_{22}					−0.2400 (0.0300)	
α_1^2	431.808 1	222.797 4	133.178 4	638.766 5	1 307.672 3	732.283 2
α_2^2	2 290.465 7	1 034.090 6	4 245.308 8	4 420.081 4	9 786.735 8	2 861.691 0
p_{11}	0.650 0 (0.000 0)	0.960 0 (0.000 0)	0.980 0 (0.000 0)	1.000 0 (0.970 0)	0.950 0 (0.000 0)	1.000 0 (0.000 0)
p_{12}	0.280 0 (0.080 0)	0.000 0 (0.420 0)	0.000 0 (0.740 0)	0.030 0 (0.010 0)	0.000 0 (0.580 0)	0.270 0 (0.000 0)
p_{21}	0.350 0 (0.000 0)	0.040 0 (0.000 0)	0.020 0 (0.000 0)	0.000 0 (0.970 0)	0.050 0 (0.000 0)	0.000 0 (0.000 0)
p_{22}	0.720 0 (0.080 0)	1.000 0 (0.420 0)	1.000 0 (0.740 0)	0.970 0 (0.010 0)	1.000 0 (0.580 0)	0.730 0 (0.000 0)

注：保定不存在区制转换效应，未在表中列出，括号内为 P 值。

第四章　雾霾污染的持续性及空间溢出效应分析

在表中，μ_1 表示低污染状态下的均值；μ_2 表示高污染状态下的均值；p_{11} 表示保持低污染状态的概率；p_{12} 表示高污染状态转换到低污染状态的概率；p_{21} 表示低污染状态转换到高污染状态的概率；p_{22} 表示保持高污染状态的概率；σ_1^2 是低污染状态的波动率；σ_2^2 是高污染状态的波动率。

从表 4-3 中可以得出以下结论：①雾霾高污染时，PM2.5 指数均值都明显比低污染时 PM2.5 指数均值要高。从北京可以看出来，其高污染时 PM2.5 指数均值是低污染时 PM2.5 指数均值的 4.40 倍。京津冀地区的城市表现出相同特征，高污染时与低污染时均值比最大为北京（4.3），最小为天津（1.71）。②不只是唐山，京津冀地区其他城市 PM2.5 污染指数也有马尔科夫区制转换效应，雾霾污染也以高污染时、低污染时作为区分，PM2.5 指数浓度在高、低污染状态之间转换，且是根据特定的转换概率进行转换的。③所有城市停留在高污染状态的、低污染状态的概率都不比 0.5 小，但是在状态之间相互转换的概率都要比 0.5 小。④高污染时 PM2.5 指数波动率都很明显地比低污染时 PM2.5 指数波动率要大。京津冀地区整体上说，高污染时和低污染时波动率比最大为承德（5.65），最小为张家口（1.98）。北京处于高污染状态时的波动率是处于低污染时的 2.30 倍。

另外，当在高污染状态时，显示出 PM2.5 指数是有黏滞效应的，并且在向低污染状态转换方面也是很难的，原因有以下几点：①城市 PM2.5 指数受到两方面的影响，一方面是自身历史 PM2.5 指数影响，另一方面是附近城市的影响，在对另外城市雾霾的转换上，是可以进一步减慢浓度降低的速度的，不过其自身在扩散的作用下浓度是会降低的，这样的结果是使高污染状态的概率比较高，并且持续一段时间，但转换到低污染状态的概率是比较低的。② PM2.5 指数是有比较强的自相关性的，在温度较低、风速较大、降雨比较多的时候雾霾污染的状态会快速降落，但是一般条件下，要想衰减是非常不容易的。

图 4-3 所示是北京、天津 PM2.5 指数高污染时、低污染时的平均值，这个图依据的是所有城市的高污染时、低污染时 PM2.5 指数的平均值。通过读图并进行分析，可以得出以下结论：雾霾在高污染时、低污染时的转换频率非常高，雾霾在高污染时的平均值大大高于雾霾在低污染时的平均值，此结果跟平时高污染状态、低污染状态交替出现是统一的。京津冀地区山不多，而且海拔较低，其他主要是平原，这样的地形使得雾霾的扩散很容易，并且雾霾在高污染状态、低污染状态容易相互转换；另一方面，还有工业方面的影响，因为京津冀地区是中国典型的工业中心，工业过程产生的污染物以及汽车尾气的大量排放，都会加剧雾霾从低污染状态向高污染状态转换。

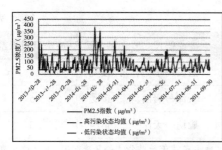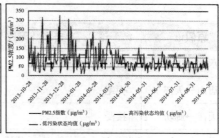

图4-3　北京、天津PM2.5指数区域转换效应图

二、相邻城市间雾霾污染的空间溢出效应

这一部分主要是利用格兰杰因果检验来达到的，分析相邻城市之间雾霾污染空间溢出效应，具体到本例就是京津冀相邻城市间的PM2.5领先滞后关系分析，该研究还利用了广义脉冲函数，用这个函数来分析冲击衰减速度。

模型中将格兰杰因果检验的最大滞后阶数选取为12。依据Cholesky分解的脉冲响应结果严重依附于VAR模型中变量的排序，然而广义脉冲不依附于模型中变量的顺序，这样就使变量顺序不同对脉冲响应结果造成的影响成功地避免了。我们一开始就在AIC最小准则基础上选择了VAR模型的最佳滞后阶数，之后又做了广义脉冲响应分析。下面两个表（表4-4、表4-5）则是空间溢出效应的实证结果，主体是相邻城市之间、北京和周边六市间。

从下面两个表可以看出，北京的PM2.5污染对其他6个城市中的雾霾污染都有不同程度的贡献度，但是，其他6个城市不都对北京有影响，只有承德、保定、张家口对北京有影响。对表4.5中两种情况的衰减天数进行比较可以发现：北京对其他6个城市的污染冲击衰减速度比6个城市对北京污染冲击的衰减速度要小，这个结果表明京津冀地区已经是一个雾霾污染群落了，而且不难看出，北京对周边城市的冲击效果要明显得多。

表4-4　相邻城市间雾霾污染的空间溢出效应

原假设	结　论	冲击衰减天数	原假设	结　论	冲击衰减天数
保定→廊坊	拒绝	10	廊坊→保定	拒绝	9
保定→张家口	拒绝	11	张家口→保定	拒绝	10
张家口→承德	拒绝	14	承德→张家口	接受	11

（续 表）

原假设	结 论	冲击衰减天数	原假设	结 论	冲击衰减天数
承德→唐山	拒绝	5	唐山→承德	接受	7
唐山→天津	拒绝	7	天津→唐山	接受	5
天津→廊坊	接受	7	廊坊→天津	拒绝	5

注：A→B的原假设A不是B的Granger原因。冲击衰减天数是指A→B情况下，B的响应衰减到0的天数。

表4-5　北京与相邻城市间雾霾污染的空间溢出效应

原假设	结 论	冲击衰减天数	原假设	结 论	冲击衰减天数
保定→北京	拒绝	6	北京→保定	拒绝	8
承德→北京	拒绝	9	北京→承德	拒绝	9
唐山→北京	接受	6	北京→唐山	拒绝	9
天津→北京	接受	5	北京→天津	拒绝	9
廊坊→北京	接受	6	北京→廊坊	拒绝	8
张家口→北京	拒绝	11	北京→张家口	拒绝	12

注：同表4-4。

从图4-5、图4-6中还可以发现，作为冲击元城市雾霾浓度的提高给响应元带来了正向冲击。唐山冲击北京时，冲击衰减到0的天数为6天；北京冲击唐山时，冲击衰减到0的天数为9天。

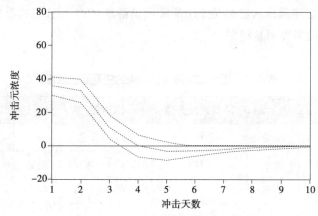

图4-5　唐山作为相应元的脉冲响应

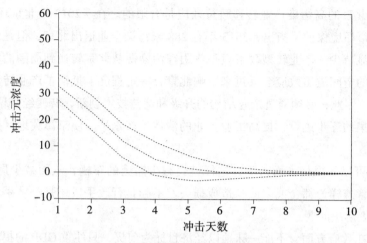

图 4-6　北京作为相应元的脉冲响应

三、结论及政策建议

本节中的雾霾污染代理变量是 PM2.5，首先利用 AR 模型、马尔科夫区制转换模型来描述京津冀地区 7 个城市的雾霾污染的持续性特征，之后再在脉冲响应函数、Hsiao 的格兰杰因果检验基础上对不同城市之间雾霾污染空间溢出效应进行分析，结果体现在以下方面。

城市之间雾霾污染空间溢出效应方面：①利用广义脉冲响应可以得出：如果北京雾霾的浓度增加，周边其他城市的雾霾污染程度也会随着增加，如果北京雾霾的浓度降低，周边其他城市的雾霾污染程度也会随着降低。还有一点，如果周边城市雾霾浓度增加的话，那么对北京的冲击衰减速度会很快，而且明显比北京对周边城市的冲击衰减速度要快，也就是说，北京对周边城市的雾霾污染冲击上，持续效应更长。②城市间的格兰杰因果检验表明，北京和周围大部分城市均存在领先滞后关系，即北京和周边地区雾霾污染相互影响。

雾霾污染持续性特征方面：①区制转换模型说明京津冀地区的大部分城市雾霾污染存在区制转换效应，高污染状态向低污染状态转换比较困难，这就说明了一件事：高污染时的治理难度会更大。② AR 模型的分析结果说明，这些城市的 PM2.5 指数都有较强的序列相关性，也就是说京津冀地区的 7 个城市雾霾污染持续性比较强。

上面是由数据分析出来的结果，在此基础上，对于治理京津冀地区的雾霾污染提出以下几点建议。

（1）北京的高污染产业转移政策效应是有限的。在《2013年北京环境公报》中，北京市环境保护局指出，2013年有288家污染企业退出北京，但是北京的烟雾没有明显减少。产业转型政策只是将阴霾污染源从北京转换到周围的城市，但周围城市的空间溢出效应会反过来影响北京，一定程度上抵消了产业转型的雾霾治理效果。因此，必须通过产业结构的升级和清洁技术创新，转变经济增长方式，从粗放到集约逐步进行，提高工业企业的清洁生产水平，使京津冀地区从根本上治理雾霾。

（2）可以从限号方面入手，这样就会减少路上的车辆，从而减少尾气排放。但是，不管怎样，都会或多或少造成损失。不管是行政手段还是经济手段，都不能从根本上解决问题。

（3）在政府方面，不能一味地以经济目标为前提，只注重GDP的提高，应该把环境代价考虑进去。只注重经济，会产生雾霾污染；只治理污染，会忽略经济的发展。应该把两者结合起来，采取科学的标准。

（4）应该将区域治理整合起来，而不是单一治理。京津冀的污染已经非常严重了，而且这个地区有很多重工业、能源工业。因此，应该从以下几点进行改变：第一是在京津冀地区建立一个大气污染联防机制，中央和京津冀地区各城市签订目标责任书，然后按年度、季度实施定期的考核，责任追究也不能放松。第二是雾霾治理生态补偿机制的构建方面，应该利用财政转换支付的方式，把京津冀地区雾霾污染治理成本进行一个科学的再分配，然后将外部环境成本内部化。

以后的研究方向，应该从以下方面进行：第一，深入研究雨、风、光照等气象和高污染、低污染状态的关系和形成原因等。第二，深入探究雾霾污染群落的源头，是跟气候因素有关系？还是跟地理因素有关系？第三，利用科学方法来分析区域之间雾霾污染相关性的关系，比如利用空间相关性面板数据方法。第四，研究雾霾空间溢出效应以及其持续性时，应该是全国范围内，而不是片面的地区。

中 篇
京津冀地区雾霾分析

我国雾霾成因可用特殊性与普遍性概括，前者是指我国雾霾形成速度、扩散较快，凝结核体积呈骤变性与递进式增长，同地方微生物种群和土壤、水源严重面污染有着紧密联系；后者是指燃煤、工业污染和二次无机气溶胶，生物质燃烧、土壤尘、汽车尾气与垃圾焚烧为凝结核形成雾霾。同样，京津冀地区雾霾的成因也具有普遍性和特殊性，其特殊性在于燃煤是京津冀雾霾的最大来源，因此对京津冀雾霾的一体化治理，关键是该地区的煤炭清洁化发展。

1955 年，美国经济学家库兹涅茨提出著名的库兹涅茨曲线（又称作"倒 U 曲线"），最初提出来的是作为描述收入分配状况随经济发展过程而变化的曲线。当库兹涅茨曲线被用以衡量经济与环境关系时，纵坐标由收入差距变为环境污染指标，曲线显示随着经济发展，环境呈先恶化而后逐步改善的趋势。虽然人类是最理性的高级动物，但是各个国家还是走上了"先污染，后治理"的经济发展道路。雾霾当前，促使各部门下决心治理污染问题，并非没有经验和教训，然而不亲身经历苦难而来的经验和教训总是不深刻，以至于不能真正引起人们的重视。

回眸历史，社会在前工业化时期亦有霾的产生，然而在该时代以灰霾为主，其主要成分是尘土，因气候变化以致土壤沙化是主要成因。自工业化之后，重度雾霾污染案例在世界各地也均有发生，此些典型雾霾的成因及其治理方法都存在各自特点，然而雾霾形成的基本原因已达成一致，即大量使用化石燃料，增大了燃烧排放量，并且基于本地气候和地形条件，以致不断地集聚了大量的污染物，最终突破了大气自我循环能力；形成雾霾的过程中也呈现阶段性，从煤化石燃料燃烧排放物到石油化石燃料燃烧排放物直至煤、石油化石燃料燃烧排放物。面对重度雾霾污染，发达国家积极采取综合治理措施，如最大程度上减少煤、石油化石燃料的使用量，高污染与高耗能行业的转移，以及产业结构的转变等，最大程度上降低了工业污染，从而有效治理了雾霾。然而，应当注意的是第三世界国家产生重度污染的原因之一在于发达国家对高污染与高耗能行业的转移，从这一点来看，发达国家在治理雾霾问题上并不彻底，可谓治标不治本，真正治理雾霾污染需要人类共同努力，同呼吸、共命运，才能真正实现同在蓝天下。

治理雾霾是一场攻坚战。1943 年，美国洛杉矶曾出现重度雾霾天气，导致数千人死亡，在治理雾霾方面，美国政府加大力度，采取了很多对策，如增大汽车使用成本、强制工业企业处理废气等，直至《清洁空气法案》（1970 年）的出台，当地空气质量才有显著改善；伦敦于 1952 年也出现了重度雾霾天气，同样造成万余人死亡，英国议会在 1956 年通过《清洁空气法案》，致力空气污染的治理，经过长达 30 年的不懈努力，最终改善了空气质量；我国在雾霾重压下，若要明显改善空气质量需要多长时间？由国务院印发的关于印发大气污染防治行动计划的通知国发〔2013〕37号《大气污染防治行动计划》。具体目标为到2017年，全国地级及以上城市可吸入颗粒物浓度比2012年下降10%以上，优良天数逐年提高；京津冀、长三角、珠三角等区域细颗粒物浓度分别下降25%、20%、15%左右，其中北京市细颗粒物年均浓度控制在60μg/m³左右。同时，为贯彻落实《大气污染防治行动计划》，环境保护部与全国31个省（区、市）签署了《大气污染防治目标责任书》，可见治理雾霾已痛下决心、势在必行！世界生态城市与屋顶绿化大会于2014年10月在青岛开幕，国家室内环境监测中心主任宋广生指出，根据《中国低碳经济发展报告(2014)》，我国对雾霾治理所需要的时间需要20～30年，按照国外治理空气污染经历，我国在雾霾治理上要做到标本兼治，根据现阶段经济发展模式以及技术水平，治理雾霾污染需要20～30年，即便采用最先进技术和最严厉措施，最快地实现经济结构转型和奇迹性地改善环境，治理雾霾污染也需要15～20年。

　　为什么如此说？这就需要进一步研究中国雾霾的成因及其机理。据南京大学教授、江苏省宏观经济研究院院长、江苏省信息化研究中心主任、我国第一位国家"973计划"能源领域风能项目首席科学家顾为东在2014年3月授权中国新闻网发布的文章《中国"雾霾"形成机理的深度分析》分析指出，我国雾霾成因可用普遍性与特殊性概括，前者是指燃煤、工业污染和二次无机气溶胶，生物质燃烧、土壤尘、汽车尾气与垃圾焚烧为凝结核形成雾霾；后者是指我国雾霾形成速度、扩散较快，凝结核体积呈骤变性与递进式增长，同地方微生物种群和土壤、水源严重面污染有着紧密联系。鉴于国内水体富营养化（水华）在极大程度上污染了水环境，导致环境中微生物群落复杂与积聚，并且土壤中有较高的氨氮浓度，以致在冬春时节，因水分蒸发而丧失众多的富营养水分，同气溶胶在低空融合，凝结核吸收膨胀过程中，其表面附有的微生物在汲取养分的同时快速分裂并繁殖，久而久之形成具有区域特性的微生物种群，因这些外在条件，使雾霾得以迅速形成并呈爆发性增长。基于上述分析，该文得出总结性判断，即我国重度雾霾污染的成因在于工业化进程中，工业污染与农村水源、土壤极度污染的叠加效应。氧气、水分、养分和温度决定了微生物的繁殖，微生物对温度具有较强的适应力，随水分蒸发进入大气，当空气温度下降后再次凝结，冬季成霜，春季成雾；物体悬浮状态接触空气面积最大，以致凝结核表面附有的微生物取得的氧气较为充分，因此在不同的季节和不同的气候条件下，会形成不同程度的雾霾，由此决定了雾霾治理的复杂性和联防联控一体化治理的必要性。综上所述，该文从以下方面提出了治理我国雾霾的对策：一方面，基于普遍性视角来看，需要最大限度地减少二次无机气溶胶等凝结核的产生；另一方面，基于特殊性视角而言，对雾霾中微生物群落进行深层次研究。对发挥主要作用的微生物及其群落的地域性聚集地进行筛选和明确，从而采取治理雾霾的针对性措施；对土壤等面源污染的防控对策进行深层次研究，最大程度上减少甚至消除水分中氨氮等营养物；对地域性和雾霾有联系的微生物群落的发生规律进行探索，针对性制定有效治理措施；致力城市公共环境卫生的清洁工作，创建卫生城市。

　　针对京津冀地区来说，其雾霾成因也具有普遍性和特殊性。据中国低碳网2013年年底发布的绿色和平与英国利兹大学研究团队《雾霾真相——京津冀地区PM2.5污染解析及减排策略研究》显示，从燃料类型的视角进行研究，表明京津冀地区PM2.5污染在很大程度上受到极度依靠煤炭的能源供应结构的影响。京津冀地区发挥主导性作用的燃料污染源是煤炭，占一次PM2.5颗粒物排放的25%，对NO_x的贡献是47%，对SO_2的贡献高达82%。从行业视角分析，京津冀地区发挥主导性作用的污染源是工业排放源，如水泥厂、钢铁厂和煤电厂等，占京津冀地区一次PM2.5颗粒物总排放的57%，NO_x的总排放为64%，SO_2的总排放为81%。此报告因此总结出，京津冀地区雾霾的重要根源在于煤炭燃烧排放的大气污染物，基于行业视角，京津冀主要污染源来自煤电、钢铁和水泥生产所排放出的SO_2、NO_x、烟尘以及挥发性有机物等。京津冀地区最大限度地削减燃煤是实现空气质量达标的关键所在，这与我们在梳理文献和实际访谈观察中得出的结论是一致的。

第五章 京津冀区域大气霾污染研究的意义及其区域成因分析

当前，京津冀面临的环境问题中，最为严重的可谓频发的霾污染（图5-1、图5-2、图5-3）。做好区域经济合理快速发展同避免大气环境恶化之间的协调工作，不仅迫切需要各级政府加以妥善解决，而且也作为中心问题摆在公众面前。本章梳理了国内外典型大气污染事件成因与治理过程，基于目前国内霾污染产生的特殊性分析，阐述了探究京津冀区域霾污染对促进区域协调发展和社会经济发展、确保人们身体健康以及保持良好的环境与气候具有至关重要的现实意义，同时解读了京津冀区域频繁发生霾污染的内在成因与客观因素，指出了目前相关研究工作的缺陷，并对京津冀于东亚地区大气污染的未来发展态势（基于全球气候变化的背景）进行了推测。

图5-1 华北地区雾霾严重

图 5-2　北京雾霾

图 5-3　多地空气重度污染指数突破测量上限

第一节　霾污染研究意义

一、城市、区域经济和社会发展过程亟待需要研究霾污染

在一国城市、区域经济和社会发展过程中，难以逃避的问题是与自然生态环境的和谐相融。长久以来，国内城市大气污染主要以高 TSP、SO_2 浓度为特点，究其实质成因在于燃煤为主的能源结构。自改革开放以来，国内经济发展突飞猛进，加速了城市化进程，城市中机动车的排污量随其产业的快速发展而不断增大。当前，京津冀区域大气污染已具有双高特性，即夏秋时节呈现高浓度臭氧污染、全年呈现高浓度细粒子，综合体现出极大程度上降低能见度以及频发雾霾袭城的特性。在京津冀地区，大气霾污染已成为一大难题，阻碍了城市、区域经济和社会发展。为此，当务之急是尽快解决大气环境变化同区域经济发展协调共融的问题。

二、气候变化研究亟待需要研究霾污染

霾的主要构成部分是细粒子，地球辐射收支平衡受到细粒子经直接吸收并散射太阳辐射的影响，从而导致大气降温或升温，对气候变化产生直接的影响。亦能够作为凝结核对云的物理特性进行改变，使其聚散与降水受到影响，进一步造成气候的变化。针对全球气候变化受到城市污染排放的影响研究，欧美国家已领先一步，同时也提出鉴于我国跨洲输送污染物而严重污染了大气的看法，以致国内环境外交压力徒增。对京津冀区域气溶胶的吸收、散射特点，细粒子成分的混合状态、分布特性予以进一步认识，气溶胶吸湿增长特点是一个深入探究其对京津冀雾霾产生的重要因素，对于气溶胶区域乃至国际气候效应的研究意义重大。近些年，国际方面因气候变化而对空气质量受到影响进行预测的相关研究成果显示，基于常规排放，我国东部及印度北部密集人口区域的大气在今后数十年会明显恶化，相较于欧美地区大气污染程度而言，亚洲空气污染程度会更大。国内对空气质量长期达标规划进行制定时应该着重客观因素，即长期地、有计划性地跟踪并探究区域污染同国际气候变化之间的关系。

三、环境变化研究亟待需要研究霾污染

北京、上海地区自 2000 年以来，霾天数比例约占 50%，珠三角地区霾天数占

据了年度 1/3。依据清华大学郝吉明的调研报告（2007 年）指出，当前霾污染已波及国内约 86 个城市且影响到将近 5 亿人的生活。霾污染严重，尤其是雾和霾的混合体可在最大程度上降低大气能见度，导致航空与地面交通中断，并且霾亦能经对太阳辐射的影响导致粮食产量下降，经干湿沉降直至地表环境，一定程度上破坏了水体、陆地生态系统平衡。相关研究显示，因环境污染致使每年经济损失占国内生产总值的 3%～8%，国内 70% 的稻 / 麦主产区因受到霾、光化学氧化剂的影响，其产量最少降低 5%～30%。2008—2010 年，京津冀区域大气酸沉降年度总量为 4.2～11.6 keq /(hm^2·a)，大气酸沉降包括降尘、降水以及气体干沉降。与同纬度发达国家相比，污染物诸如多环芳烃 (PAHs)、重金属 (HMs) 以及酸性物质 (硫 /S、氮 /N) 等污染程度与沉降量较之高出数倍乃至数十倍，此些污染物的始作俑者应具体识别，详细追踪衍变过程，精确地定量评估区域水体、土壤与植被的协同作用。

四、人体健康研究亟待需要研究霾污染

霾粒子可以将大气中的不同毒害污染物集聚起来。有关研究显示，近些年城市人群中因肺癌、心血管和呼吸道等疾病的病死率升高同城市雾霾天数的增多息息相关，特别是儿童、老年人等免疫功能不强的人群，严重危害其心肺功能。《全球环境展望 4: 旨在发展的环境》(联合国环境规划署) 指出，在国内 11 个最大城市中，每年因燃煤产生的细颗粒物、烟尘造成 5 万余人早逝，感染慢性支气管炎的人有 40 万。滞后性、隐蔽性和长期性是细粒子污染的重要特征，倘若出现重度污染情况，极有可能形成灾难性局面。根据某项研究表明，相比国内南方人而言，北方人的预期寿命平均较其少 5.5 年。原因在于北方因大量燃煤取暖排放污染物污染大气，严重损害了人体的心肺功能。然而，我国环保部对此看法不敢苟同，认为"目前还没有充分证据，国际上就该数值的算法存在较大争议，且需要长期观察。"而人体健康在一定程度上会受到大气污染的影响是不容置疑的，人体健康倘若遭受霾污染的不良影响，或许将延续数代。人们生活质量的高低同大气环境是否健康形成密切有机的联系。值得提及的是，国内研究大气环境健康与人们生活质量间的相关性还处在起步阶段，需要进一步深入探究。

五、区域和谐发展亟待需要研究霾污染

京津冀区域既是国内经济发展要地，也是我国政治文化腹地，该区域地形独特，土地利用形式繁杂，土地资源紧缺，人口密集，环境容量受到限制，然而

稳定发展区域经济社会，就要依赖人与自然的和谐相处。但当下，霾污染的频繁发生严重阻碍了京津冀地区经济社会的健康发展，并且城市居民的环保意识日益增加，市民所希冀的呼吸优质空气未能满足，便会向相关政府部门予以要求。从2011年末开始，针对京津冀区域持续雾霾天气，北京市民针对环保部门监测数据的准确性事件不断酝酿，给政府部门施加了较大压力，之所以会如此，最重要的原因在于针对京津冀区域雾霾形成原因尚未有科学性研究，无法向城市居民合理、科学地阐释雾霾成因，同时也难以告知居民对此刻不容缓的污染问题怎么去解决。由此可见，研究霾污染相关问题是京津冀区域协调发展的急迫需求。

着手于地区雾霾形成的化学机制、物理过程，对成霾细粒子的时空分布、化学组成同地区天气流场变化间的关系进行分析，一方面有利于更加清晰地认识京津冀区域霾污染排放源的时空格局和输送衍变以及沉降清除，另一方面有利于促进京津冀区域经济社会的稳定发展，尤其是有助于工业与产业化的合理布局的实现。同时，能够指导该地区霾污染实现源头控制，以及为其他地区联合防控霾污染提供必要的参考与借鉴。为此，随着国内城市群的日益增加，研究京津冀地区雾霾成因与治理具有极其关键的科学价值，并且也是当下急迫解决的现实要求。

第二节　京津冀区域霾污染成因初探

一、京津冀雾霾成因的勾连

空气是地球上所有人须臾不分的生命要素。工业革命以来，几乎世界上所有的工业化国家程度不一地遭受过空气污染。北京不是空气污染第一城，也不会是最后一城。但是，北京的雾霾力度之重、持续时间之长、牵涉范围之广（包括中国的环境责任、雾霾影响周边国家、北京的国际形象等）、治理难度之大，举世少有。

北京是座古老的城市。"汉唐看西安，明清看北京"，自明成祖朱棣肇建紫禁城以来，北京城博大厚重，熠熠生辉，经久不衰。数百年来，北京宜居、包容、开阔，令人向往。由多处皇家园林衍生而来的公园宛如生生不息的"绿肺"，从四面八方聚集怀揣梦想的学子、商人、艺术家、官员、贩夫走卒，为北京带来了层出不穷的新鲜血液。著名学者朱自清说，"至于树木，不但大得好，而且也多得好；有人从飞机上看，说北平只是一片绿。一个人到北平来住，不知不觉中眼光会宽起来，心胸就会广起来；我常想小孩子最宜在北平养大，便是为此"。

北京是首都——世界第一人口大国、世界最大发展中国家、世界第二大经济体的首都。中国北方，北京对周边省市的居民拥有无穷无尽、近似魔幻般的吸引力。"到北京读书""到北京工作""到北京看病""到北京购物""到北京旅游"成为他们的心中所系。北京的人口总量、城市体量、交通流量、消费力量与日俱增，不断吸纳四周包括水资源、人才资源、蔬菜资源、天然气资源、粮食资源在内的各种资源。

自古以来，北京就是一座资源荟萃之城。今天，你在北京可以进中国最大的图书馆——国家图书馆，进中国最好的剧院——国家大剧院，到中国最大的博物馆——国家博物馆，这里的许多建设都是大手笔，代表中国的最高水平。一位回国工作的留学生告诉笔者，若论资源的集聚效应，北京已经远远超过伦敦、纽约等国际大都市。

近水楼台先得月。邻近上海、广州、深圳的诸城诸镇，莫不如此。邻近上海的昆山，总面积仅 927.68 平方千米，以其雄厚的经济实力连续多年评为全国百强县之首。邻近广州、深圳的许多小镇，万家灯火，活力四射。长三角、珠三角的小城小镇，许多都是一个独具特色的小气候、小宇宙，从彼此的交流互通、错位发展中萃取营养，相得益彰。

邻近北京的"环京津贫困带"却是另外一番情景。巨大的经济落差、悬殊的发展机会、惊人的发展洼地、不同的社会保障水平，使得北京周边地区存在大量的贫困人口。严重的城乡二元结构不仅加剧了京津冀地区的发展不平衡，也影响了京津冀地区的生态环境、空气质量。

"开门七件事，柴米油盐酱醋茶"。能源为人类生产生活提供动力和热力，一部人类发展史，也是一部人类能源使用史、能源消费结构变迁史、能源效率提升史。从人猿揖别、钻木取火开始，能源消费结构就是衡量生活水平、社会发展水平的重要标尺。"环京津贫困带"，某种程度而言，也是"环京津燃煤带"。家家户户烧煤炭炉子，向大气中排放了大量污染，成为京津冀地区雾霾的重要来源。

北京位于华北平原北端，从此观看中原，按照古人的说法，有"若窥堂奥"的视野及心理优势。我们的先民很会为都城选址，在中国古都中，北京能崭露头角，后来居上，成为明清两朝的都城，一定占据了相当的地利。如今，一望无垠的华北平原中南部，成为北京空气污染扩散的下风向。当第一次看到环保部公布的 2013 年 1 月全国空气污染最重的 10 个城市，依次为邢台、石家庄、保定、邯郸、廊坊、衡水、济南、唐山、北京、郑州等时，令人有些不敢相信这样一个排列。上述的邢台、石家庄等河北 7 城，人口总量、汽车总量、垃圾处理总量均不与北京在一个量级上。以常理推断，邢台、石家庄等河北 7 城的空气污染不可能比北京更重。经过一番思考，以下因素或许对此地雾霾比北京还重"有所贡献"。

华北平原中南部为我国主要的冬小麦产地。冬季，多在9月中下旬至10月上旬播种的冬小麦此时缓慢成长，华北平原中南部能对雾霾多少起一点净化作用的绿色植物并不彰显。这里，不像北京有这么多的皇家园林（许多已演化成公园）为古树生长提供不受外界干扰的净土。古树沧桑，生命力顽强。北京的绿化场地，也有专人定期看管。经过多年的地下水超采，华北平原严重缺水。民以食为天，为了保障冬小麦等粮食作物的生产，人们不得不抽取地下水。岁岁年年人们大量抽取地下水更加剧了这一地区地面的干枯程度，为扬尘污染埋下"伏笔"。在冬季常刮北风的情况下，华北中南部为北京空气污染扩散的必经之地，一旦风的力量不足，"强弩之末，势不能穿鲁缟"，大量的空气污染物容易层层累积。

中国所有省市中，北京与河北这样一组省市关系，可能是最为独特的。从地理环境而言，北京、河北，山水相连，十指连心。从面积而论，"大"河北几乎将"小"北京完全包裹其中。从历史渊源来看，位于河北的保定曾经是直隶的政治中心。1949年后，因为北京特殊的政治地位，"为北京服务"一直是河北各项工作的重中之重。河北为北京重要的水源地，为了给北京提供充足的水资源，河北的自身发展受到诸多掣肘。作为一座曾经的"生产城市"，北京畅通无阻地向河北外迁了大量工厂。"近邻"河北成为北京转移污染的首当其冲之地。当人们以为将工业污染"礼送出境"就可换来北京"家门口"的蓝天，未料，空气污染，来来往往，反反复复。

2014年4月，北京市环保局发布北京PM2.5来源解析的研究成果，指出北京PM2.5来源中，区域传输贡献占28%~36%。在一些特定的空气重污染过程中，通过区域传输进京的PM2.5占到总量的50%以上。

空气污染，不会局促一隅，画地为牢。如果说北京是一棵郁郁葱葱的参天大树，这样一棵参天大树，长久以来享受全国各地的支持与丰盛"营养"。参天大树，基业长青，必须要有坚实的"环境基座"。针对某一区域发展，落地载体则为行政区域，奠定环境基座，不易彼此强分，条框被人为划出；北京作为我国首都，其种种资源，诸如人才资源、粮食资源以及水资源等可以持续地从全国各地汲取而来，而河北是北京的近邻，肩负首都生态保护职责，倘若生态能量仅为单向由一地流动至另一地，则无从谈起环境基座的长期安定与太平；以北京治理雾霾污染来讲，不可忽视的就是河北、天津等地的环境恶化与土地沙化。出现雾霾问题以后想办法补救，可以有效防控大气污染给城市居民造成的身体损害。京津冀地区雾霾治理不可一蹴而就，急于求成，其是一个艰巨任务和长期过程，要做到总揽全局、科学筹划、标本兼治，最终彻底实现雾霾的有效治理。

如今，京津冀雾霾治理一体化已经成为社会共识。北京要想早日从"霾城"中走出，必须与河北、天津一道齐头并进，共同治理空气污染，多搭台唱戏，多补台协作。霾城中的反思之，就是环境治理必须打破"螺蛳壳里做道场"的小家子气，唯有树立全局观念、一盘棋思想、休戚相关的生命共同体意识，大家赖以生存的"环境基座"方才根深叶茂，生生不息。

二、京津冀区域霾污染成因初探

近些年，国内城市化进程不断加快已成为雾霾产生的直接因素，城市高楼耸立，顶层空间提升，地表粗糙度加大，具有明显的热岛效应，增强区域环流，降低了扩散能力；伴随大气边界层结构的不断繁杂，持续加重了跨界输送与互相污染的程度，城市发展齐头并进，没有合理统筹规划城市区域，导致城市间缓冲带日益狭窄，骤然降低了大气污染物容量，从而致使身处城市中的居民经常遭遇雾霾袭城现象。国内各级政府近几年加大了节能减排力度，然而当今我国能源消耗量并未降低，仍为世界耗能大国之一，大气污染物排放也较为严重。依据监测结果（中国科学院大气物理研究所）显示，在后奥运会时期，京津冀地区夏季大气本底背景 PM2.5 浓度有较大幅度的反弹，2009 年为 $44\mu g/m^3$，2010 年为 $58\mu g/m^3$，2011 年为 $53\mu g/m^3$，有效控制了北京大气 SO_2 浓度，同时在非采暖期间所处水平不高，然而硫酸盐浓度在细粒子 PM2.5 中占据最大比例，并且呈现上升态势，2009 年、2011 年分别是 $24\mu g/m^3$、$30\mu g/m^3$，细粒子 PM2.5 中，硝酸盐的浓度在 2009 年是 $7.2\mu g/m^3$，2011 年上升至 $9.5\mu g/m^3$，铵盐的浓度在 2009 年是 $9.5\mu g/m^3$，2011 年上升至 $10.8\mu g/m^3$，大气中 VOCs（挥发性有机物）没有下降的趋势，直接造成 SOA（二次有机气溶胶）上升态势显著，细粒子中的重要构成成分之一即为有机成分。有机成分含量在北京大气 PM1.0 中所占一半份额，其中，二次有机气溶胶含量占据 23%。霾污染形成的外因归结于气象条件以及大气边界层结构的变化，然而倘若排放源较为稳定，起决定性因素的通常为外因，而京津冀地区出现严重霾污染的实质因素在于一次污染物排放量过大，基于外因的不可控性，霾污染治理的关键要素在于内因，即污染物排放量。

（一）内因——源的不确定性与未知源

近几年，在北京地区 SO_2 大气浓度的变化同硫酸盐的抬升不一致，或许和大气氧化性加强、硫氧化率加大有关，因为京津冀地区夏秋时节，本底大气臭氧由 $123\mu g/m^3$（2009 年）升高至 $150\mu g/m^3$（2011 年），然而此数据并不可阐释硫酸盐整年呈上升趋势。此外，外来输入量加大或是另一因素，但根据周边地区环保部

门检测报告显示的 SO_2 浓度不断降低并不一致，不相符的原因可能是观测统计数据存在误差或者源未确定。例如，机动车尾气排放在北京地区实行国 V 标准，然而国内给予的燃油中硫含量同欧洲的 10 mg/L 高出 35 倍，此项燃油的硫排放量在国内官方污染源排放清单中是零，除硫排放源不确定性以及源丢失以外，确认挥发性有机物、氨气和氮氧化物排放源具有诸多的问题，迫切需要加以分析和研究。

汽车尾气、燃煤作为重要的两大污染来源，另外诸多问题同样让相关研究人员陷入窘境，如畜牧养殖业、农业、建筑扬尘以及生物质燃烧等，尤其是同城市人口密度增大有关的无组织面源究竟排放出的污染物质及其排放量如何？地区雾霾污染强度的增加和它们之间的相互作用有没有直接关系？然而，造成霾污染细粒子的化学构成逐渐地呈现复杂性和多元性，这是不容置疑的。近百种化学元素构成一颗 PM2.5 粒子，倘若不能具体鉴别此些化学物质，不能长时间观测分析它们的浓度变化，则不可能形成关于地区霾形成机制的清晰认识，而对霾污染的有效防控也就无从说起。

（二）外因——天气过程、气候变化、气象条件与大气边界层结构

近些年，华北地区霾污染致使能见度下降天气的发生呈上升态势，尤其在秋冬时节，发生霾污染的天数显著增多，并且呈现出污染程度高、持续时间长的特点。例如，北京地区在 2011 年秋冬季节霾污染频发，其中在 10 月末到 11 月初期间，雾霾污染最严重，持续了将近一星期，PM2.5 高达 $350\mu g/m^3$。近数十年间，华北地区降水量下降，干旱化不断加重，频繁的人类活动或许对气候变化发挥了极为重要的作用，而环境受到气候变化的不利影响后会呈现在地区霾污染发生及其强度加大等方面，依据相关研究表明，华北地区在近 40 年来的降水存在明显下降的年代际变化态势。同时，降水量减少和气溶胶浓度的提高具有直接的联系，指出华北地区高浓度气溶胶，特别是光吸收性气溶胶浓度加大导致大气加热，进而造成大气稳定度产生变化，此或许可以在一定程度上对数十年间华北地区降水减少的原因进行解释。通过近些年研究大气边界层结构变化（北京地区）的结果显示，地表粗糙度为 1.5 m，比 20 世纪 90 年代高出 0.9 m，出现无污染、轻微霾污染、中度霾污染以及重度霾污染时的大气边界层高度分别是 2 000 m 以上、1 000 m 以下、500 m 以及 200 m。在对北京地区 PM2.5 持续 6 年观测结果的基础上，采用气团轨迹分区探究表明，北京地区细粒子在很大程度上源于周边区域，特别是南及西南地区，其输入量可达 57% ~ 63%，然而对导致高输入污染的初始来源不能甄别。

第六章 京津冀地区雾霾污染特征分析

第一节 京津冀地区雾霾时间变化特征

一、京津冀地区雾霾逐月变化特征

对京津冀地区各环保站发布的 PM2.5 实时监测数据（2014 年）进行统计，制出当年 PM2.5 浓度逐月变化趋势图（图 6-1），通过图 6-1 表明，PM2.5 变化趋势在京津冀地区的 6 个城市中极为相似，PM2.5 浓度较高的月份是 2014 年 1—2 月份和 10—12 月份，整体偏低的月份是 2014 年 3—9 月份，在 7 月 PM2.5 浓度稍高，大致以"W"型呈现出来。

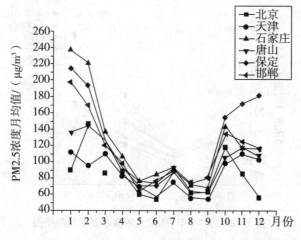

图 6-1　2014 年 PM2.5 浓度逐月变化趋势图

《环境空气质量标准》规定的二级标准为 35μg/m³，而北京市年均浓度在 2014 年高达 83.7μg/m³，2 月份和 6 月份为月最高浓度与最低浓度，分别是 147.6μg/m³ 和 54.0μg/m³。PM2.5 浓度从 2014 年 1—12 月份可以看出，2 月份首先达到第一个峰值，有个跃升，随后的趋势为下降—上升—下降，6 月份、10 月份为转折点。

天津市 PM2.5 在 2014 年年均浓度高达 103.4μg/m³，PM2.5 浓度在 1—12 月份呈现下降—上升—下降的变化趋势，1 月份和 12 月份是峰值，分别为 111.8μg/m³、103.4μg/m³，6 月份为 PM2.5 最低浓度月份，但在 7 月份其浓度稍微抬高。

相较于北京、天津 PM2.5 浓度而言，河北 4 个城市月均值曲线在它们上面，表明河北地区污染程度更加严重，河北 4 个城市 PM2.5 浓度最低值分布如下：石家庄、唐山、保定和邯郸分别是 67.9μg/m³（9 月）、61.5μg/m³（8 月）、68.8μg/m³（5 月）和 65.0μg/m³（5 月）；河北 4 个城市 PM2.5 浓度最高值分布如下：石家庄、唐山、保定和邯郸分别是 237.7μg/m³（1 月）、144.0μg/m³（2 月）、214.5μg/m³（1 月）和 197.7μg/m³（1 月）。PM2.5 浓度最高和最低月份分别在 1—2 月、5—9 月，石家庄、唐山、保定和邯郸的 PM2.5 年均浓度分别是 122.8μg/m³、99.5μg/m³、126.0μg/m³ 和 112.3μg/m³，都比《环境空气质量标准》规定的二级标准高出约 3 倍。

二、京津冀地区雾霾季节变化特征

本节将四季做如下区分，即 3—5 月、6—8 月、9—11 月分别为春季、夏季和秋季，1 月、2 月和 12 月为冬季，旨在便于对 PM2.5 的季节分布特征（京津冀地区）进行分析，并制成 6 个城市 2014 年 PM2.5 季节变化趋势（图 6-2）。

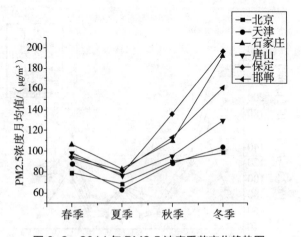

图 6-2　2014 年 PM2.5 浓度季节变化趋势图

从图6-2可以得知，季节变化规律在6个城市中基本相符。易言之，PM2.5浓度较低的季节是夏季，有较高的空气质量；PM2.5浓度由低到高的次序为夏季、春季、秋季和冬季。随季节的变化，PM2.5浓度也有较大的变化幅度，究其原因在于冬季采暖期，供暖方式主要是燃煤，此为PM2.5浓度升高的重要因素，虽然在北京地区控制了燃煤，但是因为周边区域的燃煤量大，加之受到大气输送等方面的影响，北京在冬季也呈现出较为严重的霾污染。除此以外，鉴于冬季常出现逆温天气，大气污染物不易扩散，因而会加重冬季京津冀地区雾霾污染程度，夏季因为有较多的降水，雨水对颗粒物能够发挥清除功用，可在最大程度上使大气颗粒物浓度下降，对京津冀地区大气质量的改善十分显著。

第二节　京津冀地区雾霾空间变化特征

伴随京津冀地区城市群发展的迅猛态势、独特的地理环境和产生的局地大气环流等诸多要素，导致在京津冀地区，霾污染表现出特定的空间变化特性。

一、北京雾霾特征

表6-1是北京市16个县级行政区划单位的PM2.5浓度均值。由表6-1能够看出，北京市16个县级行政区划单位的PM2.5浓度在一定程度上确实有所区别，密云县最低（73.0μg/m³）以及通州区最高（105.9μg/m³），可以得出PM2.5的分布特性为北低南高。密云县的PM2.5浓度最低，后面依次是延庆县（74.8μg/m³）、怀柔区（76.4μg/m³）；通州区的PM2.5浓度最高，后面依次是大兴区（104.4μg/m³）、房山区（100.8μg/m³）。针对城区中心的若干区县，可以得出其PM2.5浓度在北京南区与北京北区之间。

表6-1　2014年北京各区县PM2.5浓度

（单位：μg/m³）

区县	PM2.5浓度	区县	PM2.5浓度
东城区	86.3	通州区	105.9
西城区	88.4	顺义区	84.0
朝阳区	88.4	大兴区	104.4

区县	PM2.5 浓度	区县	PM2.5 浓度
海淀区	89.5	昌平区	79.3
丰台区	95.0	平谷区	83.2
石景山区	89.2	怀柔区	76.4
门头沟区	84.3	密云县	73.0
房山区	100.8	延庆县	74.8

二、天津雾霾特征

天津各区县 PM2.5 浓度如表 6-2 所示。可知，天津市各区县相比于北京 PM2.5 浓度而言，其变化范围不大，为 79 ~ 93μg/m³。北辰区和静海县的 PM2.5 浓度较大，而蓟县、津南区和滨海新区的 PM2.5 浓度较小。通过比对各区县 PM2.5 浓度及其对应的地理位置能够看到，天津市 PM2.5 浓度空间分布差异大致较为均匀，并不显著。

表6-2　2014年天津各区县PM2.5浓度　　　　（单位：μg/m³）

区　县	PM2.5 浓度	区　县	PM2.5 浓度
滨海新区	79	西青区	82
和平区	86	津南区	79
河东区	84	北辰区	92
河西区	83	武清区	87
南开区	86	宝坻区	84
河北区	84	宁河县	85
红桥区	84	静海县	93
东丽区	85	蓟县	79

三、河北地区雾霾特征

河北各市 PM2.5 浓度如表 6-3 所示。能够发现，河北各市 PM2.5 浓度变化由 35 ~ 131μg/m³，具有较大的变化范围。张家口 PM2.5 浓度最低，邢台 PM2.5 浓度最高，且 PM2.5 浓度较高的城市都在河北南部，如石家庄、邯郸、衡水等。可见，河北省 PM2.5 浓度空间分布差异的特征基本呈现出南高北低，具有显著性。

表6-3　2014年河北各市PM2.5浓度　　　　　（单位：μg/m³）

城　　市	PM2.5 浓度	城　　市	PM2.5 浓度
石家庄	126	张家口	35
唐山	101	承德	52
秦皇岛	60	沧州	88
邯郸	116	廊坊	100
邢台	131	衡水	108
保定	129		

第七章 京津冀地区雾霾源解析、重点污染源评价与影响因素分析

第一节 京津冀地区雾霾源解析

一、北京市雾霾源解析

由北京市公布的源解析结果表明，区域传输占 PM2.5 来源 28% ~ 36% 左右，本地排放占 64% ~ 72% 左右，其中扬尘、工业生产、燃煤和机动车尾气分别为 14.3%、18.1%、22.4% 和 31.1%，其他活动排放，如汽车修理、畜禽养殖和餐饮等占 14.1%。能够发现，北京市雾霾污染的主要成因之一即为外地传输。本地污染来源主要是机动车尾气，因此北京市雾霾治理的关键对策就是严控机动车保有量的增大，并且最大限度对油品进行改善。其次，燃煤是北京市雾霾污染的另一主要因素（占 22.4%），为此北京市力图确保城六区没有燃煤，同时加大五环外地区煤改气工作力度。

二、天津市雾霾源解析

从天津市发布的源解析结果显示，区域传输占 PM2.5 来源的 22% ~ 34%，本地排放占到 66% ~ 78%，其中工业生产、机动车尾气、燃煤、扬尘及其他分别占 17%、20%、27%、30% 及 6%。能够发现，周边污染源对天津市也产生较大的影响。扬尘作为本地排放的主要污染源，源头来自市区工地和道路等，此外也包括某些行业建设项目（电力、化工和铁路等），紧随其后的是燃煤、机动车尾气。天津市在控尘方面所做的工作主要是整治餐饮服务场所油烟以及工业企业堆场扬尘，同时进行了供热燃煤锅炉与工业燃煤设施改燃或并网工作（2014 年）以及加大老

旧机动车、黄标车的淘汰力度，积极投入运新能源汽车，旨在最大限度降低燃煤和机动车尾气排放对大气的污染。

三、河北省雾霾源解析

河北省某些城市对 PM2.5 的源解析继北京和天津也已完成。例如，从石家庄市发布的源解析结果显示，区域传输占 PM2.5 来源的 23% ~ 30%，而本地污染占 70% ~ 77%，其中机动车尾气、扬尘、工业生产和燃煤分别占 15.0%、22.5%、25.2% 和 28.5%，餐饮与生物质燃烧等占 8.8%。由此可知，石家庄市甚至河北省的雾霾污染来源是燃煤，而燃煤污染的重要成因在于不合理的燃煤结构以及较大的煤炭消费总量。工业生产对雾霾具有较大贡献值，特别是建材、石化、冶金及制药等行业大量排放大气颗粒物，为此河北省着手主要污染行业对工业污染源进行全面控制。同时，根据源解析结果表明，扬尘也占本地污染较大比例，而扬尘的关键来源是大规模的城中村拆迁。此外，河北省也加大机动车尾气排放的控制，积极淘汰老旧机动车和黄标车数量。

第二节　京津冀地区雾霾重点污染源评价

一、北京市雾霾重点污染源评价

北京市于 2014 年将三次产业结构调整为 0.7 ：21.4 ：77.9，能够看出北京市以第三产业为主，产业结构趋于合理性并且也在持续地优化产业结构。导致雾霾产生的主要根源在于第二产业的工业生产过程以及机动车尾气的排放，为此北京市发布了《北京市工业污染行业、生产工艺调整退出及设备淘汰目录 (2014 年版)》，旨在对雾霾污染源进行控制。其主要针对的是国家明令淘汰的落后设备以及具有极高能耗和严重污染的生产工艺与行业。北京环保局要求 2015 年底前，市内重点排污单位以及上市公司必须进行污染物排放自行监测并予以完成，公开结果，2014 年年底前已有多家企业完成了污染物排放自行监测工作。

二、天津市雾霾重点污染源评价

天津市三次产业结构在 2014 年调整为 1.3 ：49.4 ：49.3，相较于 2010 年三次产业结构（1.6 ：53.1 ：45.3），第一产业的变化幅度不大，所占的比重也不高，第三产业所占比重显著上升，天津市于 2014 年的第二产业和第三产业所占比重大致已经保持均衡，虽然第二产业的比重相对有所下降，但是其依然最高。一些典型的重污染排放产业，如建材和水泥、石化和钢铁以及火电等，已成为本地区雾霾形成的关键污染源，特别是天津市钢铁联合企业烟粉尘吨钢排放量在京津冀地区具有较高的比例。为此，天津市针对工业生产，开展了 200 项重点企业的污染整顿项目，同时对某些行业新增产能项目如有色、水泥和钢铁等不再审批，旨在最大程度上对雾霾形成的关键污染源进行控制。

三、河北省雾霾重点污染源评价

河北省的三次产业结构在 2014 年调整为 11.7 ∶ 51.1 ∶ 37.2，相较于 2010 年的三次产业结构（12.57 ∶ 52.5 ∶ 34.93），其第一产业、第二产业均有所下降，而第三产业所占的比重明显提高，虽然第二产业比重有所下降，然而其所占比例依然最大，此种不具合理性的产业结构导致在京津冀区域河北成为雾霾污染最严重的地区。同时，河北省具有较大比重的高耗能和高污染产业，其中占河北省能源消费总量最高（达 89.6%）的行业是电力、建材和钢铁。大气污染物排放量占全省总量 60% 左右的行业包括玻璃、水泥、电力和钢铁。河北省的重要污染行业是钢铁，应作为重点来治理。2014 年，环保部发布的京津冀地区治理大气污染的钢铁企业名单总共 396 项，河北省占 379 项。

第三节　京津冀雾霾影响因素分析

雾霾成因众多，雾霾频发与雾霾严重程度在很大程度上取决于地区的产业结构、能源消费以及经济状况。

一、产业结构对京津冀雾霾的影响分析

雾霾形成在一定程度上受到产业结构的重要影响，大量的污染物由具有较高能耗和污染的产业中排放出来，直接影响到大气环境。2010 年，北京市三次产业结构（0.9 ∶ 24.0 ∶ 75.1）中，建筑业、工业在第二产业中分别占 4.4%、19.6%。北京市 2014 年三次产业结构（0.7 ∶ 21.4 ∶ 77.9）中，建筑业、工业在第二产业中分别占 4.3%、17.6%，相比较于 2010 年第一产业和第二产业的比重稍微下降，工业在第二产业中的比重降低显著，并且第三产业的比重有较大幅度的升

高，不断地优化了产业结构。2010 年，天津市三次产业结构（1.6 ∶ 53.1 ∶ 45.3）中，建筑业、工业在第二产业中分别占 4.7%、48.4%。天津市 2014 年三次产业结构（1.3 ∶ 49.4 ∶ 49.3）中，建筑业、工业在第一产业中分别占 4.4%、45%，第二产业相较于 2010 年降低了 3.7%，第三产业比重有所增加，持续优化了产业结构。2010 年，河北省三次产业结构（12.57 ∶ 52.50 ∶ 34.93）中，建筑业、工业在第二产业中分别占 5.65%、46.85%。河北省 2014 年三次产业结构（11.7 ∶ 51.1 ∶ 37.2）中，建筑业、工业在第二产业中分别占 5.8%、45.3%，第二产业相较于 2010 年降低了 1.4%，第三产业比重有所增加，明显优化了产业结构，但是我们也要看到，虽然相较于 2010 年，第一产业和第二产业的比重已经降低，但是在三次产业结构中，第二产业的比重依然最高，工业特别是重工业对河北省经济发展具有重大的贡献值。据相关统计，河北省在 2013 年轻工业和重工业企业分别有 4 035 家和 8 325 家，对当年工业总产值的贡献率分别是 20.4%、79.6%，由此能够发现，高污染、高耗能产业是全省经济发展的重要支柱，虽然一定程度上促进了省内经济发展，然而也付出了极大的环境与资源成本，导致省内环境遭受极大程度的破坏。

二、能源结构对京津冀雾霾的影响分析

京津冀能源消费在近些年表现出极速加快的态势，在全国能源消费中，京津冀地区的能耗量所占比重已大于 12%，其中河北省占了 2/3，河北省和天津市作为京津冀地区增长速度相对较快的区域，与北京相比，河北省和天津市年均增长率分别高出 1.89 倍和 1.88 倍。北京市能源消费总量在 2015 年、2010 年和 2013 年分别为 5 521.9 万吨标准煤、6 954.1 万吨标准煤以及 7 354.2 万吨标准煤，相比 2005 年，2013 年增长了 33.2%。北京市在 2005 年主要能源日均消费量中，煤炭、石油和天然气分别是 84 081.4 t、39 203.5 t 和 877.8 万 m³，全部能源消耗中煤炭占到 55.7%。北京市在 2012 年煤炭、石油和天然气日均消费量分别降到 62 018.9 t、60 901 t 和 2 515.6 万 m³，在全部能源消耗中，煤炭占到 31.64%，相比 2005 年下降了 24.06%，与此同时，天然气消费比相对增长了 184%，然而在能源结构中所占比重不多，所占比重较大的仍然是煤炭。2005 年和 2012 年，天津市全年能源消费总量分别是 4 115.19 万吨标准煤、8 208.01 万吨标准煤，煤炭、石油和天然气的消费量分别是 3 801.45 万吨和 5 298.12 万吨、1 353.05 万吨和 2 328.28 万吨以及 9.04 亿 m³ 和 32.05 亿 m³。2005 年全部能源消耗中，煤炭占比高达 92.3%。在 2012 年全部能源消耗中，煤炭占到 64.5%，有较大幅度的下降，虽然不断优化了能源结构，然而，占据最大比重的依然是煤炭。在河北省能源结构中，煤炭的

比重相较于北京市和天津市占比更大，河北省的能源消费总量在 2005 年和 2012 年分别是 19 835.99 万吨、30 250.21 万吨，煤炭、石油、天然气的消费比分别是 91.82% 和 88.8%、7.45% 和 7.7%，以及 0.61% 和 1.94%。相比 2005 年，煤炭消费所占的比重虽然有所降低，但在能源消费中，占据重要比重的依然是煤炭。综上所述，煤炭在京津冀能源消费中依然起到主导作用，治理燃煤污染迫在眉睫。

三、经济发展对京津冀雾霾的影响分析

产生雾霾的原因同机动车尾气排放以及煤炭消费具有紧密的联系，而社会经济发展态势在一定程度上直接体现于机动车数量的快速增多以及煤炭消费水平的持续提升。京津冀地区在近几十年社会经济发展突飞猛进，不断推进了现代化步伐。我国国内生产总值在 2014 年是 636 462.7 亿元，人均国内生产总值是 46 652 元；生产总值在京津冀地区是 66 474.47 亿元，相比 2010 年，总体提升了 52%，在国内生产总值中占到 10.4%，在国内能耗总量上，京津冀地区整体占到 12%，由此可见高能耗重工业在京津冀地区所占的比例仍然较大。城市化与工业化共同促进了京津冀区域的现代化发展，基于传统经济发展模式，即在高污染、高能耗和高投入的模式下，物质的消耗在很大程度上推动了经济的迅猛增长，在单位时间内，单位国土面积消耗蓄积资源与污染物排放物两者的强度极高。因此，基于巨大投入产出背景下，当前雾霾频发及污染程度严重并非是偶然的。

四、交通运输对京津冀雾霾的影响分析

雾霾形成在交通运输过程中的关键污染源是机动车尾气。基于雾霾源解析结果可见，2014 年全年 PM2.5 来源中，北京市、天津市和石家庄市机动车的贡献率分别是 31.1%、20% 和 15.0%，空气质量在很大程度上受到机动车尾气排放的影响。机动车保有量在京津冀地区较大，北京市 2014 年机动车保有量是 532.4 万辆，在国内城市中占据第一，相比 2005 年、2010 年分别增长了 116%、10.7%。天津市 2014 年机动车保有量是 284.89 万辆，相比 2005 年、2010 年分别增长了 153%、55.2%。河北省 2014 年机动车保有量是 997 万辆，相比 2010 年增长了 27.8%，且成逐年上涨趋势。

与此同时，伴随经济的突飞猛进，京津冀区域城市中涌入了众多的人才，一定程度上加大了人口数量，从而导致交通需求量也在不断提高，鉴于京津冀区域城市公共交通建设不均衡，城市交通道路拥堵时有发生。截至 2014 年年底，北京市公共电汽车和轨道交通的运营线路、运营车辆以及客运总量分别是 877 条和 18

条，24 083 辆和 4 688 辆，以及 47 亿人次和 34.1 亿人次，对于人们的正常出行需求而言，公共交通设施基本可以满足；天津市公交运营车辆及公交线路分别是 11 164 辆和 657 条，公共汽电车客运量为 15.1 亿人次，天津市轨道交通客运量是 2.99 亿人次，不健全的轨道交通无法实现人们的出行需求；以石家庄为例，城市公共汽车营运车辆和营运线路分别是 3 974 辆、223 条，客运总量为 65 233 万人次，然而石家庄常住人口已超过 1 000 万，公共交通设施的不完善无法满足人们正常的出行需求。河北省其他城市的公共交通建设更加有待完善，市民在出行时更多选择汽车，大量机动车的运行势必会排出大量的尾气，京津冀地区的雾霾污染程度也会急剧增大。

下 篇
京津冀雾霾跨区域协同治理研究

雾霾现象近些年日益严重，不断加重了空气污染，严重威胁着居民生活健康，阻碍了社会和谐发展。《健康报》（卫生和计划生育委员会主任李斌）于2013年12月指出，当年十大危害人体健康排在第一的即为雾霾。中共十八大报告提出，应构建一系列能够呈现出与生态文明需求相符合的目标体系、考核办法以及奖惩机制，应在经济社会发展评价体系中囊括生态效益、资源消耗以及环境损害。十八届三中全会指出，要将市场化的生态环保机制引入，实施更为严格的环保制度，建立健全区域减排合作机制与交易制度，完善生态补偿和支付制度等，同时要尽快制定《清洁空气法》。众多相关研究人员通过研究雾霾指出，国内雾霾形成归结于人为因素与自然因素的共同作用，其原因在于污染物的排放和中部东地区颇为富饶的水汽、浮尘，并且加之空气具有流动性，导致邻近区域的雾霾势必出现渗透和扩散，城市遭受雾霾污染在所难免。为此，治理雾霾并不是在某个地区进行一时性的控制，治理雾霾重在跨区域协同治理，加强地方政府间的合作。

现阶段，国内治理雾霾面临两大窘境：其一，尚未形成系统性的跨区域雾霾治理体系；其二，雾霾治理的可行性有效对策还需要持续地加大创新力度。全面防治大气污染作为一项极具复杂性和系统性工程，多方应参与其中，协同管理，加之组织制度的保障进行共同防控。但是，目前治理雾霾的过程中各地区部门尚未形成统一协调工作，极度侧重于短期利益和当地利益，造成治霾过程中难以出现统一的管控，甚至出现互相扯皮的现象。同时，在采取治理雾霾的措施方面还缺乏有效性和可行性，由于治理雾霾过程中牵涉的利益主体较多，其各自的诉求也有所不同。例如，在治理雾霾过程中会对某些高耗能和高污染的企业采取一些措施，而依法关闭此些污染严重的企业时，会涉及其利益与当地政府利益，进而在一定程度上遭到抵制，不能积极应对。所以，只有加强各部门协调和配合，互相辅助和合作，通过跨界治理相关理论的应用，形成统一协调和管理的跨界治理制度和政策措施体系，才能强化雾霾治理效果，这对高效治理雾霾和最大限度改善人们生活环境具有极为关键的现实意义。

第八章　跨区域协同治理的相关理论与现状分析

第一节　京津冀协同治理相关理论

一、跨区域治理理论

广义的跨域治理是指跨越不同范围的行政区域，形成统一协调与配合的雾霾治理体系，从而对区域资源和建设失调问题予以解决；所谓狭义的跨域治理，指的是跨越刚性行政区划边界的问题，此为多元主体（企业、政府、公众和第三方组织等）共同进行商议与协作，从而达到有效治理跨域公共事务的目的。

跨域治理作为一种协调与配合治理方式，侧重于多元主体一起努力。通常而言，跨域治理有下述三种类型。其一，横向方面的水平型协作处理，此种跨域治理摒弃了区域间恶性竞争关系，达到平行政府间的同等协作治理的目的。其二，纵向方面的垂直性协作治理，此种跨域治理放弃了等级关系（指挥命令式），更多强调基于平等条件下，各层级政府共同治理。易言之，达到中央政府与地方政府，以及上下级地方政府之间的协作治理的目的。第三，跨部门协作治理。换句话来讲就是地方政府同非政府组织、企业以及公民社会的协作，此种跨域治理突破了不具复杂性的民营化以及追求效率的战略性合作关系，从一定程度上反映出区域政府塑能，公民参与以及区域民主化进程。

同时，跨域治理也存在显著的特征。其一，跨域治理具有多元性主体。跨域治理的主体既可以是政府与市场，也可以是非营利组织与公众。国内相关学者认为，在跨域治理中，政府发挥了主导性作用，然而此并不意味着政府即为雾霾治理的核心与权威，跨域治理的效果在很大程度上也取决于公众、市场以及非营利组织等层面的意识与思想。其二，跨域治理具有网络化和互动性。一方面，跨域治理的方式诸多，囊括了水平型协作治理、垂直型协作治理以及跨部门治理等，按照跨域公共问题中环境背景和类型的差异性，决策层能够选用合理的治理方式；另一方面，传统的行政区行政治理仅受限于政府单向性的指挥，跨域治理与其有所差异的是侧重于主体间在合作和协商、谈判与沟通等方面的交流和互动，此种交互的前提是基于各自的平等。第三，跨域治理存在长期性目标。如前所述，跨域治理具有网络化治理特性，此种网络化并不简单地注重于治理的效果，同时更为强调对治理的价值予以追求。所以，应在跨域治理过程中，对彼此的利益进行适当地考虑，从而使政府强化治理能力，保证民众积极参与是建立在对问题有效处理的基础上。

跨域治理是一种多元主体参与的协作治理，将局促的地方主义予以突破，着手于地方问题的处理以及区域发展的推进，不单受限在重视政府的组织变革以及优化流程，更多侧重于构建公私合作关系，强化地方政府间、地方政府同非政府组织间的协调配合，从而为将来治理的变革与发展指明方向。针对传统的单向政府治理而言，跨域治理弥补了其不足，有利于目前区域问题的处理和地方联合协作的推进，以及区域可持续健康发展的实现。在当今时代，需要采取跨域治理模式，确保整个社会团体切实坚持共同协作、共赢共享的观念，如此一来方可最大程度上发挥出跨域治理的优势功效，从而为跨域公共问题的解决开辟出一条极为重要的路径。

二、协同理论

所谓协同指的是借助系统中子系统或有关要素之间的相互合作，保证整个系统具有有序性和稳定性，从而在质与量两个层面使系统获得相对较大的作用，进一步铺陈出全新的功效，达到系统整体增值的目的。当前，诸多领域已有协同的运用，同时对其研究也存在很多。国内相关学者认为，达到协同治理的发展应该基于构建和完善协同治理的实现机制；还有学者研究了网络协同在物流园区中的运用，将各物流园区视为各个开放主体，网络协同在物流园区中即为同其他节点进行资源共享和协调配合，从而达到共享信息、整合资源的目的；也有学者基于先前研究，对企业的诸多层面（协同动因和特征，协同方式及其实现形式）对企业协同运行机制进行揭示。可见，国内学者已对协同有了相关研究，不同的学者对协同治理的定义及其应用范畴有着各自的理解和认识，然而基本上都离不开某些关键词，如合作、谈判、协商以及参与等等，协同治理对于极具复杂性的公共事务的解决与处理可谓一种新思路和高效方法。

本书认为，跨域雾霾治理的协同指的是在特定范围内，多元主体（社会公众、社会与经济组织以及政府等）基于现有法律、法规共同规范，将公共利益的维护与增进视为目标，以政府为主导，采用多种方式（共同行动、平等合作、广泛协商以及积极参与），对社会公共事务的过程进行共同管理，并在该过程中使用的多种方式的总和。

跨域雾霾治理的协同含义广泛，大体可以概括为：第一，主体多元化，政府不是唯一主体，公众、社会与经济组织等均可作为合法的雾霾治理主体；第二，公共利益的维护与增进是协调治理的实质目的与终极目标；第三，需要基于既存法律、法规作为共同规范，政府起主导作用，其他主体积极参与，共同行动，并且进行平等合作与广泛协商；第四，政府和其他主体的参与在协同治理过程中并不是政府的参与具有权威性，其他主体的参与同样具有权威性；第五，协同治理方式可谓是传统政府治理的一种突破，其作为动态过程，积累了大量全新的治理模式。协同治理在对极具复杂性的社会公共事务进行解决过程中不再是传统方面的单一主体进行治理，而是侧重于多元主体之间的交互和联合，达到资源共享的目的。

伴随国内城市化与区域一体化的不断加快，加之全球化的推进，各区域间的联系逐渐地强化与深入，地方政府单一治理的传统模式同新时期的要求已不相符，区域协同治理日益形成全球化态势，我国正在着力通过体制改革对区域协同治理的新方式进行探究。

地方政府在区域协同治理中承担着处理好公民、市场以及政府之间的关系的职责，实现公民、市场以及政府之间的有效交互。实行区域协同治理，易言之，加强政府组织改革，健全功能，基于公民自组织的完善以及推进合理而又平衡的公民参与，建立健全市场机制，强化其功效，从而形成公民积极参与、市场有效调节以及政府治理变革的契合局面，构建出既具有高效性和合理性，又具有公正性和公平性的区域协同治理方式。

三、雾霾跨域治理多元协同整合框架

国内雾霾污染在近几年频繁发生，污染程度也在不断加重，极大程度上影响了人们的生活健康，阻碍了社会经济的良性发展。雾霾污染持续时间长，影响范围广，在评价国内 74 个城市的二氧化硫、二氧化氮以及 PM10、PM2.5 的年均值、日均值以及最大 8h 均值时，空气质量达标的仅有 3 个城市。雾霾已并非绝对的自然现象，其产生同人们的社会经济生活息息相关，导致雾霾形成的关键因素包括建筑工地、道路扬尘、燃煤废气、机动车尾气排放以及工业生产排放等。

雾霾的特点诸多，其中最为凸显的是地域性特点。国内受雾霾影响程度严重的区域是京津冀、珠三角以及长三角等经济较为发达地区，并且雾霾也呈现出较为显著的跨区域影响，相邻区域的雾霾污染往往呈现出显著的雷同性，究其原因在于区域经济一体化、城市规模日益加大以及大气环流的影响所致，在相邻区域间雾霾污染物得以扩散。

国内对雾霾污染的危害性已广泛关注，同时也采用了若干治理对策。譬如，要求设置空气污染检测设备和安装脱硫脱硝装置，车辆单双号限行和上缴排污费等等。然而，空气污染治理效果依然受到诸多问题的影响：第一，上级部门下达任务，地方政府切实执行是现阶段国内治理雾霾的主要模式，基于此种情况，雾霾治理起主导作用的是政府，导致企业、环保组织等在雾霾治理方面缺少了动力，以行政手段为主的雾霾治理方式，很难达到高效的效果。治理雾霾并非单一地依赖于政府采取行政手段进行，社会公众以及污染企业等均要主动地、积极地肩负起治霾职责。此外，国内雾霾治理依然存在下述现象：区域协同力度不够，各区域同城市间没有紧密的交互和合作，各自为政。该现象之所以出现是因为相关部门对雾霾重视程度的偏见与不同区域空气污染程度的差异以及地方城市间的经济发展不协调。面对此些问题，有区域环保部门组织曾提出成立雾霾治理区域协调小组，然而鉴于此类型的小组没有较大的权威性，加之领导归属问题的不清晰，不能够在协调治理雾霾方面起到相应的功效。

国内治理雾霾污染需要实施跨域协调治理方式，雾霾跨域特征显示出地方政府若以自身工作并采取对策实施治污不易，强化区域雾霾治理的协调与联合、实现区域四周信息资源共享、共同执法等一系列综合对策进行跨域雾霾协同治理，方可彻底消除霾污染。同时，雾霾污染治理还需要对公众与企业加以鼓励与指引，使其积极而又主动地参与到治污中，形成跨域治理雾霾多元化协同机制。在提出协同机制的过程中，通过行动者网络理论（Actor-Network Theory）的应用，把雾霾跨域治理过程中受到不同影响因素视作协同网络对象，能够多方位地描绘出多元主体在雾霾跨域治理中的利益驱动、管理方式，增大治理雾霾的视域与领域，使所有行动者以及全部影响力量都可以相互关联，同时在整个协同网络中发挥出极其关键的功效。由此，本书构建出雾霾跨域治理的多元协同机制，如图8-1所示。

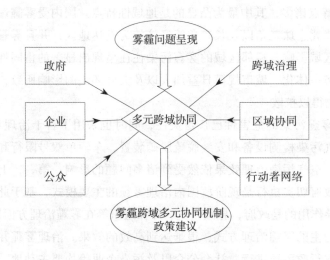

图 8-1　雾霾治理与跨域协同理论的契合

第二节　京津冀雾霾一体化治理工作现状

所谓大气污染区域联防联控，指的是将复合型和地方性空气污染的处理视作目标，借助针对区域整体利益，地方政府之间所形成的一致认识，应用组织与制度资源跨越行政区域的畛域，以大气环境功能区域和区域整体需要分别为单元和出发点，对大气污染控制方案进行共同地规划与实施，相互协调与监督，统筹安排，从而达到复合型大气污染与区域性空气质量的控制和改善、治理成果的共享以及区域整体优势构建的目的，最终实现一体化治理的过程。京津冀地区的雾霾治理一体化已经拉下了大幕，但也面临深层次的困境，需要攻坚克难。

随着工业化和城市化的快速发展，大气污染防治成为各国政府面临的最大挑战之一。大气污染不仅给生态环境、气候变化带来不利影响，而且严重危害人体健康。因此，世界各国都非常重视大气污染防治工作。我国自 20 世纪 70 年代开始大气污染防治与研究工作。在 40 多年的治理过程中，根据我国环境污染的状况和变化，环境治理理念也在不断深化，先后采取了"环境保护目标责任制""城市环境保护综合定量考核""环境影响评价""三同时""排污申报登记""排污收费""限期治理"和"污染集中治理"等措施和制度，对深入推动我国环境治理进程发挥了重要作用。

那么，京津冀大气污染联防联控问题是如何提出的呢？

进入 20 世纪 90 年代，我国主要污染为煤烟、酸雨污染。伴随着酸雨污染的日益严重，空气污染范围从局地污染向局地和区域污染扩展，这一情况引起国务院高度重视。1995 年，新修订的《大气污染防治法》明确提出将酸雨和二氧化硫纳入控制范围。1998 年 1 月，国务院正式批复酸雨控制区和二氧化硫控制区的划分方案并提出控制目标，即依据气象、地形、土壤等自然条件，将已经产生和可能产生酸雨的地区或者其他二氧化硫污染严重的地区，划定为酸雨控制区或者二氧化硫污染控制区。这是我国大气污染区域控制概念的初步形态。

"六五"规划以来，我国大气污染防治法要采取总量控制措施。所谓总量控制，是指将某一控制区域（如行政区、流域、环境功能区等）作为一个完整的系统，采取措施将排入这一区域的污染物总量控制在一定数量内，以满足该区域环境质量要求或环境管理要求。实践证明，这一措施对于单纯的点源局部性污染类型具有很好的控制效果。但伴随着我国大气污染由局地污染向区域性污染的转变，这种简单地以行政区为单位的总量控制措施的局限性日益明显。此外，我国《大气污染防治法》虽经两次修改，但依然延续了长期以来的大气污染单因子监管和行政条块化监管模式，在区域性大气污染控制方面依然存在无监管、无措施、无责任人的"三无"状态，直接影响甚至制约着我国大气污染防治成效。基于这样的背景下，大气污染区域联防联控的相关研究适应时机而产生。

2008 年奥运会前，为确保奥运会空气质量，我国首次打破行政界限，建立京津冀及周边地区大气污染联防联控机制并取得积极成效。这一模式后来在 2010 年上海世博会、广州亚运会期间继续采用，成为我国成功实施区域大气污染联防联控的典型案例。但众所周知，在持续开展区域联防联控行动方面，没有相关的与之配套的保障机制，导致仅在特殊活动时间进行了若干短期的区域联防联控行动。然而通过实践表明，此种短时间内的区域联防联控行动并不可以有效持续地改善空气质量。譬如，相较于奥运会同期监测结果，北京奥运以后，其周边区域一次污染物（除 SO）都有了较大程度的升高。

《关于推进大气污染联防联控工作改善区域空气质量的指导意见》（国办发〔2010〕33 号）（以下简称《意见》），由国内 9 个部门（包括环境保护部、工业和信息化部、科学技术部以及国家发展和改革委员会等）于 2010 年 5 月 11 日共同发布。《意见》基于国内和国外环境管理经验的充分汲取，提出应尽快实行大气污染区域联防联控以解决区域大气污染问题，并提出"到 2015 年，建立大气污染联防联控机制，形成区域大气环境管理的法规、标准和政策体系，主要大气污染物排放总量显著下降，重点企业全面达标排放，重点区域内所有城市空气质量达到或好于国家二级标准，酸雨、灰霾和光化学烟雾污染明显减少，区域空气质量大幅改善"的工作目标。同时，在指导思想里明确指出"以增强区域环境保护合力为主线，以全面削减大气污染物排放为手段，建立统一规划、统一监测、统一监管、统一评估、统一协调的区域大气污染联防联控工作机制"。这是国务院出台的第一个专门针对大气污染联防联控工作的综合性政策文件，标志着我国大气环境保护工作进入了一个新的发展阶段。

《重点区域大气污染防治"十二五"规划》（以下简称《规划》）环境保护部部长 2012 年 12 月 5 日发布，基于大气污染联防联控机制构建（《意见》），《规划》深入指出构建预警应急机制、信息共享机制、环境影响评价会商机制、联合执法监管机制以及联席会议制度等，在大气污染联防联控机制构建方面实现了突破性创新，也为促进各区域大气污染联防联控的有效开展指明了方向，具有重大的现实意义。

"十二五"以来，我国大气污染形势严峻，以可吸入颗粒物（PM10）、细颗粒物 (PM2.5) 为特征污染物的区域性大气环境雾霾问题日益突出，严重损害人民群众身体健康，影响社会的和谐稳定。《大气污染防治行动计划》（国发〔2013〕37 号）由国务院于 2013 年 9 月 11 日出台，指出京津冀、长三角区域大气污染防治协作机制的建立需要区域内省级人民政府、国务院相关部门参加，对区域突出的环境问题予以协调解决，组织实施若干大气污染防治措施。例如，预警应急与信息共享、联合执法与环评会商等，对区域大气污染防治工作进展进行通报，对阶段性的工作重点和要求以及主要任务进行研究与确定。"国十条"的出台为京津冀、珠三角和长三角等区域大气污染联防联控机制的构建提供了政策基础。

2013 年以来，京津冀地区连续出现多次重度雾霾。为加大京津冀及周边地区大气污染防治工作力度，切实改善环境空气质量，依据《大气污染防治行动计划》《京津冀及周边地区落实大气污染防治行动计划实施细则》（环发〔2013〕104 号）由 6 部门（包括环境保护部和发展改革委员会等）于 2013 年 9 月 17 日联合印发。指出，建立京津冀及周边地区大气污染防治协作机制，主要目标为通过 5 年的努力，显著改善京津冀及周边地区的空气质量，较大幅度地减少重污染天气，且力争再经 5 年或以上时间，将重污染天气逐步地消除，全面改善空气质量。该实施细则的发布，意味着京津冀及周边地区大气污染联防联控机制在政策上"落地"，联防联控工作正式拉开了帷幕。

一、国内大气污染区域联防联控的成功案例和启示

为保障 2008 年北京奥运会、2010 年上海世博会、广州亚运会会期的空气质量，三地政府分别采取了区域大气污染联防联控措施，并取得积极成效。尽管由

于多种原因，这种区域大气污染联防联控措施只是特殊时期的一种暂时性行为，但这种实践模式所留下的经验、教训，却为我国今后建立长期性区域大气污染联防联控机制，加强区域大气污染防治工作提供了宝贵的借鉴。

（一）北京奥运会与京津冀及周边地区大气污染联防联控

《北京2008年奥运会申办报告》提出："2008年奥运会期间，北京将会有良好的空气质量，达到国家标准和世界卫生组织指导值。同时，北京市政府将继续致力提高全年的空气质量"。因此，能否兑现奥运空气质量承诺，成为国内外媒体高度关注的话题，也成为2008年奥运会能否成功举办的一个重要指标。实践表明，奥运会期间京津冀区域联防联控机制的建立和实践是确保奥运期间空气质量达标的一个重要的因素。"绿色奥运"在北京成功举办，获得了全世界人们注视的环境成就，这得益于环境保护部在协调的基础上，北京及周边区域共同实行了大气污染联防联控，可谓国内区域化空气质量管理的典范。

北京2008年奥运会空气质量保障工作协调小组于2006年12月26日在北京召开第一次会议，研究部署制定《北京2008年奥运会空气质量保障方案》的有关工作。工作协调小组于2007年4月11日在天津召开第二次会议，研究审议《第29届奥运会北京空气质量保障措施》的有关工作（国务院于2007年10月批准）。根据《第29届奥运会北京空气质量保障措施》，决定基于实施北京市第十四阶段控制大气污染措施，借鉴在举办期间国际奥运会城市确保空气质量的做法，于2008年7月20日—9月20日期间，通过实施6大类举措（极端不利气象条件下污染控制应急方案的实施、有机废气排放的减少、燃煤设施污染减排、重点污染企业停产和限产、道路清扫保洁的强化以及施工工地部分作业的停止），对6省区市（京津冀、山东、山西和内蒙古）分别有针对性地实施了措施，如回收改造储油库和油罐车的油气，小钢铁、小水泥和小锅炉的淘汰，机动车IV排放标准的提前实施，机动车升级换代，清洁能源替代以及燃煤锅炉高效脱硫除尘技术改造等，从而最大限度地降低了大气污染物在奥运会期间的排放量，确保了北京市的空气质量。

环境管理主管部门和6省区市政府会同，开展统一行动，执法监察力度进一步加大，全面检查临时减排措施落实情况，更多关注重点企业；工作协调小组于2008年2月1日在北京召开第四次会议，督促6省区市和相关单位，应按时限，高标准，对《第29届奥运会北京空气质量保障措施》予以全面贯彻落实。同年，京津冀分别成立空气质量保障工作领导小组或协调小组，组长为省（市）主要领导，旨在协调部署奥运空气质量保障工作，同时加大资金投放力度，确保北京奥运会期间的大气环境质量。天津市将和大气环境质量保障有关的企业领导（国家电网公司、中石化和中石油等）请进"协调小组"，同时为其下达了治理任务和目标，突破以往的传统局面，即环保局局长领任务，然后通过环保系统进行传达，协调环节的减少，使得治理能力和效率得到提高。区域间协调合作、管理的相对严格以及控制措施得力，使大气污染物排放总量得到最大幅度地减少。依据估算，北京市大气污染物排放量在奥运会和残奥会期间，相较于 2007 年，同比下降约70%。空气中的主要污染物浓度（NO_2、CO、SO_2 以及可吸入颗粒物）平均下降了约 50%，实现了奥运会空气质量的完美达标，同时也是北京市在近些年空气质量最好的时期。

（二）上海世博会与长三角区域大气污染联防联控

2010 年，世界的目光聚焦到中国上海。来自五湖四海的国外来宾共聚上海，宾客对东方明珠——上海，表露出欢乐和惊奇，并且在蓝天、白云的映衬下，上海这座城市更加充满活力。在世博会开幕以来，上海市空气质量优良率创历年最高，达到 98.7%，空气环境质量在上海世博会期间的优良，得益于长三角区域环保的治污。上海市是国内经济发展速度较快以及经济总量规模较大的城市，其地处长江三角洲地区，具有巨大的发展潜力，但是上海市同样是一个拥有密集人口，具有较高能耗以及较强污染排放的城市之一，其区域性复合型大气污染相对突出。

上海市于 2009 年 12 月同江苏、浙江两省环保部门会同并且制定了《2010 年上海世博会长三角区域环境空气质量保障联防联控措施》，指出对于协同采取相关措施控制重点行业和机动车污染物排放，秸秆禁烧工作全面实施，同时达到了重点污染源排放、环境空气质量监测数据的共享，以期在最大程度上保证上海世博会期间优良的空气质量，并且面对世界全面展示我国改革开放的成就。在上海世博会期间，长三角区域环境空气自动监测网络通过 9 个城市的 53 个空气质量自动监测站组成，同时依托于长三角区域环境空气自动监测网络，成立区域环境空气质量预报会商小组，旨在针对未来 48h 空气质量变化趋势进行技术会商。截至 2010 年 9 月底，长三角空气质量数据共享平台累计运行 158 天，上传共享数据约100 万个，编制《世博会空气质量监测专报》15 期，开展区域联合会商 50 余人次。区域联合监测预报为世博会环境管理提供了强有力的技术支撑。此外，在长三角空气质量联合监测预报的基础上，上海市还联合江浙两省，制定了高污染预警和应急方案。一旦预报出现高污染日，立即启动应急方案，通过实施应急减排措施来减少污染物排放。截至 2010 年 8 月底，根据预报会商结果，上海市已发布了 3次空气污染预警报告，在上海市范围内组织实施了 3 次应急减排行动，促使超标污染物排放量大幅削减，污染物浓度显著下降，空气质量明显好转，全程确保世博会空气质量目标的实现。

（三）广州亚运会与珠三角区域大气污染联防联控

对绿色亚运，广州发出了郑重承诺，即青山绿水、蓝天白云，这同时也是广大城市居民对绿色家园的追求和渴望。珠三角地区在 2010 年广州亚运会即将到来时，其环境质量改善显著，然而若干环境问题仍然存在，如局部地区酸雨、灰霾以及内河涌污染等。同时，在亚运会和亚残运会举办期间适逢广州与珠三角地区一年中气象、水文条件不能有效进行污染稀释的时间，如此一来，亚运会和亚残运会环境质量要想得到有效确保，给相关部门加大了难度。为此，《珠三角清洁空气行动计划》由广东省于 2010 年年初制定并实施，旨在确保广州亚运会期间能够实现优良的环境空气质量，同时将此作为一个关键时机，摆脱珠三角地区不良的空气污染局面，使亚运会期间的空气污染治理成果能够切实让城市居民受益。《珠三角清洁空气行动计划》对近几年治理大气污染以及基本控制了煤烟型污染给予了充分肯定，并且指出珠三角地区要想进一步改善环境空气质量，需要解决细颗粒物、光化学烟雾以及灰霾等问题，此为一项长期而艰巨的治污任务，同时拟通过 8 大工程（大气治理科技支撑保障项目、大气环境监测预警项目以及火电厂污染治理工程等），争取最大限度地保证空气质量。广州市同年组建亚运会空气质量保障工作协调小组，实施《广东省亚运会期间空气质量保障措施方案》，根据其要求，在亚运会期间，针对没有达到治理目的或经治理后尚未达标的项目或企业严格实施"五个一律"：①一律责令停产治理。②在亚运会期间，倘若出现超标排污或偷排的企业，要一律停产整治。③在珠三角区域内，针对加油站、储油库和油罐车等没有达到油气回收治理目标或者没有申请环保验收与环保验收不合格，一律暂停营业和使用。④外市籍车辆在亚运会期间没有持绿色环保标志，一律禁止进入广州、佛山和东莞 3 市。⑤涉亚 11 市包含所有近海海域，一律禁止散装液态污染危害性货物过驳、船舶的原油洗舱、驱气作业。除上述"五个一律"外，假如在亚运会期间遭遇极端不利的气象条件以及空气污染程度严重的情况，将依据规定程序启动应急预案，基于对重点污染企业进行停产、限产，再暂停一批化工、机电、建材以及家具等会在生产工序中产生污染物（挥发性有机物、颗粒物等）的企业。在清远、惠州和广州三地的陶瓷、石灰以及水泥等生产企业最大程度上停产或减产，对机动车行驶加大限制力度，严格公务用车。由于前期准备工作的完善以及《珠三角清洁空气行动计划》得力，使得广州市空气质量在 2010 年的优良率高达 97.81%，亚运空气质量保障设定全年达到 96% 的目标已经完成，其中可吸入颗粒物浓度下降 30.3%，NO_2 浓度下降 27.4%，SO_2 浓度下降 57.1%。

通过国内在广州亚运会、上海世博会以及北京奥运会期间，有效确保了空气质量的实践能够看出，区域联防联控机制可以在诸多层面（法律、科技以及经济等）给予整合，其作为治理大气污染的一种机制，能够对大气污染无刚性界限的特性予以有效适应。然而，对于上述所谈及的亚运会、世博会以及奥运会而言，在该期间所构建的区域大气污染联防联控机制在某种程度上具有模范价值，但是也可以看出其具有一定的区域性和时间性，同时极易造成对此临时性的大气污染治理措施给予过度的依靠，进而对构建区域大气污染联防联控长效机制予以忽视，使得防治区域大气污染的高效长期运转造成一定程度上的阻碍，而且容易导致在大型会展过后，临时性控制方案的解除引发大气污染物回升的局面。因此，借鉴北京奥运会、上海世博会和广州亚运会空气质量保障的实践经验，探索常态化区域大气污染联防联控机制的建设经验，是目前区域性、复合型大气污染形势大气污染防治法的唯一出路。正如环境保护部环境规划院副总工程师杨金田在 2010 年亚运会前指出："从奥运会到世博会，再到即将召开的亚运会，污染区域联防机制已成为保障大型活动环境安全的一项重要举措，未来要研究常态化管理的机制。"

二、京津冀大气污染联防联控机制的建立及其发展

从 2013 年 9 月至今，京津冀大气污染联防联控机制的建立虽然只有短短几年时间，国家层面以及饱受雾霾之苦的北京、天津、河北三地，均密集出台了相关政策，设立了相应机构，围绕区域联防联控工作的深入推动开展了大量的工作。

（一）健全京津冀区域大气污染联防联控机制的相关法规、政策

1. 国家层面

（1）制定《京津冀及周边地区落实大气污染防治行动计划实施细则》

为加快京津冀及周边地区大气污染综合治理，依据《大气污染防治行动计划》，2013 年 9 月 17 日，《京津冀及周边地区落实大气污染防治行动计划实施细则》（环发〔2013〕104 号）由 6 部门（环境保护部、国家能源局、住房城乡建设部、财政部、工业和信息化部以及发展改革委员会）联合印发《实施细则》指出，建立京津冀及周边地区大气污染防治协作机制，其主要目标为通过 5 年的努力，显著改善京津冀及周边地区的空气质量，较大幅度地减少重污染天气，且力争再经 5 年或以上时间，将重污染天气逐步消除，全面改善空气质量。相较于 2012 年，京

津冀地区细颗粒物浓度于 2017 年又下降约 25%，内蒙古自治区、山西省和山东省分别下降 10% 与 20%。同时，5 大重点任务被提出来，即：①采取综合治理，加强污染物协同减排。②城市交通统筹管理，严控机动车尾气排放污染。③煤炭消费总量加大控制力度，促进能源利用清洁化。④区域经济布局以及产业结构进行优化、调整。⑤增强基础能力，完善监测预警与应急机制。由国家 6 部门联合印发的《京津冀及周边地区落实大气污染防治行动计划实施细则》，从某种程度上意味着京津冀大气污染联防联控迈出了政策"落地"的关键一步。

（2）制定《京津冀及周边地区重污染天气监测预警方案》

为进一步落实《大气污染防治行动计划》和《京津冀及周边地区落实大气污染防治行动计划实施细则》的有关要求，为有关部门结合实际情况判断空气污染形势，及时启动京津冀及周边地区联防联控及有关应急措施，最大程度减轻重污染天气影响提供技术支撑和决策参考，并为公众出行提供健康指引，2013 年 9 月 27 日，环保部和国家气象局联合发布了《京津冀及周边地区重污染天气监测预警方案》。从 2013 年 11 月步入供暖期后，在京津冀三地以及山东省、内蒙古自治区以及山西省等省份实施重污染天气监测和预警的试点工作；根据《京津冀及周边地区重污染天气监测预警方案》的相关要求，多部门联合实施重污染天气信息发布以及监测预警工作，这些部门包括了省市及其以上环保主管部门、气象主管部门；环保主管部门对京津冀三地和周边区域的空气污染的动态趋势进行分析，并对其污染物进行监测和预警；气象主管部门主要预报京津冀三地和周边区域的空气污染气象条件等级，以及对雾霾天气进行监测与预警；共分成一级预警（级别最高）、二级预警和三级预警三个等级。2013 年 11 月 18 日，环保部发布《关于加强重污染天气应急管理工作的指导意见》，明确将重污染天气应急响应纳入地方人民政府突发事件应急管理体系，实行政府主要负责人负责制，并从"因地制宜，强化应急准备；快速反应，做好预警和响应工作；依法进行信息公开，加强舆论引导工作；严格考核，加大责任追究力度"四个方面进行明确规定。2014 年 2 月 21 日，中国气象局和环境保护部首次联合发布京津冀重污染天气预报。

（3）制定《能源行业加强大气污染防治工作方案》

能源的生产和使用是大气污染物的主要来源，并且治理大气污染也是倒逼能源结构调整、转型发展的关键时机，《能源行业加强大气污染防治工作方案》由国家三部委（环境保护部、国家能源局和国家发展改革委员会）于 2014 年 3 月 24 日联合发布，旨在进一步贯彻落实国务院印发的《大气污染防治行动计划》。《能源行业加强大气污染防治工作方案》全面部署了大气污染防治工作，要求严格根据原则（远近结合、标本兼治、综合施策以及限期完成）采用诸多对策（创新能源发展模式、推进重点污染源治理工作、切实确保）大幅度降低大气环境受到能源生产与使用的不良影响，有力确保改善全国空气质量的目标顺利实现。《能源行业加强大气污染防治工作方案》提出建立健全工作协调机制，该机制的参与主体包括重点能源企业、地方政府及国家相关部门，提出深入地规划政策扶持，加大资金和能源科技投入力度，推进重点领域改革，对总量控制责任予以明确，建立健全能源价格机制以及加强监督管理措施，全面贯彻落实大气污染防治在能源领域内的各项工作。同时，相关部门还将出台一系列配套政策，包括《京津冀散煤清洁化治理行动计划》《煤电节能减排升级改造运行行动计划》《清洁高效循环利用地热指导意见》《生物质能供热实施方案》《加快电网建设落实大气污染防治行动计划实施方案》《大气污染防治成品油质量升级行动计划》《煤炭消费减量替代管理办法》《关于严格控制重点区域燃煤发电项目规划建设有关要求的通知》以及《关于天然气合理使用的指导意见》等等，保证《能源行业加强大气污染防治工作方案》获取实际的功效。

（4）修订《中华人民共和国环境保护法》

2014年4月25日，环保部发布了新修订的《中华人民共和国环境保护法》。新环保法第20条规定，"国家建立跨行政区域的重点区域、流域环境污染和生态破坏联合防治协调机制，实行统一规划、统一标准、统一监测、统一防治的措施"。新《环保法》首次明确纳入区域联防联控的内容，既为京津冀大气污染联防联控机制的进一步突破、创新指明了方向，也为京津冀环保部门开展联动执法提供了强有力的法律支持。

（5）制定《大气污染防治行动计划实施情况考核办法》

为确保《大气污染防治行动计划》目标和各项措施落到实处，2014年5月27日，国务院正式发布《大气污染防治行动计划实施情况考核办法》，确立了以空气质量改善为核心指标的评估考核思路，将产业结构调整优化、清洁生产、煤炭管理与油品供应等大气污染防治重点任务完成情况纳入考核内容。考核结果经国务院审定后向社会公开，并交由干部主管部门作为对各地区领导班子和领导干部综合考核评价的重要依据。中央财政将考核结果作为安排大气污染防治专项资金的重要依据，对考核结果优秀的将加大支持力度，不合格的将予以适当扣减。

《考核办法》在我国首次提出将空气质量改善目标完成情况作为考核指标，对加快地方根据《考核办法》的要求，实施多污染物协同控制、多污染源综合管理和区域联防联控，建立以空气质量改善为核心的大气环境管理模式，具有非常明显的导向作用。

（6）制定《京津冀及周边地区大气污染联防联控 2014 年重点工作》

《京津冀及周边地区大气污染联防联控 2014 年重点工作》于 2014 年 5 月 15 日在京津冀及周边地区大气污染防治协作机制会议上审议通过，并于 2014 年 5 月 30 日正式发布。文件指出，京津冀及周边各省（区、市）在落实各自年度清洁空气行动计划的基础上，以"充分考虑地区差异、逐步完善顶层设计、破解共性关键问题、统一强化区域联动"为指引，共同研究确定了大气污染联防联控 2014 年重点工作。具体任务为：成立区域大气污染防治专家委员会，科学指导区域大气污染治理工作；统一行动，共同治理区域重点污染源；加强联动，同步应对解决区域共性问题；研究制定公共政策，促进区域空气质量改善；共同做好 2014 年亚太经合组织会议空气质量保障。

此外，京津冀协作小组第二次会议还通过了《建立保障天然气稳定供应长效机制若干意见》《大气污染防治成品油质量升级行动计划》等文件。会议审议并原则通过了《京津冀公交等公共服务领域新能源汽车推广工作方案》。

2. 地方层面

2013 年以来，连续的雾霾天比以往任何时候都更加突出地将京津冀三地作为一体呈现在国人、世界面前。同呼吸、共奋斗的深刻寓意比以往任何时刻都给人以独特的感受。2013 年京津冀《政府工作报告》，关于大气污染防治方面的内容都具有较为严厉的措辞，从中能够看出京津冀雾霾治理的决心之大。《北京市大气污染防治条例》表决通过，立法中第一次纳入 PM2.5 的降低，依据该条例，对于严重污染空气的人员倘若构成犯罪，则不可以罚代刑，假如其污染行为达到我国刑法规定的犯罪界限，则需要根据刑法对严重污染空气者予以处罚。在《政府工作报告》中，天津市使用频率较高的词语是"前所未有"，即"美丽天津一号工程"的全面实施，以前所未有的高度、前所未有的力度以及前所未有的铁腕对生态环境进行重视、对生态保护工程予以推进、对环境违法行为进行治理。在《政府工作报告》中，河北省用独立成章的篇幅——只争朝夕推进环境治理和生态建设，同产业结构调整和全面深化改革等并列，其中强力治理大气污染作为第一节，强调"事关河北形象"，要"背水一战"。

2013 年 9 月，《大气污染防治行动计划》《京津冀及周边地区落实大气污染防治行动计划实施细则》的相继发布，从国家层面为京津冀三的真正"一体化"防治大气污染拉开了序幕。京津冀三地分别出台系列法规措施，在加强自身大气污染治理工作的基础上，为推动区域大气污染联防联控工作迈出了实质性合作的步伐。

（1）北京方面

2013 年 9 月 12 日，即"国十条"发布的第 2 日，北京市率先发布了全国第一个《北京市 2013—2017 年清洁空气行动计划》，提出了明确的指导思想、行动目标和"863 计划"，并分解为 84 项具体任务。根据《北京市 2013—2017 年清洁空气行动计划》，北京市力争"经过 5 年努力，全市空气质量明显改善，重污染天数较大幅度减少。到 2017 年，全市空气中的细颗粒物年均浓度比 2012 年下降 25% 以上，控制在 60μg/m³ 左右。"为实现这一目标，北京市制定了"863 计划"，即八大污染减排工程、六大实施保障措施、三大全民行动。其中，八大污染减排工程为：源头控制减排工程、能源结构调整减排工程、机动车结构调整减排工程、产业结构优化减排工程、末端污染治理减排工程、城市精细化管理减排工程、生态环境建设减排工程、空气重污染应急减排工程。六大实施保障措施：完善法规体系、创新经济政策、强化科技支撑、加强组织领导、分解落实责任、严格考核问责。三大全民参与行动分别是企业自律的治污行动、公众自觉的减污行动和社会监督的防污行动。2013 年 10 月 21 日，北京市发布《北京市空气重污染应急预案》，从空气质量监测与预报、空气重污染预警分级、空气重污染应急措施、组织保障等多个方面做出明确规定。

为保证《北京市 2013—2017 年清洁空气行动计划》的深入落实，2014 年 3 月 1 日，北京市正式发布并实施《北京市大气污染防治条例》。《条例》共 8 章 130 条，分总则、共同防治、重点污染物排放总量控制、固定污染源污染防治、机动车和非道路移动机械排放污染防治、扬尘污染防治、法律责任、附则。从 3 月 1 日零时起，北京在全市范围内开展"零点行动"，并将今后每月的第一周设为执法周，以燃煤锅炉执法检查为主，重点查处超标排放、治理设施不正常运行、偷排等违法行为。《北京市大气污染防治条例》的正式发布并实施，为北京市大气污染防治行动提供了强有力的法律武器。

此外，北京市不断加强政策引导，用市场经济的手段推动大气污染治理工作的深入开展。例如，完善资源环境价格体系；逐步实现供暖同热同价、瓶装液化气同城同价；制定出台了适应新形势要求的排污费征收政策；研究降低车辆使用强度的综合管理公共政策；推进排污权交易、绿色信贷等制度的实施等。

（2）天津方面

2013 年 9 月 28 日天津市发布《天津市清新空气行动方案》。《天津市清新空气行动方案》提出，通过实施清新空气行动，到 2017 年，空气质量明显好转，全市重污染天气较大幅度减少，优良天数逐年增多，全市 PM2.5 年均浓度比 2012 年下降 25%。各区县同步落实空气质量改善目标，PM2.5 年均浓度比 2012 年下降

25%。为实现目标，《天津市清新空气行动方案》制定了十大任务66项措施。十大任务是：加大综合治理，减少污染排放；优化产业结构，促进转型升级；加快企业改造，推动绿色发展；调整能源结构，增加清洁能源；严格环保准入，优化产业布局；发挥市场作用，完善环境政策；健全法规体系，严格依法监管；建立预警体系，实施应急响应；明确治理职责，倡导全民参与；加强组织领导，实施责任考核。

2013年10月26日，天津市发布《天津市重污染天气应急预案》（下称《预案》）。《预案》从组织机构构成与职责、预警、应急响应、总结评估、应急保障、监督管理等方面做出规定。按照《天津市清新空气行动计划》，天津市将推动修订《天津市环境保护条例》《天津市大气污染防治条例》，到2015年，制定《天津市总挥发性有机物排放控制标准》《天津市在用机动车简易工况法排气污染物排放标准》，修订《天津市锅炉大气污染物排放标准》(DB12/151—2003) 等相关大气污染物排放控制标准。此外，天津市还充分发挥市场机制调节作用，不断完善系列经济政策，如完善资源环境税收价格体系，认真执行国家出台的脱硝电价、除尘电价、成品油价格及补贴、排污费征收等相关政策。同时，依据计划措施进展，分阶段制定资金保障方案，对黄标车淘汰、民生领域的煤改气、轻型载货车替代低速货车、重点行业清洁生产示范工程等给予引导性资金支持，将环境空气质量监测站点建设及其运行和监管经费纳入各级预算予以保障。

（3）河北方面

《河北省大气污染防治行动计划实施方案》（下称《方案》）由河北省政府于2013年9月16日发布。该方案指出，通过5年的时间，保证省内环境空气质量在整体上得到明显改善，大幅度地减少重污染天气，同时再通过5年的努力或更长的时间，将重污染天气基本消除，全面改善省内环境空气质量，确保居民能够呼吸上洁净空气。其中，相比2012年，河北省PM2.5浓度至2017年降低超过25%，北京周边及大气污染相对严重的地区（如廊坊、唐山、石家庄和保定以及辛集与定州），张家口和承德，衡水、沧州和秦皇岛，邯郸和邢台的PM2.5浓度分别下降33%、20%、25%和30%。为实现这一目标，《方案》明确了8大任务：加大工业企业治理力度，减少污染物排放；深化面源污染治理，严格控制扬尘污染；强化移动源污染防治，减少机动车污染排放；加快淘汰落后产能，推动产业转型升级；加快调整能源结构，强化清洁能源供应；严格节能环保准入，优化产业空间布局；加快企业技术改造，提高科技创新能力；建立监测预警应急体系，妥善应对重污染天气。此外，《方案》规定，将完善系列法规政策和有利于改善大气环境的经济政策等，如尽快修订《河北省环境保护条例》和《河北省大气污染防治条例》，注重建立健全下述制度：法律责任、应急预警、排污许可以及总量控制等，完善环保和公安联动执法机制，对违法行为的处罚进一步加大力度，同时出台了《河北省环境监测办法》《河北省排污许可证管理办法》《河北省环境监管实行网格化管理办法》《河北省环境治理监督检查和责任追究办法》以及《河北省机动车排气污染防治办法》等，全面落实"合同能源管理"的财税优惠政策以及建立企业"领跑者"制度等。

2013 年 12 月 16 日，《河北省重污染天气应急预案》发布，从组织领导机构、监测、预警等方面，进一步建立健全了重污染天气应急响应机制。

（二）京津冀大气污染联防联控相关机构建设及其工作进展

2013 年 9 月 17 日，以环境保护部、国家发展改革委员会等 6 部门联合印发《京津冀及周边地区落实大气污染防治行动计划实施细则》为标志，京津冀大气污染区域联防联控工作正式拉开序幕。《实施细则》发布后，从中央到地方，相关机构逐步建立、完善并陆续开展工作，为京津冀区域大气污染联防联控工作的深入开展提供了组织保障。

1. 国家层面

成立全国大气污染防治部际协调小组。为进一步统筹协调和动员社会各方面力量治理大气污染，2013 年 9 月，环保部牵头组建了全国大气污染防治部际协调小组。协调小组从指导督促落实《大气污染防治行动计划》、及时通报工作进展、强化友好交流与合作、建立大气污染防治长效机制等方面积极开展工作，切实发挥措施联动、信息共享和统筹协调的作用。2013 年 12 月 6 日，全国大气污染防治部际协调会议在北京召开，环境保护部部长周生贤主持会议，国务院副秘书长丁向阳出席会议并讲话。会上，国家发展改革委员会、工业和信息化部、财政部、环境保护部、住房城乡建设部、交通运输部、气象局、国家能源局等部门负责同志和北京市副市长张工分别介绍了《大气污染防治行动计划》的贯彻落实情况、配套政策措施进展及 2013 年冬大气污染防治工作安排部署。

成立京津冀及周边地区大气污染防治协作小组。为组织落实党中央、国务院关于京津冀及周边地区大气污染防治的方针、政策和重要部署，研究推进京津冀及周边地区大气污染联防联控工作，协调解决区域内突出重大环境问题，根据国家《大气污染防治行动计划》《京津冀及周边地区落实大气污染防治行动计划实施细则》，经国务院同意，2013 年 9 月 18 日，京津冀及周边地区大气污染防治协作小组（以下简称协作小组）成立。协作小组由北京市、天津市、河北省、山西省、内蒙古自治区、山东省以及环境保护部、国家发展改革委员会、工业和信息化部、财政部、住房城乡建设部、中国气象局、国家能源局组成。工作原则是"责任共担、信息共享、协商统筹、联防联控",在做好各自行政区域内大气污染防治工作的基础上,开展联动协作,形成治污合力。协作小组下设办公室,作为协作小组的常设办事机构,负责协作小组的决策落实、联络沟通、保障服务等日常工作。协作小组办公室在各省区市和有关部委内设立联络员,负责联系各成员单位大气污染防治工作。协作小组自成立以来,陆续开展了以下方面的工作。

（1）逐步完善区域大气污染防治"联动"工作机制

研究完善区域监察应急联动机制。协作小组办公室组织环境保护部和6省（市、区）召开区域环境监察与应急工作研讨会,就做好区域大气污染联动执法检查和空气重污染预警应急响应工作进行了研究与沟通。协调北京市与廊坊市就重污染应急联动开展协商,达成共识,目前双方空气质量监测预报人员已对接,发生空气重污染时及时通报预警信息。同时,京津冀三地建立了《京津冀三省市党委宣传部新闻宣传合作机制》。2014年3月31日,6省（市、区）环保厅局召开了区域环保社会宣教工作座谈会,对区域环保宣教协作工作机制进行了讨论。决定尽快开展6省（市、区）治理雾霾调查纪实大型公益新闻行动和"美丽北京·绿色行动——探源PM2.5"大型宣传报道节目,形成宣传合力。

（2）加强工作的部署与调度

及时召开协作小组办公室工作会议。2014年1月,召开协作小组办公室第一次会议,总结协作小组和各成员单位上年度工作,传达并迅速部署国务院领导同志关于加强大气污染防治重点工作的有关指示,及时召开了6省区市环保厅局长座谈会。为落实习近平2014年2月26日关于加快京津冀协同发展的重要指示精神,协作小组办公室于2014年3月3日及时召开了6省（市、区）环保厅局长座谈会,认真学习习近平的讲话精神,统一了京津冀区域大气污染联防联控的重点是"联动"的工作思路,研究了2014年联防联控重点工作。

顺利召开京津冀及周边地区大气污染防治协作机制会议暨协作小组第二次会议。2014年5月15日,召开京津冀及周边地区大气污染防治协作机制会议暨协作小组第二次会议。中央政治局常委、国务院副总理张高丽出席会议并讲话。会议审议并原则通过了《京津冀及周边地区大气污染联防联控2014年重点工作》和《京津冀公交等公共服务领域新能源汽车推广工作方案》,总结了区域大气污染联防联控2013年工作进展,部署了2014年工作任务,区域协作治理大气污染的格局基本形成。

（3）协调中央有关部门给予支持

协调中央部委加快制定出台有关政策。先后印发《大气污染防治行动计划实施情况考核办法》（试行）《建立保障天然气稳定供应长效机制若干意见》《大气污染防治成品油质量升级行动计划》和《能源行业加强大气污染防治工作方案》等文件，从治理措施的评估考核、区域清洁能源供应等方面给予保证。环境保护部、国家发展改革委员会、国家能源局分别针对影响区域空气质量的主要污染对象，制定了《京津冀及周边地区机动车污染防治工作方案》和《电力钢铁水泥平板玻璃大气污染治理整治方案》《秸秆综合利用和禁烧工作方案》《散煤清洁化治理工作方案》4个文件，积极推进区域污染减排。国家能源局与京、津、冀及中石油、中石化、神华集团分别签订"煤改气"保供协议和散煤清洁化治理协议，并与国家电网、南方电网签订了外输电通道建设项目任务书。汇总整理了6省（市、区）关于2014年申请中央财政予以支持的资金和财税政策，请财政部对6省（市、区）清洁能源改造、工业污染治理、老旧机动车淘汰、扬尘综合整合等项目提供中央财政资金支持，并提出加大财政补助力度、技改贴息、提高排污费征收标准、支持地方开征燃油费等13条经济激励政策建议。

2. 地方层面

（1）北京方面

成立大气污染综合治理协调处。为切实推动京津冀及周边地区大气污染防治工作的深入开展，北京市环境保护局专门成立了大气污染综合治理协调处，承担协作小组办公室部署的京津冀及周边地区大气污染防治协作、联防联控的具体联络协调工作。

建立京津冀及周边地区节能低碳环保产业联盟。为推动京津冀节能低碳环保产业的深入合作，北京市发展改革委员会成立了京津冀及周边地区节能低碳环保产业联盟。该联盟将承担如下工作：一是逐步制定形成区域互动发展的政策体系；二是支持北京的科技资源对外辐射，支持企业合理进行产业链布局；三是建设区域统一市场，破除区域行政壁垒，发挥市场机制在区域合作中的作用，使之逐渐成为京津冀节能低碳环保产业合作共赢的平台。

（2）河北方面

成立了省会大气污染防治联席会议制度。为加强石家庄市大气污染防治工作，河北省政府建立了省会大气污染防治联席会议制度，其宗旨：一是建立石家庄与省直部门的沟通渠道，协调解决省直部门、中央驻冀单位、省属企业、驻石部队在省会大气污染防治方面存在的问题，指导石家庄市做好大气污染防治工作；二是监督、评估石家庄大气污染防治攻坚行动方案实施情况。

成立环境安全保卫执法机构。为加强环境执法力度，河北省政府将环保力量与公安力量相结合，河北省环保厅环境安全保卫总队于 2013 年 9 月 18 日成立，其主要职责如下所述：①对省内环境犯罪状态予以掌握，对环境犯罪信息与规律进行分析和探究，拟定打击和预防环境犯罪的措施；②对省内环境安全保卫工作规范的拟定进行研究，同时对落实监督检查予以负责；③在侦办同环境犯罪相关联的刑事案件时，做到有效组织、协调和指导，对具有强烈社会反响以及下级公安机关不易查办的环境犯罪案件能够直接地查处与侦办；④建立健全同环保部门行政、刑事执法有机结合与协调联动机制，能够参与到环境保护集中专项整治行动中；⑤对由省委、省政府和公安部交办的影响环境安全的重大案件进行侦办。此外，全省 11 个设区市、两个省直管县全部组建了专职环境安全保卫队伍，32 个县（市、区）公安机关成立了专职队伍，全省环境安全保卫工作警力达 300 余人。

成立河北省环境保护厅（简称环保厅）钢铁水泥电力玻璃行业大气污染治理攻坚行动领导小组。为统筹协调推进全省钢铁水泥电力玻璃行业大气污染治理攻坚行动，2014 年 3 月 14 日，经河北省环保厅党组研究决定，成立了以厅长陈国鹰为组长的河北省环保厅钢铁水泥电力玻璃行业大气污染治理攻坚行动领导小组。领导小组负责组织完成污染治理的项目，并按规定实施政策奖补，定期督促调度各地工作进展，综合指导协调工作中存在的问题，及时出台相应技术政策文件。

三、京津冀区域大气污染联防联控工作的进展

大气污染具有明显的区域传输性特征，区域内各省区市都无法"独善其身"，只有加强联防联控才能实现各地空气质量的彻底改善。但正如北京市环保局新闻发言人、副局长方力指出的，各地做好本地的大气污染防治工作是联防联控的基础，就是"最大的"联防联控。自去年"国十条"发布和京津冀大气污染联防联控工作启动以来，京津冀三地围绕落实大气污染行动计划及区域联防联控工作，都采取了切实措施。

1. 北京市

（1）抓好八大减排过程

《大气污染防治行动计划》（简称"国十条"）由国务院于 2013 年 9 月 10 日印发，表示应该使用严格对策达到任务圆满完成的目的，保证能够及早获得实效。《北京市 2013—2017 年清洁空气行动计划》、84 项重点任务分解也由北京市政府同步制定出台，易言之，即 8 大减排工程、6 项实施保障措施以及 3 大全民参与行

动，够概括为"863"行动计划。其中，"8大减排工程"的实施情况直接关系着清洁空气行动计划的成效。为此，北京市重点从如下方面分头落实8大减排工程：研究编制城市环境总体规划，从生态保护、产业结构、能源结构等方面完善环保布局和环境政策。制定并实施严于国家标准的禁止新建和扩建高污染项目名录。利用环评手段，确保新增大气污染物排放项目要"减二增一"。全市范围内禁止新建燃煤设施，划定"高污染燃料禁燃区"，全面抓好源头控制过程。在能源结构方面，构建以电力、天然气等清洁能源替代燃煤的能源结构体系，大幅削减燃煤总量。到2013年，北京市已完成城市核心区20多万户平房煤改电工程，完成城6区燃煤锅炉清洁能源改造1.7万台、4万多兆瓦；在机动车结构调整方面，实施先公交、控总量、控油量、严标准、促淘汰的战略思路，截至2013年底，北京市先后淘汰了黄标车、老旧车100多万辆。在产业结构优化方面，推进产业结构战略性调整，制定发布严于国家要求的高污染行业调整退出指导目录，2013年实现水泥压产150万吨，力争到2017年第三产业比重达到79%。在末端污染治理减排方面，2013年已修订发布《低硫散煤及制品》标准，针对氮氧化物排放高的问题，进一步开展对燃煤锅炉的低氮燃烧治理，对燃气电厂、远郊集中供热中心、水泥窑分别实施烟气脱硝治理。开展工业烟粉尘治理，剩余的水泥厂和搅拌站的物料储运系统、料库完成密闭化改造。针对挥发性有机物污染，2013年在汽车制造、家具、建材等行业治理削减挥发性有机物8 300 t。在城市精细化管理方面，针对施工扬尘、道路遗撒等顽疾实行全过程监管，实施施工扬尘治理专项资金制度，施工单位要有专门的扬尘防治费用。对5 000m²以上的建筑施工工地全部规范安装视频监控设备，并与城管执法部门联网，将扬尘污染问题纳入企业信用管理及市场准入管理。对露天烧烤、经营性燃煤、餐饮油烟、机动车排放等污染，严格执法监管，坚决取缔一批露天烧烤、焚烧垃圾和秸秆等违法行为。在生态环境建设方面，2013年完成平原造林2.45万公顷，并逐步实施生态修复，废弃矿山、荒地实施生态修复和绿化工作；在空气重污染应急方面，将空气重污染应急机制纳入全市应急管理体系，成立空气重污染应急专项指挥部。2013年已完成应急方案的修订，加大了应急措施的力度，提出在相应预警级别下采取机动车单双号限行、重点排污企业停产减产、露天施工停工、中小学停课等强制措施。此外，北京市会同周边省区市，建立应急响应联动机制，加强区域应急联动工作。

（2）完善相关法规体系

修改、发布了《北京市大气污染防治条例》（以下简称《条例》），并于2014年3月1日正式实施。同时，重点开展了如下工作：一是深入社会、企业广泛宣传，分别开展企业、执法人员、管理人员培训；二是将《条例》职责逐条分解到各委办局落实，将涉及的配套制度分解，并提出出台时间；三是从3月1日零点开始，组织全市执法队伍开展"零点行动"，查处违法超标排污企业，并将2014年每月的第一周定为《条例》执法周活动，对违法企业保持高压态势。

（3）发布PM2.5来源解析成果

PM2.5来源解析是大气污染防治的基础性工作。2014年4月16日，北京市环保局发布了最新研究成果，表明：区域传输、本地污染排放在北京市全年细颗粒物来源中的贡献分别占到28%～36%、64%～72%。其中，扬尘在本地污染贡献中占14.3%，燃煤在本地污染贡献中占22.4%，机动车尾气在本地污染贡献中占31.1%，工业生产在本地污染贡献中占18.1%，而其他排放（建筑涂装、畜禽养殖、汽车修理以及餐饮等）占细颗粒物的14.1%左右。研究结果的发布，进一步明确了今后大气污染的治理方向，强化了区域联防联控的重要性。

（4）进一步加强了组织领导

成立了市大气治理工作领导小组，区县也相应成立了属地大气污染综合治理领导小组，加强对市、区两级大气污染治理工作的指导，使大气治理形成政府各部门齐抓共管的良好格局。将清洁空气行动计划的84项重点任务分解，并建立了督查考核问责机制，与各区县政府、市有关部门和企业签订目标责任书。

开展全民参与行动。督促推动全市83家重点污染源企业公开监测信息，开展了百家企业向PM2.5宣战倡议行动；开展了"绿色驾驶""清洁空气为美丽北京加油——建言献策"等活动，倡导公众"同呼吸、共责任、齐努力"，积极践行绿色生产、生活方式。

2.天津市

2013年9月18日，天津市召开环境综合整治专项行动电视电话会议，提出实施"美丽天津一号工程"，通过"四清一化"行动，即清新大气、清水河道、清洁村庄、清洁社区和绿化美化，让市民享受到更多的蓝天碧水。为深入推进"美丽天津一号工程"，强化区域大气污染联防联控工作，天津市主要推出如下举措。

（1）加大行政管理力度

成立天津市领导小组，由4套领导班子（党委、人大、政府和政协）组成，各区县、委办局全部签订责任承诺书。按照大气、水环境治理等任务状况，每月举行内部排名，组织监察部门对连续3个月位于后3名的签署人进行约谈。

（2）实施大气污染防治网格化管理

为了能够有效防控不同类型的大气污染排放源，特别是对于空气清新行动的监督和管理情况进行贯彻落实的"五控"任务（控制新建项目、控制污染、控制扬尘、控车以及控煤），天津市于 2014 年 3 月就对防治大气污染进行了网格化管理，根据属地管理的原则，将 4 层面村、乡镇、街道以及区县作为单元，对防治大气污染的网格管理形式进行分层级划定，对监管的地区进行明确。当前，天津市分级划定的网格有 4 级，且 4 级网格具有明确的分工，1 级、2 级、3 级和 4 级网格分别有 33 个、200 个、2 041 个以及 5 718 个。其中，一级网格所肩负的重要职责为对其管辖的区域出现的问题进行及时的督察并且整改，对某些突出问题进行探究处理。而对于工作措施的健全，以及协助对重点、难点的问题进行处理是2 级网格所需的研究工作。3 级网格对协助网格管理工作进行负责，并对工作的实施状况进行及时掌握。4 级网格各个层面进行负责，如对大气污染进行跟踪、配合处理，并予以反馈上报，同时给予检查与巡视，人员所处于网格内应对各方面的污染（工业、扬尘、机动车以及燃煤）进行负责，同时监管新建项目等等。通过这种网格化管理，基本实现了管辖区域全覆盖，大气污染防治无死角。

（3）实行机动车限购限行

天津市自 2013 年 12 月 16 日零时起在全市实行小客车增量配额指标管理。同时，自 2014 年 3 月 1 日起按车辆尾号开始实施机动车限行交通管理措施。天津市电力公司将牵头制定全市充换电基础设施建设规划，并与城乡交通体系整体建设规划结合，按照公用和专用两条线，逐步建成全市的新能源汽车充换电网络。

（4）提高排污收费

为加快美丽天津建设，本着"谁污染、谁破坏、谁付费"的原则，天津市决定从 2014 年 7 月 1 日起，将排污费征收标准平均由每千克 0.82 元调整为 7.82 元。其中，二氧化硫每千克为 6.30 元（调整前为 1.26 元）；氮氧化物每千克为 8.50 元（调整前为 0.63 元）；化学需氧量每千克为 7.50 元（调整前为 0.7 元）；氨氮每千克为 9.50 元（调整前为 0.88 元）。排污费收费标准调整后，仍按 1 : 4 : 5 的比例分别缴入中央、市级、区县国库，作为环保专项资金，全部用于环境污染防治。同时，为建立减排激励、排放约束和超排放惩罚机制，调动企业治污减排积极性，根据污染物排放浓度的不同实行差别化排污收费政策。

（5）加强环保监督执法

增加人员编制，加强环保执法力量，并与公安建立联动机制，实现属地化管理。2013 年，共关闭污染企业 669 家，140 多家关停整顿，破获案件 60 多起，处理 96 人。

3. 河北省

（1）强化科技支撑

首先，成立大气污染防治研究工作领导小组。2013 年 10 月 15 日，河北省环境科学研究院成立大气污染防治研究工作领导小组，以进一步加强河北省环境空气质量改善科研技术支撑工作，加快推进河北省大气污染防治研究工作及科研成果的产出和应用，更好地为环境管理服务。其次，签署环境保护工作合作框架协议。2013年9月13日，河北省环保厅与气象局共同签署环境保护工作合作框架协议，以推动环保厅与气象局资源共享、优势互补，全面落实《河北省大气污染防治行动计划实施方案》。第三，启动"智慧环保"建设。同环保部卫星环境应用中心签署了环境遥感监测与综合利用合作协议，北京及周边环境敏感区域64个县（市、区）建成空气自动监测站，强化重污染天气监测预警系统建设，现阶段邯郸、邢台、保定与石家庄系统建设已经大体完成。

（2）实施分区域控制政策

因各地产业结构和污染治理现状的不同，河北省实施分区域治理、控制政策。例如，在降低PM2.5方面，根据不同区域，下达了细颗粒物下降比例：石家庄、唐山、保定、廊坊、定州、辛集下降33%，邢台、邯郸下降30%，秦皇岛、沧州、衡水下降25%以上，承德、张家口下降20%以上。在重污染预警和应对方面，一方面，分区域采取不同的应对措施，如石家庄、保定、邯郸等污染最重的城市为第一区域，唐山、衡水等为第二区域，秦皇岛、张家口、承德等为第三区域；另一方面，制定统一的省级预案，在全省污染严重的极端情况下统一采用。

（3）全面开展压煤、控车、降尘、治企行动

河北省自2013年以来把减少燃煤量（4000万吨）任务部署至各市，整年淘汰改造分散燃煤小锅炉、炉窑和茶炉共计3.5万台，燃煤锅炉能源置换与烟尘治理1800多台。全省各设区市对高污染燃料禁燃区、重污染控制区进行了划分，34个煤质快速检测站已成立，从而推动了洁净煤配送中心的组建，清洁能源替代得以积极推进，同时黄标车和老旧车的淘汰速度加快，黄标车于2013年共淘汰57.8万辆，新能源汽车得到推广应用，并且强化了油气回收治理，于2013年完成加油站、储油库和油罐车的数量分别是1 578座、18座以及343辆，且国四标准汽油逐步进行了供应置换。此外，对玻璃、电力、水泥和钢铁等行业的大气污染进行专项整治，要求玻璃、电力、水泥和钢铁行业在2015年6月末削减烟（粉）尘排放量0.72万吨，削减氮氧化物排放量31.69万吨，削减SO_2排放量17.95万吨。明确要求位于城市主城区的123家重污染企业（包括平板玻璃、水泥、有色、化工、石化以及钢铁等）至2017年的搬迁任务，河北省主城区重污染企业截至2014年4月已启动搬迁总共24家，8 347家重污染小企业被综合整治。《建筑施工扬尘治理15条措施》的出台，确定了在降尘方面省内各城市建筑工地必须达到6个百分百（100%），即渣土车覆盖100%、空地绿化100%、洒水压尘100%、车辆冲洗

100%、路面硬化100%以及沙土物料苫盖100%。现阶段，河北省渣土车卫星定位系统的安装率达到86%，重点建筑工地监控系统的安装率达到97%，县级城市道路机械化清扫率为35.1%，设区市城市道路机械化清扫率为55%。

（4）建立刷卡(IC卡)排污总量控制制度

截至2014年3月底前，河北省已完成西柏坡电力公司、大唐丰润热电、奥森钢铁、邯钢、唐钢、国丰钢铁、华北制药（污水处理）等9家企业13台（套）刷卡排污试点企业端的设备安装并实现了联网。原计划2014年河北省将完成"4个行业"（钢铁、水泥、热电、玻璃）186台钢铁烧结机、81条水泥生产线、152台燃煤机组、94条玻璃生产线主要污染物刷卡（IC卡）排污总量监控设备的安装建设，建成全省统一的IC卡总量监控和信息管理系统的目标已经达成。

第三节　京津冀大气污染联防联控工作深化的困境

按照《京津冀及周边地区大气污染联防联控2018年重点工作》(以下简称《重点工作》) 中的规定，京、津、冀、晋、鲁、内蒙古六省区市将联手继续深化协调联动机制，并在机动车污染、煤炭消费等六大重点领域协同治污。同时，在"推进协调联动机制深化，共同破解区域共性关键问题"方面，研究建立北京、天津支援河北省重点城市治理大气污染的结对合作机制，要求重点在资金、技术方面支持河北，落实重点工程项目，共同加快区域大气污染治理步伐。虽然，完善京津冀区域大气污染联防联控机制、推动联防联控工作的深入开展，需要从一件件具体的工作做起，但真正实现京津冀大气污染区域联防联控必须从宏观层面重视并逐步推动以下问题的解决。换言之，京津冀大气污染区域联防联控工作的深入开展将面临一些困境。

一、区域经济发展不平衡，各地环保支付能力不一

据上海交通大学城市科学研究院和社会科学文献出版社联合发布的《城市群蓝皮书：中国城市群发展指数报告(2013)》指出，我国3大城市群综合指数排名为：珠三角城市群居第一，长三角城市群居次席，京津冀垫底。其中，人口等资源发展不均衡成为京津冀最大软肋。

"京津出门是河北，河北抬腿进京津。"从经济地理的角度看，北京、天津、河北3地同属京畿重地，地缘相接、人缘相亲、地域一体、文化一脉，历史渊源深厚，交往半径相宜。同源同根的地域文化是京津冀区域合作发展的重要基础，

但在长期的历史发展中，由于行政壁垒、固化思维等障碍，京津冀并没有如人所愿成为"中国经济发展的第三极"，而是相互之间经济发展程度出现明显的梯度落差，尤其是河北与北京、天津之间存在"经济断崖"。有学者曾用"吃不下""不够吃"和"没饭吃"来比喻京津冀三地的发展失衡。

长期以来，作为首都，北京凭借其得天独厚的政治、经济、地理条件，强大的科技、智力资源优势，深厚的历史文化底蕴，综合经济实力一直遥遥领先。2013年，北京市人均地区生产总值超过9万元，开始跻身建设"世界城市"行列。但近年来，伴随着人口激增，土地紧张、环境污染、交通拥堵、房价高涨等"城市病"也日益突出。2014年1月，"城市病"首次写进北京的政府工作报告。天津，作为首都北京传统的卫城，因在近代成为东西交流的前沿阵地而在民国时期繁盛一时。但这座天然北京羽翼之下的城市，在新中国成立后，曾因长期遮蔽于北京的光环之下而得不到重视和发展，充满着自豪、失落、无奈与不满。近十年来，在国家政策的支持下，天津凭借其沿海和海港优势，工商业基础发达的优势，经济进入高速发展时代，增速连续多年位于全国领先位置，已经形成了中国唯一"双城双港"的城市形态。与北京、天津相比，虽然紧邻北京、天津这两座中国北方特大城市，并拥有东部沿海和环抱首都的区位优势，但长期以来，河北省受到京津的辐射作用微乎其微。相反，在资本与资源方面，北京和天津呈现出极强的吸附性，一定程度上造成环京津贫困带的困局。亚洲开发银行在2005年8月的调查报告第一次指出，河北省的32个贫困县和3 798个贫困村环绕在北京与天津周边，共有贫困人口272.6万，人年均收入不足625元。京津人均地区生产总值在2013年已高于9万元，然而河北省人均地区生产总值在2013年还没有达到4万元。即使在河北这份"成绩单"中，粗钢产量仍超过全国的1/4，能源消费量居全国第二，单位GDP能耗比全国平均水平高59%，氮氧化物、烟（粉）尘的排放量居全国第一，二氧化硫排放量居全国第二。显而易见，河北省的经济发展在某种程度上仍然是以牺牲资源环境为代价换取的。当北京自称"已经成为现代化国际大都市"之际，在河北省政府2014年的工作报告中，"环首都扶贫攻坚"仍是这个京畿省份的工作任务。"大树底下不长草""灯下黑"成为舆论对河北省发展尴尬的一句形象比喻。

突破行政壁垒，建立一个国家层面的领导和协调机制不难，但要打破经济藩篱，并非一朝一夕之事。正如中国社会科学院城市发展与环境研究所所长潘家华所言，如果我们要求河北跟北京一样的标准，河北省经济所受的影响可能是颠覆性的。因此，从某种意义上，区域大气污染联防联控表面上是一种行政手段，实际上是发展与保护的博弈，是对区域发展不协调的挑战，这也成为京津冀大气污染联防联控最大的难点。

二、相关环保法规政策缺失，区域之间经济发展与环境保护失衡

在京津冀大气污染联防联控协作机制工作会议上，张高丽指出，要把治理大气污染和改善环境生态作为京津冀协同发展的重要突破口，实现区域环境生态与区域协同发展的同步。一言以盖之，实现生态环境保护和经济发展的共赢是京津冀大气污染联防联控、京津冀协同发展的基本原则，也是最高目标。

追溯经济发展的历史可以看出，河北省之所以与北京、天津存在"经济断崖"，除了由于北京市、天津市的"虹吸效应"使河北省经济发展受到"压制"外，缺乏科学处理区域关系的环保法规政策、河北省长期得不到应有的补偿也是一个重要的因素。作为京津重要的水源地和生态屏障区，为了给京津提供充足、清洁的水源，河北省不断加大对资源开发和工农业生产的限制，提高水源标准，如张家口为保障北京市的水资源供给、保证首都的空气质量而投入大量精力进行生态治理，从"九五"期间开始，相继关停了大批化肥厂、水泥厂、造纸厂等经济效益良好的企业。从发展规律而言，污染企业的关停是必须的，只是作为落后地区的张家口，因为地处北京旁边而使得产业结构调整的节奏根本不是自主的，只能配合北京市的调控节奏，从而导致在淘汰旧的产业的同时，新的产业不能到位，由此对地方经济发展带来的挑战可想而知。张家口在为北京市治污方面做出努力的基础上，曾希冀于北京对其做出扶持，然后又希冀对北京市的产业转移进行承接，然而在张家口所希望的没有实现却被北京市吸纳的局面下，其在实质上来讲所扮演的角色主要是作为首都农副产品供应基地。比如，赤城县，其境内富含大量的林牧业、水利和矿产资源，是河北省的资源县，境内沸石矿储量在亚洲排名第一，境内的磁铁矿、赤铁矿储量在省内排第二，然而鉴于赤城县位于北京首都上风上水区，密云水库超过一半的上游来水由其供应。最近几年，赤城县对资源开发进行了严格限制，陆续除去可能导致水源污染的经济合作项目高达70多个，以致每年有近亿元的利税遭到损失，59家企业被压缩或关停，导致下岗人数增大。赤城县的一大支柱产业即为畜牧业，境内绝大多数的家庭收入都要依靠畜牧养殖业，但是为了同京津风沙源治理工程相配合，从2002年12月，环绕首都周边的山区都实施了禁牧政策，根据赤城县畜牧局相关统计，禁牧政策实施后，仅3~4年时间内，境内牛存栏量减少4.6万头，羊存栏量减少高达48万只，其中境内部分乡镇主要以畜牧业为主，这些乡镇居民的收入下降最为显著。"一直以来，赤城县都在保卫首都、服务首都。付出很多，却没沾上什么光。"赤城县发改委一位官员的抱怨，差不多成为很多河北官员、学者的"标准口径"。呼吁北京对张家口、承德等供水区域进行生态补偿的呼声一直不绝。但在2005年之前，这一呼吁一直

未变成现实。"十一五"期间，北京市在对河北省相关地区的生态补偿方面有所进展，但由于缺乏相关法规政策的保障，生态补偿的力度和持续性都难以得到保证。

此外，在区域联防联控行动中，作为主要污染源头的河北省，为了实现整个京津冀地区的空气质量达标，势必将关闭大量两高行业。此举不仅引发诸多人员就业问题，而且直接影响着全省的GDP。同时，北京市在经过一段时间本地治霾努力之后，继续减少PM2.5排放的成本也会比河北高很多等。诸如此类关涉环境治理的经济问题，亟待相应的法规政策妥善处理。因此，如何在京津冀大气污染联防联控的过程中，完善相关法规政策，建立科学、有效的生态补偿机制、利益协调机制等，平衡区域之间经济发展与环境保护的关系，将是对三地政府管理能力的拷问。

三、环保基数差距，抬高了区域大气污染联防联控门槛

京津冀三地联合治污已成共识，而三地的治污重点却各有不同。相关数据表明（北京市统计局、国家统计局北京调查总队）京津冀大气污染物的主要来源是机动车尾气排放、工业排放和燃煤排放。以2012年京津冀状况分析，在北京市本地区污染物来源中，机动车氮氧化物排放量占到45%，相比河北、天津地区的排放而言，有较高的比重。在天津市本地区污染物来源中，工业SO_2及其氮氧化物的比重均高达80%以上，分别高于河北省和北京市地区排放比重。在河北省能源消费总量中，煤炭消费量占比高达88.8%，当中，SO_2排放量占北京、天津和河北3地的比重为80.8%。

针对具体问题进行具体分析，京津冀雾霾形成原因的差异需要在实施治理对策方面各有侧重，突出特色。北京市的重点工作是治理机动车尾气排放，在机动车尾气治理任务方面，北京市基本上采取了国内外有关机动车污染治理的全部措施，并且严格控制燃煤总量，燃煤总量压减比重已超过56%；天津市在工业污染治理方面，采取了推进万企转型的措施，在3年内污染物排放显著降低的企业高达1.2万家，"三高两低"企业（高投入、高消耗、高污染、低水平、低效益的企业）淘汰关停；河北省相较于北京和天津而言，具有最高的燃煤总量，为此最大限度地降低煤炭消费量、加大落后产能淘汰就成为河北治理大气污染的重点。与各地具体治理情况相连的是三地的地方污染物排放标准。针对相同的污染企业来讲，依据北京市相关标准或许一定要对其搬迁甚至关闭，依据天津市相关标准或许必须对其进行严格整治，但对于河北省现阶段而言，倘若相关标准过于严格，企业的竞争力则会在最大程度上削弱。

通过环保部官方网站公布的信息可以看出，与相关法律、法规相一致，且在

环境保护部部长备案的地方标准截至 2013 年 7 月 10 日，共计 126 项，其中北京市、天津市和河北省分别占有 34 项、3 项和 8 项。以标准覆盖面的角度分析，北京市出台的地方环境标准囊括了诸多方面，如危险废物、水、大气等等，大体上建立相较于国家的地方环境标准更为严格的体系。当前，天津市已发布并实施的地方标准有 3 项，《污水综合排放标准》是近些年出台的一项。河北省的起步相对较晚，地方标准更加侧重于重点行业（如钢铁、煤炭等）的大气污染物排放层面。除此以外，即使针对北京、天津与河北三地重点区域，国家已明确其大气污染物特别排放限值标准，然而在河北省内，纳入实施范围的仅有 4 个经济发展相对发达的城市，即廊坊、唐山、保定以及石家庄，而河北省内其他地区，如衡水地区，能够在特定时间内实施不同于区域治理要求的较低标准。整体而言，河北省与天津市两地相较于北京市，其在发展地方环境标准方面具有若干问题，如发展滞后、总量不大等。众所周知的"木桶效应"（Buckets effect）中，效应通常取决于最短的那块板。与此相同，在治理区域大气污染过程中，只有将短板补齐，方可强化整体环境质量，增强实效。众多环保标准的差异不仅在一定程度上反映出区域社会经济发展的不均衡，而且加大了区域大气污染联防联控的难度。

四、固化思维方式，联防联控面临推进的深层障碍

作为京津冀协同发展的突破口和重要抓手，京津冀大气污染联防联控既与京津冀协同发展思路紧密相连，也直接关系到京津冀协同发展的成败。

京津冀一体化已提出多年，但一直步履蹒跚。京津冀一体化真正的进展出现在京津冀城市群被网友戏谑为"京津冀雾霾群"的 2013 年。以防治京津冀大气污染为契机，习近平继提出北京、天津应谱写"双城记"，推动京津冀协同发展后，于 2014 年 2 月召开京津冀协同发展工作座谈会，京津冀一体化正式提到国家战略层面。习近平就推进京津冀协同发展的 7 点要求中，第 5 点则是"要着力扩大环境容量生态空间，加强生态环境保护合作，在已经启动大气污染防治协作机制的基础上，完善防护林建设、水资源保护、水环境治理、清洁能源使用等领域合作机制"。

我们不断发问，京津冀协同发展已提了很多年，到目前也一直未看到突破性进展，北京与天津的距离之近为什么未能形成我们所希冀的协调发展、各具特色以及凸显双方配合能力的关系？为什么围绕京津的河北省到目前贫困带仍然具有较大规模？对京津冀一体化由提出直至出现实质性进展的过程进行回顾，能够看出其中最关键的原因之一即为京津冀协同发展外在的利益博弈。京津冀应将"一亩三分地"的思维定式打破，在一定程度上指出了京津冀三地需要努力的方向，

河北与北京间，针对北京共赢思维而言，其更侧重于援助思维；针对河北省的自主思维来讲，其注重于外援思维。在与周边区域的经济合作方面，北京并没有表现出较强的经济合作共赢意愿，某些合作单单存在援助性质，并且侧重于河北省应为其发展给予生态和安全等方面的保障，而河北省却指出鉴于在生态和安全等方面已经为北京发展做出了一定程度上的付出，并在此过程中丧失了省内发展机遇，其更希冀于北京可以弥补自身具体的利益，因而带有外援的消极性思维，难以充分调动河北省的积极性，并且河北省不但想对首都产业功能进行承接以推动自身经济发展，而且又对于没有较高附加值的劳动密集型产业及其高污染和能耗的重工业不愿意承接。除此以外，在天津与北京间，相比合作思维而言，更加侧重于竞争思维。在京津冀区域内，北京与天津作为双核，两者相距130km，其较大的经济规模均已形成，然而鉴于历史方面的客观原因，北京与天津都想在区域发展方面占据首要地位，从而使得北京与天津之间的交流协作受到一定程度上的阻碍，此种零和博弈(zero-sum game)的竞争思维很明显会对区域共赢发展产生不良的影响。

在某种意义上，京津冀区域大气污染联防联控，表面上联的是"行动"，深层上联的则是"思想观念"。目前，京津冀大气污染区域联防联控已进入实质性推进阶段，环境质量的改善固然是推动京津冀协同发展的抓手，但京津冀协同发展的真正实现则是京津冀区域空气质量整体改善的基础。因此，京津冀三地只有真正突破固有的"一亩三分地"的思维定式，从协同发展的大局出发，树立全局思维、战略思维、辩证思维，才能形成目标同向、措施一体、作用互补、利益相连的体制机制，在三地"共振"中实现环境的共赢、发展的共赢。

第九章　京津冀雾霾一体化治理机制的实现途径

只要存在区域分化，在治理雾霾问题上就会存在博弈问题，每个区域都会从自身利益出发，从地方保护主义角度考虑问题，目的在于地方利益最大化。京津冀地区雾霾治理必须克服"一亩三分地"的狭隘观念，通过顶层制度设计，发展出一套一体化的政策体系，制定出完善的法规体系，形成全民参与的教育机制，才能实现科学绿色发展。

"同雾霾，共命运"已成为当前京津冀地区不可回避的现实。区域联防联控成了应对雾霾的不二选择。鉴于各地大气污染物构成比例的差异在于污染源不同，必须采取三地充分合作的方式，通过联动协调为各地个性化的大气治理方案创造良好的外部环境，才能真正实现一体化的治理。

当前，以联手治霾为契机，已经形成倒逼机制，只有大力推动京津冀区域经济一体化，统筹规划产业布局和功能定位，统筹区域环境容量，统筹科技资源配置，健全利益决策和协调机制，建立资源补偿和生态补偿机制，形成淘汰落后产能、节能减排的有效激励机制，形成雾霾治理的政策、法律和教育长效机制，才能真正促进京津冀实现绿色高效发展。

第一节　京津冀地区生态共治机制建立的必要性及其效果分析

一个地区的可持续发展离不开稳定的环境支撑。京津冀地区雾霾如此严重，因地面干枯、植被生长不彰导致的大面积裸露地表也是一项原因。没有多少植被覆盖的地面，大风吹起，容易产生沙尘、土壤微粒，它们随风起舞，成为 PM2.5的载体。

一、京津冀生态共治机制的历史渊源

历史上，华北平原河流纵横、湖泊星罗、湿地密布、植被茂盛，有悠久的行舟走船历史。清代刊行的《畿辅通志》记载了反映华北地区风俗的诸多民谚，从中可窥华北地区的环境状况。现摘录部分如下（注，作者标点）。

永平府

山环水抱，人多秀而知学。《玉田县志》

保定府

雄泽国也，为三辅要地。俗勤俭，男耕读，女蚕桑。《雄县志》

风土深厚，民性朴质，多忠信义烈之士。《高阳县志》

其俗渔猎，其业耕织。《方舆胜览·新安县》

新安，虽居渥水之间，而山脉水源发自燕冀。其人多刚介慷慨，尚朴略，而少文华。淳厚之风，相沿成俗。《新安县志》

河间府

水深源广，人秀地灵。《献县志》

沃野平畴，风俗淳厚。《宁津县旧志》

正定府

土平水深，俗故质朴。前代称冀幽之士，钝如椎，盖信有此。《郡旧志》

地秀人杰，风淳俗美，号称礼仪之邦。《明程师伊重修行唐文庙记》

龙冈蟠拱于后，滋水带绕于前。《无极县志》

在人口密度较大、社会活动频密的北京，长久以来也以"北国水城"著称。20世纪30年代，著名药理学家陈克生于北京协和医院主持一项针对治疗心绞痛的实验。实验发现，青蛙的脑一味对治疗心绞痛极为有效。消息从协和医院不胫而走，一时北京城内外青蛙被搜购一空，老百姓捉到青蛙后便可送到协和医院取酬。市民唯向郊外西山搜捕，其规模之大可知。

中国医药，随天时、地理、山川而处方用药，植物药品最多，动物药品次之，不同植物、不同动物经过不同实验，就能发现沉潜其中的巨大功效。这项实验，无意间促成京城"蛙"贵。部分市民捷足先登，将城区内（其范围约相当于今天的二环以内，作者注）的青蛙网罗殆尽，连郊外西山的青蛙也未能幸免。青蛙逐水而居，京城"蛙"贵从一个侧面反映北京的多水环境。

20世纪中叶，京津冀三地的名产也颇能反映此处的生态状况。河北白洋淀的藕、北京的京西稻、天津的小站稻，俱为一方水土培育的一方名产。在华北平原地面水系尚未大范围衰竭时，一条河流，发源河北，流经北京，最后于天津注入渤海。或者，人们从天津逆流而上，经过河北，到达河南北部。这样的例子，不胜枚举。

20世纪90年代以来，伴随整个华北平原用水量的攀升，尤其是北京人口的集聚（就人口规模，2013年的北京是1990年北京的3倍体量），华北平原地面河流、湖泊渐次枯萎。华北平原水系相继衰竭，也标志华北平原整体的生态环境不容乐观。各种污染（包括大气污染）容易三五成群，连成一片。

2013年"雾霾一月"，有人提议，在治理PM2.5过程中，可将其与治水、整治河道等水利事业结合起来。问题是，到哪里去找水呢？

（1）继续超抽华北平原地下水。如果抽取地下水没有底线，对我们的生存环境、建筑安全、铁路运输意味着什么？

（2）将渤海之水淡化后引入北京。海水淡化成本不菲，那是天价之水。况且，渤海本身污染重，自净能力差。

（3）南水北调。也蕴含一定风险。就现有情况看，南方的水并非多到"泛滥成灾"，南方也时常有大旱之年。

过去，华北平原多水，地下水富足，大量的湖泊、湿地、河流宛如天然的扬尘吸附器。如今，多年的地下水超采使得华北平原出现了大片的地下漏斗区，地面干枯，树木生长不彰，扬尘空无依傍。一个极度缺水的华北平原不能吸附、稀释扬尘，使得这一地区的大气污染极易连成一片。污染重，时间长，地域广，加剧了这一地区人们的健康风险。

京津冀三地，就生态系统而言，为休戚相关的生命共同体。作为北京的"近邻"，如果不对河北进行有效的生态修复，"如果生态能量只是单向度地从一边到另一边流动，'环境基座'的长治久安无法说起"，北京PM2.5治理很有可能陷入"防不胜防、治不胜治"的怪圈。

1949年后，河北向北京提供了水资源供给、风沙治理、蔬菜供应乃至奥运会期间关停污染工厂等多项环境产品。但缘于北京、河北两地政治地位、话语权的不对等，北京对河北的生态反哺微乎其微。以北京天安门广场为中心，将汽车开往东南西北的任何一方，连续走3h以上就会看到，北京城区绿化精益求精，有的地方采取的是立体花篮造型，这是一种极昂贵、极娇气的绿化作品。过了北京地界，河北的不少地方童山濯濯，一些地方只有一些碗口粗的树在风中摇曳。当北京周边的"环境基座"无法匹配，北京城的光鲜未免形单影只，落寞前行。

京津冀三地，土地面积最大的河北向北京、天津提供了诸多的水资源、蔬菜资源。河北的水，河北不能优先使用，要跨区域保障北京、天津这两座城市。始建于1982年的引滦入津工程输水总距离为234km，年输水量10亿立方米，有效改善了天津水质，使天津市区一度因地下水开采导致的地面下沉趋于稳定。新时期下，如何对河北实施积极有效的生态补偿、生态修复，当为京津冀地区大气污染"区域联防联控"的一大重点。

众人拾柴火焰高。京津冀雾霾治理一体化，必须在京津冀这一广阔的地理空间增大环境容量，减少污染总量，实施积极、有效的生态修复，一点一滴，聚沙成塔，保护京津冀地区 1 亿多人赖以生存的水资源、大气资源、土地资源、森林资源、生物多样性资源和湿地资源。2014 年 2 月，习近平在京津冀协同发展专题会议上指出：要着力扩大环境容量生态空间，加强生态环境保护合作，在已经启动大气污染防治协作机制的基础上，完善防护林建设、水资源保护、水环境治理、清洁能源使用等领域合作机制。

"扩大环境容量生态空间"是京津冀雾霾治理一体化的必由之路。生态环境是人类发展的物质基础，是有生命的基础承载，森林是大气良性循环的过滤器、净化器，具有除尘、净化、增湿、释氧、保水、吸霾等多重功能。森林能有效降低雾霾浓度，减少雾霾发生频率。一个地区的森林覆盖率越高，这个地区的生物多样性越丰富，空气质量也就有了更多保障。京津冀地区空气质量要彻底好转，植树造林，改善生态环境，当为大气治理的重要一环。

空气四处流动，不受行政区域的限制。京津冀雾霾治理一体化，必须联防联控，实施积极有效的生态修复。京津冀地区生态修复，没有谁能唱独角戏，也不可能关起门来搞绿化，唯有集体协作，通盘考虑，才能取得实效（图 9-1）。

图 9-1 联防联控

由于京津冀三地发展不平衡等原因，京津冀三地的生态建设呈现鲜明的地域差异。北京具有悠久的历史以及人才和文物众多，并聚集在此，北京城区内的众多公园，诸如圆明园和颐和园、景山公园和北海公园、故宫太庙和中山公园以及天坛和地坛等，绝大部分是由明清皇家园林衍生而成，这些几百年来安如磐石的园林对净化北京空气发挥出天然调节的功效，由以往的老北京城演化而来当今的北京城。近些年，北京城不断地拓展其规模，使北京城中这些园林占有的面积比重很高程度上降低了，然而嵌入北京城中岿然不动的园林仍然具有调控北京生态环境的作用。

按照计划，北京争取利用 5 年左右的时间，实现新增森林面积 666.67km^2。2012 年平原造林绿化 133.33km^2，是这座城市历史上规模最大、植树最多的平原绿化工程，预计总投资约 100 亿元。现在，计划中的 133.33km^2 已增至 166.67km^2。

在巨大的雾霾压力面前，财力雄厚的北京启动了规模庞大的植树造林工程。与北京相比，河北的生态修复先天不足，后天失调，存在明显的差距。河北地大、面广、线长，生态修复任务重。国家已经实施的京津风沙源治理工程主要局限在张家口、承德等地区，这一工程的建设主要为京津地区服务，河北的其他地区难以分享国家的绿化资金投入。受到资金不足、重视程度不够等因素制约，大部分河北地区生态修复效果不够理想，环境容量难以扭亏为盈。据河北省相关部门统计，河北的森林覆盖率在全国位列第 20 位，现有沙化土地面积 240 万平方千米，水土流失面积近 6 万平方千米，已经成为京津冀地区生态修复的"短板"。京津冀地区，地域一体，即便京津地区的生态修复再好，投入再大，没有河北的协同并进，也很难"扩大环境容量生态空间"。

造林不易，需要大量的资金、人力投入。护林尤难，三分造林七分管。按照京津冀地区生态共建、资源共享原则，在不同行政区域生态修复无缝对接的基础上，京津冀三地齐抓共管，查缺补漏，良性互动，这一地区的生态修复才会取得实效。

京津冀地区生态修复如何从"脚下的一亩三分地""各唱各的调"走出，做到地区一盘棋呢？

京津冀三地原本同属一个行政区划，在区域经济发展方面具有历史渊源，三地的文化是相通的，三地的资源也是连在一起的。在行政区划划分为三块后，由于各自在经济发展方面的各种基础条件有较大差异，所以区域经济发展状态也开始表现出很大不同。从区域经济发展角度看，虽然经济要素可以固化在一定区域内，但有很多促成经济发展的资源的流行性特点很多情况下是不能控制的，这些不可控的因素通过在不同行政区划间流动，可以在一定程度上达到要素价格均等化的目标。经济要素或者经济行为从一个区域向其他区域扩展的过程中，对其他区域可能会造成正的外部经济效应，也可能带来负的外部经济效应。雾霾就是为其他区域带来负的外部经济效应的重要因素，雾霾的制造者会在产废过程中得到收益，但其消费（生产）行为造成的负面影响却要让更多人承受，从经济学意义上讲，私人收益高于社会收益的情况下，社会就会为私人收益承担更多的成本。京津冀是雾霾的重灾区，小区域治理雾霾不能取得重大效果，只有不同行政区划联手治理雾霾，才能让任何一个区域都能为其他区域贡献正能量，让京津冀从整体上改变环境质量。

二、京津冀雾霾治理过程中的博弈问题与联防联控的有效性分析

（一）雾霾治理过程中的博弈问题分析

治理雾霾为了取得较好的效果，不同行政区划间必须联手进行，否则任何一个区域都会出现不配合行为，即通过本区域多排废（多受益）并让其他区域承担理废成本（少受益），从而不同区域间在博弈过程中弱化雾霾治理效果。图 9-2 展示了区域 A 和区域 B 两个区域在治理雾霾过程中的博弈过程，这是经济学中经常用来分析两个行为进行博弈的分析方法。

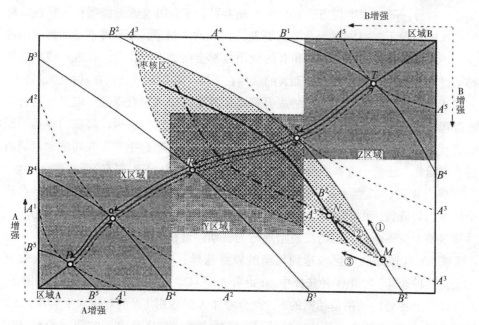

图 9-2　雾霾治理过程中两个区域间的博弈模型

图 9-2 左下角表示区域 A，右上角表示区域 B。图中的凸向区域 A 的曲线 A^1A^1，A^2A^2，A^3A^3，A^4A^4，A^5A^5 表示区域 A 在治理雾霾过程中得到效用，越靠近左下角的效用线表示效用水平越低，如果用 U 表示效用，则 $U(A^1A^1)<U(A^2A^2)<U(A^3A^3)<U(A^4A^4)<U(A^5A^5)$。同样凸向区域 B 的曲线 B^1B^1，B^2B^2，B^3B^3，B^4B^4，B^5B^5 表示区域 B 在治理雾霾过程中得到效用，越靠近右上角的效用线表示效用水平越低，如果用 U 表示效用，则 $U(B^1B^1)<U(B^2B^2)<U(B^3B^3)<U(B^4B^4)<U(B^5B^5)$。如果在分区域治理雾霾的情况下，任何一个区域都有减少雾霾治理投入的机会主义行为，企盼着其他区域都增加雾霾治理投入。区域间博弈的结果是：每个区域都会降低雾霾的投入，从而使得整个区域的雾霾灾害变得越来越严重。

如图 9-2 所示，在 X 区域内，B 的效用可以达到很高而 A 的效用却较低，这是 B 的雾霾治理投入较少而 A 的雾霾治理投入较多的情况，这种情况下，相当于 A 为 B 做补贴，区域在雾霾治理的博弈中，不会在区域 X 内实现均衡，A 会通过降低投入的方式提高自己的效用水平，在 A 投入降低的时候，由于空气质量变差，B 就不得不增加一些投入，在这种博弈过程中，A 和 B 的效用线会向右上方移动，这样移动的结果是，A 的效用水平提升，而 B 的效用水平降低。同样的情况也会发生在 Z 区域。在该区域内，A 的效用水平达到很高，而 B 的效用水平却很低，这种情况形成的原因在于，B 在雾霾治理方面投入相对较多，而 A 的投入相对较少，在这种博弈过程中相当于 B 在为 A 做补贴，于是 B 会逐渐降低投入，在 B 降低投入的情况下，空气质量会变得更差，在 B 的威慑下，A 不得不增加雾霾治理投入，在这种博弈过程中，A 和 B 的效用线都会向最下方移动，在效用线的这种移动过程中，B 的效用在提升，而 A 的效用在下降。在前面述及的这种博弈过程中，A 和 B 中的任何一方效用水平的提升都是依靠对方投入而获得的。但是在这种博弈过程中，任何一方都具有减少投入的愿望。所以按这种逻辑，雾霾治理是不能以行政区划为界进行划片治理的，各个行政区划需要联起手来，共同治理区域内的雾霾问题。任何一方都需要增加投入，任何一方都是治理雾霾的受益者。

综合来看，虽然 A 和 B 两个区域都有降低雾霾治理投入的愿望，但是在两个区域都降低投入的时候，空气质量会进一步下降，所以两个区域在雾霾治理的博弈过程中，不会使自己的雾霾治理行为长期停留在 X 区域，也不会长期停留在 Z 区域，Y 区域是两个区域达到均衡的较好选择。以 M 点为例，从 M 点出发有①②③三种选择。在第①种选择中，M 沿着 B^2B^2 移动，这时不会降低 B 的效用（同一条曲线上各处的效用是相同的），但会增加 A 的效用（A 的效用水平会从 A^3 增加到 A^4），这是 B 做出主动选择的情况。同样在第③种选择中，如果 M 沿着 A^3A^3 移动，这时 A 的效用水平也不会发生变化，但 B 的效用水平会增高（B 的效用水平

从 B^2 上升为 B^3），这是 A 做出主动选择的情况。上述两种情况之外，还存在一种情况即第②种选择，这时 M 会沿箭头②移动到 N，N 是 $A^{3'}$ 和 $B^{2'}$ 的交点，相交于 N 的两条效用线 $A^{3'}$ 和 $B^{2'}$ 的效用分别高于 A^3 和 B^2，即 $U(A^{3'}) > U(A^3)$，$U(B^{2'}) > U(B^2)$。由此可见，当 M 移动到 N 点的时候，A 和 B 的效用水平都得到了提升，经济学上称这种状态为帕累托改进，即一个行为的改变，在保证自身效用水平不变而使其他利益相关者的效用水平上升（第①和第③种情形就是这样），或者在使自己的效用水平上升的同时，其他利益相关者的效用水平也得到提升（第②种情形就是这样），使具有行为关系的各方的既有效用水平都不降低甚至有所提高的情形。第②种情形是雾霾治理过程中最理想的情况，在这种情况下利益各方都会增加雾霾治理的投入，利益各方是建立在合作基础上进行博弈的。

由图 9-2 可以看出，M 只要向"枣核区"内的任何一点移动，都会产生前面所述的第②种情况出现的结果。图 9-2 中的枣核区的不同点上，M 在向其移动的过程中，A 和 B 所取得的预期效用是有差别的，但这种差别只要在两个区域能够认可的阈限内，区域之间的合作就能够实现。

（二）区域经济发展过程中一体化治理雾霾的有效性分析

根据前面分析，只要存在区域分化，在治理雾霾问题上就会存在博弈问题，每个区域都会从自身利益出发，从地方保护主义角度考虑问题，目的是地方利益最大化。根据前面所述，在图 9-2 中虽然 M 向枣核区移动过程中会实现帕累托改进效率，但无论 M 向枣核区靠近 B 侧移动还是向枣核区靠近 A 侧移动，都是区域分割前解决雾霾问题所需要考虑的问题，动机在于让其他区域多投入些。虽然已经是帕累托改进了，但还是存在一定程度上的效率损失。土地、矿山、森林这些上苍赋予的资源都比较容易界定产权，因为这些资源一旦产生就会固定在某个位置不再变化，在行政区划界限定下来后，这些资源的产权归属问题也就随之确定了下来。空气资源是"飘忽不定"的，某个区域内质量高的空气可以移动到邻近的区域，邻近区域的居民从而可以从中受益，虽然这种高质量的空气并非本地生产，但居民同样可以免费享用。相反，低质量的空气移动到邻近区域后，邻近区域同样可以从这种空气中受损。空气是很难确定产权的上苍赐予物。人们在消费空气资源的时候，也就不会太在意其行为对空气质量会产生负面影响或者正面影响。在人们的意识中，大气的吸纳能力是无限的，地面上由于生产作业所产生的废气总会由大气疏散，所以人们在生产（消费）过程中就会没有节制。尤其是当经济发达区域与贫困区域毗邻，发达区域由于产废较多，并且对环境产生的负面影响让邻近的不发达区域承受的时候，区域间发展的不对称问题就会出现，每个区域都不会在意通过多污染大气而获得较高的回报，这样就会出现"公地的悲剧"，即人们在大气污染问题上就会有"赛跑"的问题，在此过程中经济人过多在意的是从生产（消费）中得到多少享受，而不太在意大气污染对人类生存所造成的反馈。综合各种因素可以得出结论：既然空气是流动的，在雾霾治理问题上就应该在雾霾严重影响区域内实行联防联治，雾霾是没有行政区划的，治理雾霾的行为也就不应该有行政区划的界限。虽然从博弈论角度看，各个区域在互动过程中不容易实现占优战略均衡，但至少应该在某个层面上实现纳什均衡，这是在自身（他人）具有占优战略选择的前提下，他人（自身）蒙受损失最小的一种选择。在区域经济一体化前提下治理雾霾就不会再存在区域间的博弈问题，区域间可以充分进行资源整合，针对区域内的雾霾问题有针对性地采取措施，不会出现"按下葫芦起了瓢"的问题。

如图9-3所示，在A和B两个区域单独治理雾霾的情况下，A区域的投入为M_A，所取得的成效为I_A，B区域的投入为M_B，所取得的成效为I_B。如果两个区域进行综合治理，虽然花费还是同样多，但取得的成效就会远比分散治理要高出许多。如图9-3所示，$M_A+M_B=M_A+M_B$，但$I_A+I_B>I_B>I_A$，成本能够相加而效用是不能够单纯相加的。联合治理雾霾能够统合利用资源，在较大范围内使资源得到高效配置，取得各区域单独治理情况下所不能达到的效果。

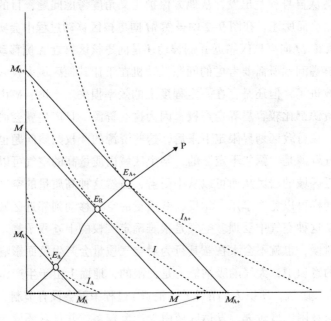

图9-3　联合治理雾霾的效用水平

第二节 京津冀雾霾治理一体化联防联控机制实现的政策途径

京津冀雾霾治理一体化已势在必行，必须加强顶层设计，设定出统一的政策途径，才能收到实效。

一、加强顶层设计，全面统筹区域大气污染联防联控

京津冀三地根据自身实际情况，围绕区域大气污染联防联控进行不同的解读，提出不同的推进方案，无可厚非。但要实现有效的"抱团"，就必须打破利益羁绊，突破行政区划束缚，加强顶层设计，从环保标准、能源供应等方面实现统一。进行顶层设计应遵循两个原则：一是打破"一亩三分地"的施政理念，将各地大气污染防治工作纳入区域战略空间考虑，制定统一的环保规划；二是区域大气污染联防联控必须放在区域协同发展的全局中谋划设计，与协同发展的各项措施紧密结合。

（一）统一编制区域空气质量规划

区域空气质量规划是区域联防联控的重要依据和制度保障，也是区域内三方达成共识的重要标志。目前，编制区域空气质量规划已列为京津冀区域大气污染联防联控 2014 年重点工作之一。对区域空气质量规划进行统一编制，即为突破在防治大气污染方面北京、天津和河北单独作战的窘境，将北京、天津和河北三地及其周边区域看成整体，对区域内相关约束因素（诸如大气环境容量和资源环境承载力等方面）进行统筹考虑，将生态红线予以划定，从而把社会经济发展、城市建设以及区域土地开发同区域资源环境等客观条件有机地结合在一起，分阶段性地促进改善区域空气质量达到既定目标，并且在各个阶段采取针对性措施，最终从整体上达到区域空气质量改善的目标。

（二）统一区域环保标准

区域大气污染联防联控的重要技术依据即为环保标准。区域经济发展程度的不同严重影响了北京、天津和河北三地，使其在诸多方面有所差异，如产业准入标准、油品标准、企业排污标准以及环保执法标准等层面。这种多标准多政策的局面与京津冀一盘棋治污的思路显然存在不一致之处。例如，京津冀三地虽都执行国家标准，但三地的污染物排放标准却不同，容易出现"我保护环境你污染"

的局面；在油品标准上，早在 2012 年 5 月，北京已经率先供应"京五标准"的汽、柴油。直到 2013 年 10 月，天津汽油才升级为欧四标准，柴油依然是国三标准。河北则实行国三标准。协调、统一区域环保标准将有助于京津冀统一环保监管，为区域联动打造更加宽广的平台，是推动京津冀按照"同一张路线图"治污的关键。

（三）统一区域能源供应分配政策

目前，北京市燃煤总量是 2 300 万吨，天津市是 7 000 万吨，河北省的燃煤总量高达 2 亿多吨。在三地大气污染防治五年行动计划中，北京市将净削减燃煤总量 1 300 万吨，天津市将净削减 1 000 万吨，河北任务最重，将削减 4 000 万吨。因此，为燃煤找"替身"，以天然气为代表的清洁能源成了三地治污中的"抢手货"。不过，天然气虽好，但在三地的配比却不平均。例如，北京市新建四大热电中心将全部改烧天然气，而天津和河北只能对燃煤电厂进行脱硫脱硝的技术改造，实现燃煤电厂燃气化排放的效果。2013 年，天津完成一批天然气锅炉房，但因能源供给不足无法启用。河北天然气供应总量达 52.3 亿立方米，虽然比以往增长 22.5%，但在天然气需求上仍有很大缺口无法落实。天然气能源的供应不均一定程度上阻碍着各地治污进程。所以，达到整体治污目的，应该摒弃先前的优先防治龙头地区大气污染的思维，而需要着手于整体，进行科学统筹规划，对区域内较为凸显的环境问题进行统一协作处理，并且在分配区域内节能减排任务时应进行合理的确定，旨在让每个城市所肩负的任务同其取得的扶持力度的匹配度较为一致，从而在最大限度上优化环境效益。2014 年 5 月 15 日，京津冀协作小组第二次会议通过了《建立保障天然气稳定供应长效机制若干意见》，将对现有天然气供应保障不均的现状有所改善。

（四）统一研究制定各项经济政策

建议国家有关部门和京、津、冀三地政府共同研究制定企业环保技改经济鼓励政策、机动车使用强度的经济政策、老旧机动车强制报废政策、推进建筑领域节能减排政策等，推动区域联防联控工作的深入开展。

二、完善体制机制建设，科学处理区域环境保护与经济发展关系

如果说在 2008 年奥运会、上海世博会、广州亚运会中，大气污染区域联防联控政策的实施还具有浓厚的政治色彩的话，在目前京津冀区域大气污染联防联控的常态化治理中，考验区域大气污染联防联控成效的重要因素，则是各地以空气

污染治理推进经济优化和社会转型的能力。如前所述，长期以来，在京津冀区域历史发展过程中，由于发展权的不平等，导致区域内部发展失衡，进而削弱了区域整体的发展活力与竞争力。发展权决定着发展结果。就京津冀而言，如果发展权不平等的局面得不到实质性的改变，不仅"中国经济第三极"将永远停留在愿望阶段，区域大气污染的联防联控也只能流于形式。因此，进一步完善环保法规政策，为实现京津冀三地的合作共赢提供法律保障是顺利推进京津冀大气污染区域联防联控的基本要求。

（一）完善区域生态补偿机制

生态补偿机制是协调生态环境保护所涉相关方利益关系的环境经济政策，其核心原则和理念是"谁污染，谁治理；谁受益，谁付费"。2005年，国务院发文提出，"要完善生态补偿政策，尽快建立生态补偿机制"。此后，包括浙江、安徽、海南等多个省区均开始启动试点，探索建立包括生态补偿资金来源、补偿渠道、补偿方式和保障体系等内容的生态补偿标准体系。2014年4月25日颁布的《中华人民共和国环境保护法》"第三十一条"明确规定："国家建立、健全生态保护补偿制度""国家指导受益地区和生态保护地区人民政府通过协商或者按照市场规则进行生态保护补偿"。目前，我国各地区试点的生态补偿机制多以主体功能区为概念范畴，以森林、流域、矿山等领域作为实施对象，有关大气污染防治领域的区域生态补偿机制建设尚处于缺位状态。实行区域大气污染联防联控，不是追求一个地方的利益，而是在实现各个地区的利益平衡中进一步实现区域空气质量的改善。只有在享有环境和发展的平衡中，各地的污染防治积极性才可能充分激发。因此，如何平衡区域内各个地区的利益诉求，直接关系着合作的稳定性和深度。目前，京津冀大气污染联防联控工作，从大的层面看，牵涉北京、天津、河北三方；从小的层面看，关涉污染企业与当地民众、政府的关系，亟须从法律层面通过生态补偿政策的实施予以协调，进而推动雾霾治理取得实际成效。

（二）完善利益共享机制

鉴于在京津冀三地长时间的发展历程中没有特定的地区合作共赢的机制，而能够表明的事实即为在三地不仅存在雾霾带而且也存在环京津贫困带；马克思之前有言，倘若思想同利益相脱离，自己将会出丑；倘若对利益问题尚未有效处理，则我们是不容易实现美好愿望的。现阶段，京津冀三地以往的自身利益困窘能够进行积极而又良好的协同处理了，我们拭目以待的转型之路已经开启。毫无疑问，在区域大气污染联防联控的过程中，京津冀三地都将会有"舍"有"得"，通过利益共享机制的构建，科学实现三地利益的相对公平的分配、协调，避免出现未受益、先受损的局面，结束北京、天津"一枝独秀"和河北"灯下黑"的历史，是保持三地合作积极性的重要举措。

（三）构建考核评估机制

2014 年 5 月 27 日，国务院印发《大气污染防治行动计划实施情况考核办法》，明确提出对京津冀等重点区域，以 PM2.5 年均浓度下降比例作为空气质量考核指标的思路，并将产业结构调整优化、清洁生产、煤炭管理与油品供应等大气污染防治重点任务完成情况纳入考核内容，考核结果报经国务院审定后，交由中共中央组织部，作为对各地领导班子、领导干部综合考核评价的重要依据。《考核办法》的颁布，为京津冀区域大气污染联防联控考核评估机制的构建指明了方向。然而，在构建京津冀区域联防联控考核评估机制时，需要将各地的 PM2.5 年均浓度囊括在内，同时也要评估各地在治理大气污染方面所采取的对策的综合性以及长期性，防止出现为了应对考核各地采取短期行为的现象，消除日后治理环境所存在的潜在祸患。

三、加大科技扶持力度，强化区域污染治理的科技联动机制的构建

京津冀地区大气污染联防联控一方面包括了法律和经济上的联结，另一方面更要注重人才与科技上的联结，所以京津冀区域联防联控的关键内容是搭建科技联动平台以及构建人才联动机制。

（一）成立区域大气污染防治专家委员会

对国家与各省区市科技资源进行最大限度的利用，成立区域大气污染防治专家委员会，旨在对区域大气污染诸方面开展基础性研究，包括来源剖析、传输转化以及成因探寻等，对区域雾霾污染成因规律予以解析和掌握，从而探究有效治理区域大气污染的针对性措施以及科学性对策。同时，评估分析区域污染排放情况，列出关于区域中存在重点污染源的清单，明确何种项目需要优先治理，并且从各个大气污染治理技术措施中优选具有工程化和区域共性以及先进适用的技术，进而使治理区域大气污染方面具有科技保障。

（二）构建统一的环境监测和预警平台

环境监测和预警平台的建立，可以达到信息共享的目的，此为防治大气污染的根本性工作；以当前的监测平台为依托，京津冀区域要强化监测能力，对三地

空气质量进行整体层面上的预警和监测，同时，达到京津冀区域信息共享的目的，旨在为京津冀联动的实现提供强有力的技术支撑。自京津冀区域大气污染联防联控协作小组成立以来，建立统一的监测平台就已提上工作日程。目前，由财政部投资4 500余万元筹建的京津冀区域环境空气质量监测预报预警中心项目正在建设。建成后，将在京津冀及周边6省（市、区）约150万平方千米的区域内实现未来3天空气质量预报和7天污染趋势预测。此外，京津冀三地在统一监测方面各有进展。启用北京市空气质量预报预警决策支持平台后，一方面可以使北京市空气质量预报由当前72h增加到120h；另一方面，还可以使周边6省（市、区）（内蒙古与山西、河北与天津、山东与北京）的监测数据达到联网共享的目的。河北方面，已构建空气质量自动监测站，同时实现省级联网。天津方面，基于目前存在的空气质量监测点深入建立健全监测体系，为了能够进一步达到区域无缝监控的目的，在京津之间的过渡区域还增设了监测点。

四、完善公众参与机制，积极营造全社会参与防治的浓厚氛围

环保工作中一项极为关键且发挥着推动作用的力量即为公众参与。因此，深层次建立健全公众参与机制，增强公众参与权，调动其参与的主观能动性，进一步促进公众积极参与到京津冀大气污染区域联防联控工作之中，创建三位一体式（公众、企业和政府）协同治理雾霾污染的良好气氛，此为对区域大气污染联防联控的环保管制作用进行进一步有效发挥的关键内容。

（一）出台公众参与区域联防联控的相关文件

国外区域大气污染联防联控工作的开展基本上是由自上而下的政府主导型逐渐转向多方参与的自下而上的公众参与型。在京津冀区域环境质量规划编制、各项环保标准的推行和联动执法的过程中，大力推动公众参与，积极动员各种社会资源参与规划，推动各项措施、政策的深入落实具有重要的意义。因此，建议出台相关公众参与文件，明确公众参与，尤其是各种民间环保团体、地方团体参与的权利和范围，切实在规划、监测、执法等各环节赋予公众知情权和参与监督权。

（二）完善京津冀区域联动宣传机制

现阶段，京津冀联动宣传机制基本上已经构建，并且已经进行了联动宣传工作，该局面初步形成；京津冀区域环保工作的中坚力量即为公众参与，借助联动宣传，对于加强京津冀区域公众共同做好环保工作，促进三地协同发展，构建京津冀区域一体化有着极为重要的现实意义。所以，京津冀联动宣传机制迫切需要

进一步地建立健全，使该项工作能够做到常态化。为此，从新闻宣传层面来讲，通过传统媒体（报纸、广播和电视）和新媒体（互联网、微信和微博）的有机结合来对区域大气污染治理的效果以及进展进行共同的宣传，使公众了解并掌握防治大气污染的基本知识，指引公众在面对大气污染突发事件时应保持理性，倡导民众开启绿色生活模式，公众、企业和政府在大气污染防治方面协同起来，创建良好气氛；从社会宣传层面而言，能够通过一些环保节日，譬如世界水日（每年的3月22日）、世界地球日（每年的4月22日）以及世界环境日（每年的6月5日），针对各类群体，基于目前在京津冀三地已有的活动品牌，可以协同举办由公众积极参与其内的大型活动，旨在唤起公众对大气污染防治的意识，在生活中自觉践行环保行为。目前，京津冀三地依据各自的实际情况，都已打造了在当地公众中具有广泛影响和号召力的品牌活动。例如，北京市的"我爱地球妈妈"中小学生演讲比赛、公众建言献策活动、绿色驾驶等活动，天津市的"我是小小环保局长"演讲活动等。借助这些品牌活动已有的群众基础和强大的影响力，以京津冀区域为平台，扩大活动参与范围。例如，将"我爱地球妈妈"中小学生演讲比赛由北京市中小学生参与扩展为京津冀三地中小学生参与，并通过京津冀三地媒体同时加强宣传，扩大活动影响范围。通过打造三地公众共同参与的品牌宣传活动，在京津冀区域掀起公众参与环保的热潮，形成大家同呼吸、齐努力、共责任，打造京津冀区域环保一体化、发展一体化的风尚。

第三节　京津冀雾霾治理一体化联防联控实现机制的法律途径

从国外经验看，雾霾的联防联控和一体化治理都是立法先行，从国家层面和地方层面加强立法，为雾霾治理提供法治化保证。

一、加强立法，完善法治化保障

在我国，调整大气污染防治的主要法律法规包括：作为国家根本大法的《宪法》，调整环境保护领域的基本法律《环境保护法》，环境保护单行法《环境影响评价法》《可再生能源法》《节约能源法》，专门法《大气污染防治法》和地方性法规《北京市大气污染防治条例》等。

《宪法》第二十六条规定"国家保护和改善生活环境和生态环境，防治污染和其他公害。国家组织和鼓励植树造林，保护林木。"这是我国关于环境保护的原则性和纲领性的规定，对于我国大气污染防治法律体系的建立具有指导性的作用。

我国的《环境保护法》自1989年公布实施以来，于2014年进行了第一次修订，不仅法律条文从原来的47条增加到70条，内容也进行了较大的调整。作为环境保护领域的基本法，"环境保护法的修改是针对目前我国严峻环境现实的一记重拳，是在环境保护领域内的重大制度建设，对于环保工作以及整个环境质量的提升都将产生重要的作用"。修订后的《环境保护法》被环保专家认为是现行法律里面最严格的一部专业领域行政法，原因如下：首先，给予了环境保护主管部门广泛和明确的行政管理权。授权国务院环境保护主管部门编制国家环境保护规划，制定国家环境质量标准、国家污染物排放标准，建立、健全环境监测制度等；授权地方环境保护主管部门现场检查权和数额更高的行政处罚权等。其次，规定了多个层次的处罚措施和不同种类的责任形式。既包括常见的罚款，查封、扣押相应设备，限期生产、停产整治等行政处罚措施，也明确了公安机关在规定情况下可以对相应人员进行拘留，还列举了应当承担的相应的民事和刑事责任，从根本上改变了环境保护部门执法方式单一、处罚力度不大的问题。最后，增加了信息公开和公众参与，第一次规定了环境公益诉讼制度。环境问题是影响公共利益的重大问题，与人民生活息息相关，人民群众不仅应当有知情权，更应当广泛地参与到环境保护之中。新修订的《环境保护法》赋予了公民、法人和其他组织依法享有获取环境信息、参与和监督环境保护的权利。

应当说，环境保护基本法的修订使得京津冀雾霾治理一体化的法治环境得到了较大的改善和提高，第一次以法律形式明确规定了"国家建立跨行政区域的，实行统一规划、统一标准、统一检测、统一的防治措施的联合防治协调机制"，给京津冀雾霾治理一体化提供了法律依据，同时也给大气污染防治单行法的修订提供了一个可资借鉴的框架。

（一）修订《大气污染防治法》

现行的《大气污染防治法》于2000年修订，原则性规定较多，操作性较差，无法调整我国经济持续快速发展过程中产生的新问题，需要进行大范围的修订，涉及的主要问题有以下几个方面。

1. 细化大气污染物总量控制的规定

现行的《大气污染防治法》第十五条对总量控制做了概括性的规定，归结起来主要特点有三个：第一，只对不达标准的区域和控制区规定总量控制，其他地区未做规定；第二，目的是为了达到污染物总量控制目标，而不是保障排放源在限期内达到排放标准；第三，许可证的审核和发放过程没有公众参与和监督。考虑到我国大气污染的严峻形势，在细化污染物总量控制的相关规定时，应当扩大实施总量控制的区域范围，以总量控制手段逐步实现排放源在限期内达到排放标准，规定许可证为直接实施环境标准的载体，在许可证的申请和审查过程中增加公众参与的途径和措施。

2. 强化大气污染物排放标准的防治作用，总量控制和标准控制并行

雾霾治理，对污染物排放总量的减量和已产生的污染物无害化等末端治理措施仅是治标，鼓励和促进清洁能源和技术的快速发展，制定符合国家经济、技术条件的污染物排放标准才是实现源头控制、"全过程管理"的关键。《环境保护法》给予了环境保护主管部门编制国家环境保护规划，制定国家环境质量标准、国家污染物排放标准的明确授权，相应地，在修订《大气污染防治法》时，应当将编制大气污染防治规划，制定大气质量标准、大气污染物排放标准的内容作为环境保护主管部门的重要职能予以规定，强化防治规划和防治标准在大气污染防治工作中的重要作用。

3. 区分固定污染源和移动污染源，分类治理

现行的《大气污染防治法》将污染源分为燃煤、机动车船，并单章规定了防治废弃、尘和恶臭污染，分类过于简单，既没有涵盖燃烧重油、渣油等高污染燃料和使用有机溶剂的行业，也没有涉及非道路移动机械等污染源。治理措施主要属于"末端治理"，没有对产业结构的调整做出规划，忽视了从产业升级、调整经济发展结构的源头治理措施。采用固定污染源和移动污染源的分类方式，是大部分发达国家的大气污染防治法的普遍做法。这种方式既有利于在更大范围上涵盖污染源的种类，又为可能出现的新污染源预留了空间，既提炼出了众多造成大气污染来源的主要区别，具有合理性，又有针对性，给分类治理、对症下药提供了靶向。

4. 细化大气污染信息公开和公众参与的内容和程序

环境权是基本人权，空气与每个人息息相关，大气污染防治应当保障公众的知情权，充分调动公众的积极性，参与到防治过程中来。长期以来，我国的大气污染防治工作都是以政府部门为主体，以行政处罚为主要治理手段。公众的知情权和参与权一直被忽视。现行的《大气污染防治法》对于大气污染信息公开的规定，主要涉及排放和泄漏有害气体和放射性物质以及大气受到严重污染的情况下需要通报或者公告当地居民；环境保护主管部门应当定期发布大气环境治理状况公报。至于一般污染的情况，重大项目的环境影响评价等对社会和公共健康造成

较大影响的情况是不是需要进行信息公开，多长时间公布公报等内容均没有做明确的规定。

现行的《大气污染防治法》对于公众参与的内容只有一条原则性的规定，即第五条"任何单位和个人都有保护大气环境的义务，并有权对污染大气环境的单位和个人进行检举和控告"。既没有规定受理检举和控告的部门和具体的程序，也没有规定对于环保部门的履职行为能否监督，基本没有可操作性。结合新修订的《环境保护法》，公众的举报可以分为两类，一类是针对破坏环境的行为，受理举报的主体是环境保护主管部门；另一类是针对环境保护主管部门不依法履行职责的，受理举报的主体是该部门的上级机关或者监察机关。有关控告，无论从我国的诉讼法体系，还是我国的司法实践，任何单位和个人能够进行的只能是所谓"环境公益诉讼"。因为环境刑事诉讼不属于自诉范围，必须由检察院提起；民事诉讼的起诉需要符合"有直接的利害关系"，这项规定排除了大部分单位和个人的环境诉权。而在新修订的《环境保护法》中，能够提起环境公益诉讼的主体只能是符合条件的社会组织。

纵观其他国家成功治理大气污染的过程可以看出，只有充分调动民众的治污积极性，防治大气污染这场攻坚战才能取得胜利。新修订的《环境保护法》和国务院《大气污染防治计划》对于信息公开和公众参与都有详细的规定。《环境保护法》专章规定信息公开和公众参与，明确规定"公民、法人和其他组织依法享有获取环境信息、参与和监督环境保护的权利"。对于各级环境保护主管部门、重点排污单位和应当编制环境影响报告书的建设项目，都规定了相应的信息公开义务。规定了公众举报的对象和受理部门，开创性地规定了环境公益诉讼的原告主体条件。

加大处罚力度，探索多部门、大区域联合联动执法。长期以来，环境保护主管部门似乎是大气污染防治的唯一主体，而它能够独立进行的、使用范围最广的、最有效果的行政处罚种类似乎也只有罚款一项，因此不少排污者都拿"罚款换污染"。责令停产停业的行政处罚需要县级以上人民政府按照国务院的有关规定做出，没收不符合排放标准的机动车船的处罚需要由依法行使监督管理权的部门进行，多部门交叉管理就涉及职能分工。在修订《大气污染防治法》时，应当将大气污染的常见类型和分别涉及的行政管理部门进行分类列举，明确具体行政行为的主体和职权范围。

大气污染具有易流动、难防治的特点，大区域联合防治有利于提高大气污染治理的效率，新修订的《环境保护法》第二十条规定，"国家建立跨行政区域的重点区域、流域环境污染和生态破坏联合防治协调机制，实行统一规划、统一标准、统一检测、统一的防治措施"，这为京津冀雾霾治理一体化提供了法律依据。《大气污染防治法》应当细化大区域联合防治的制度设计，机构设置和职能分配，推进区域联控机制的有序开展。

（二）加强地方性法规、规章的制定和完善

我国的环境保护一直是以行政主导模式进行的。国务院发布的《大气污染防治行动计划》（以下简称"国十条"）虽然不具有严格的法律发布程序要件，但却是我国今后一段时期防治大气污染的行动指南。"国十条"明确了要"加快大气污染防治法修订步伐，重点健全总量控制、排污许可、应急预警、法律责任等方面的内容"。2014 年 1 月 22 日，北京市通过《北京市大气污染防治条例》，走在全国治霾立法的前沿，这是一个具有重大意义的事件：在津冀地区还在沿用多年前的相关条例，在全国人大《大气污染防治法》大范围修改之前，地方性法规先行发布，彰显了北京作为首都在治理雾霾上的决心和行动力。

另一方面，这样一种地方性法规面临是否有效的问题。根据《立法法》的规定，地方性法规的效力低于法律，地方性法规的规定与法律的规定不一致的，以法律规定为准。我国已有《大气污染防治法》，虽然早已无法适应当今大气治理的需要，需要较大修订，但是只有修订没有发布，它仍然有效，地方人大制定的实施细则应当与其一致，否则无效。下位的地方性法规先于上位法律进行发布和修订，可能面临现阶段与上位法律的规定不一致以及与修订后的《大气污染防治法》内容衔接的问题，从而导致《北京市大气污染防治条例》规定无效或者部分无效，行政执法依据存疑或者需要在短时间内进行修改的困境。

在如今"重典治霾"的环境下，新出台的《北京市大气污染防治条例》无疑在法律责任上更严格，具有更强的针对性和可操作性。

《北京市大气污染防治条例》借鉴和吸收了发达国家和地区的立法经验，细化了对于重点污染物排放总量控制的规定；区分固定污染源和机动车等移动机械排放污染，两个大类分别规定防治措施，分类科学，涵盖面广；新增了大气污染信息公开和公众参与的规定；从法律责任上增加了行政处罚的类型，加大了处罚力度，新增了公安机关、质量技术监督部门、城市管理综合执法部门和住房城乡建设行政主管部门的环境执法权。

多年来，北京市结合首都功能定位，以适用性、先进性、前瞻性为原则，打造首都大气污染防治地方标准体系。该体系具有三个特点：一是标准总数全国最多。截至目前，共制定了大气污染防治地方标准 33 项，包括固定源类标准 12 项、移动源类标准 21 项。二是排放限值全国最严。第五阶段机动车排放标准和相应的

油品标准已达到国际先进水平,《水泥工业大气污染物排放标准》中第二阶段氮氧化物排放限值为国际最严,《低硫散煤及制品标准》为全国最严等。三是引领示范作用凸现。北京市一些地方机动车排放标准被国家借鉴或采用,国际清洁交通委员会誉其为"中国的加州"。《固定式内燃机大气污染物排放标准》《炼油与石油化学工业大气污染物排放标准》等标准填补了国家标准的空白,在全国率先实施等。

在执法实践中,北京市还进行了多项制度创新,以试点的方式为地方性法规的制定和进一步修订积累经验。例如,为了进一步控制施工工地扬尘污染,由北京市住建委牵头,人民银行、银监会、市环保局等单位多次研究论证,制定了《北京市建设工程扬尘治理专项资金管理暂行办法》(以下简称《办法》),经公开向社会征求意见后,现已印发实施。《办法》自2014年4月1日起,在北京市两个区(西城区和东城区)实施试点工作,为期一年,该两区范围内的任何建筑工程施工项目必须在施工之前前往各大银行网点开立专项账户,同时把工程造价中的某些专项资金(比如绿色文明施工、治理施工扬尘等)存入账户。该《办法》规定,在工程施工过程中,治理扬尘的专项资金囊括了环保费用以及文明施工费用,在工程造价中占有一定的比例,在环保与文明施工中,这是专款;在施工前,建设单位把专款一次性存入银行专用账户;在申请使用时,由建设单位或者建设单位所委托的工厂监理单位对施工单位是否会采取环保措施的贯彻落实情况进行审核,审核通过后能够使用专款;设立专项资金账户的监管情况由市区两级建设行政主管部门进行,倘若建设单位未设立专项资金账户,则对其工程安全监督手续不予办理。

从执法实践来看,2014年1月至5月,北京市环保部门大气环境立案处罚659起、处罚金额1 422.53万元,分别占总数的68.4%和54.3%,同比分别增长88.3%和213.4%。应该说高标准、严要求、多部门共管之下的《北京市大气污染防治条例》实施以来,大气污染防治取得了较好的阶段性防控效果。

综上所述,在现有的立法机构框架之下,天津市和河北省应当充分吸取修订后的环境保护基本法的相关规定,借鉴北京市大气污染防治条例的相关做法,及时修订本地区的大气污染防治条例,为地区一体化雾霾治理提供法律依据。

二、加强执法力度,切实保障治理效果

因具有极其浓厚的行政传统,我国在大气污染防治法面,体现出显著的行政强制和行政驱动的特性。强制性机制依然作为关键手段,在实际过程中虽然取得良好效果,然而,行政强制自身存在众多缺陷,过于注重"命令控制型"的机制

也会增添很多困难；所谓区域大气污染联防联控，指的是针对区域内整体利益，与地方政府之间形成共识，采用组织与制度资源将行政区域的界限予以打破，将大气环境功能区域视为单元，基于区域整体需求的角度，区域内省市部门对防控大气污染的方案协同规划与实施。

（一）协调机构的定位及其职权

京津冀一体化的构想已经屡次在不同级别的场合提及，历时十余年，除了在农产品的产购销领域取得了一定进展，一直难有实质性的突破。究其原因，行政机构的各自独立是其中最重要的原因。即使在一体化程度较高的珠三角地区，一个省份内的不同地域行政主体之间的利益协调尚存在较大难度，更别说要在北京和天津两个直辖市以及一个省级行政主体之间建立一体化机制的难度。在三地"重典治霾"的背景之下，地方经济发展无疑要经历短期"阵痛"。河北省是国内最大的钢铁生产基地，2012 年河北省粗钢累计生产 1.8 亿吨，2012 年粗钢产量全球排名第二位。业内人士分析，到 2017 年削减 6 000 万吨钢铁产能，意味着全省三分之一的钢铁产能将被淘汰。地方经济发展将受到较大冲击，短期内的地方国民经济总产值将显著下降。在地方经济持续发展和雾霾治理这一对矛盾面前，要打破不同行政主体之间的各自为政的固有格局，协调北京、天津和河北省不同地域之间的利益冲突，统筹京津冀地区经济和环境的协调发展，关键点有两个，一是制定出反映各方利益诉求的区域发展规划，二是建立一个能够协调三地地方政府，权责明确、有效监督的雾霾治理一体化协调机构。

分析国内外实施区域空气质量管理的经验，能够将区域联防联控的管理模式划分成纵向机构的管理模式和横向机构的协作模式两大类。前者指的是构建由上至下的机构层级借助行政手段达到区域合作的目的；后者指的是非强制性行动对节能减排协议进行签订，经过利益协商达到区域合作的目的。通过分析国外区域空气质量管理，能够了解到虽然其具有区域协同模式，然而之所以可以获得成功往往得益于协同治理跨区域大气污染以及设置跨行政区管理机构；从长远看，当前同国内区域空气质量管理相适用的最优模式即为区域环境协商。近些年，国内一些发达地区对此方面已展开了实际探索，绝大部分是以亚运会、世博会和奥运会等确保空气质量而构建的区域联防联控机制，其标本意义显著，只是受限于地域与时间层面，造成对临时性政策的依赖程度较高，而忽视了建立区域联动长效机制。

在"重典治霾"的高压态势之下，京津冀一体化协调机构的制度建设也在有序进行。环保部等六部委于 2013 年 9 月联合发布了《京津冀及周边地区落实大气污染防治行动计划实施细则》，对于京津冀地区五年内的主要目标和重点任务做出了全面而且具体的阐述，并且明确规定了建立健全区域协作机制。

启动京津冀及周边地区大气污染防治协作机制的标志性事件是六省区七部委于2013年10月23日在北京召开首次工作会议；北京等6省区市以及国家部委（如环境保护部）等在新机制下，根据"责任共担、信息共享、协商统筹、联防联控"的工作原则，对一系列工作制度予以执行，加大区域雾霾治理力度；信息共享制度，以国家当前的环境监测与信息网络为依托，不断地建立一些专项信息平台，如污染源监管和区域空气质量监测等，促进区域内信息共享，强有力地扶持区域重大环境问题的研究。其主要职责如下：空气污染预报预警制度，以国家环境监测和预报网络为依托，完善区域空气重污染监测预警体系，分析空气重污染预报以及过程趋势，对监测预警信息进行及时发布；环评会商机制，根据国家相关法律、法规及其大气污染防治的有关政策文件，进行规划环评，建立健全环评会商机制以及专家参与的工作机制；联动应急响应制度，对各省区市建立健全空气重污染应急预案予以督导，实施区域重污染应急联动，以协同治理大气污染；联合执法机制，在6省（市、区）辖区内，对成员单位进行专项执法予以协调，不定期地实施联合执法行动。

京津冀及周边地区大气污染防治协作机制的日常工作部门为北京市环保局大气污染综合治理协调处，根据北京市环保局网站的描述，其职责为"负责京津冀及周边地区大气污染防治协作小组办公室文电、会务、信息等日常运转工作；受京津冀及周边地区大气污染防治协作小组办公室的委托，承担京津冀及周边地区大气污染防治协作、联防联控的具体联络协调工作"。

经过半年时间，《京津冀及周边地区大气污染联防联控2014年重点工作》由京津冀及周边地区大气污染防治协作小组办公室于2014年6月印发，主要内容可阐述为：

（1）成立区域大气污染防治专家委员会。主要负责对区域内大气污染成因、来源和传输等基础性工作展开探究，进一步掌握区域大气污染发生规律，采取针对性、科学性的措施加强区域大气污染防治，以对区域大气污染治理工作进行科学的指导。

（2）强化区域大气污染防治联动工作，成立协同治理工作网站，对相关信息进行共享，如区域大气污染治理经验和技术成果、气象数据、污染源排放以及空气质量监测等；建立空气质量预报预警平台，与气象部门协同构建区域空气重污染预警会商机制，共同启动应急联动机制以及联动执法行动，以高压态势打击区域违法行为；同时，为了推广区域大气污染防治知识，使公众自觉参与其中，倡导绿色生活模式以及宣传区域大气污染治理取得的成效，可会同媒体建立联合宣传机制。

（3）对区域重点污染源进行共同治理。对重点行业所排放的挥发性有机物、氮氧化物进行首要共同控制，展开区域内水泥厂、燃煤电厂和大型燃煤锅炉脱硝治理工作；加强治理机动车污染，推进区域内机动车油品质量的改善，同时，不断地淘汰老旧机动车、黄标车，加速推广新能源车的应用，且优先应用在某些公共领域，如出租、公交和环卫等，倡导公众选择绿色出行模式。

（4）研究制定公共政策，促进区域空气质量改善。根据国务院相关部门规定，研究与制定新的排污收费标准，促使企业在大气污染治理方面积极主动，针对大气污染物特别排放限值可首先在京津冀区域实施；为引导目前企业进行大气污染治理技术改造，可制定企业环保技改经济鼓励政策；一方面对推进建筑领域节能减排进行研究，另一方面也需要对老旧机动车强制报废政策进行研究制定。

综上所述，京津冀及周边地区大气污染防治协作小组的职能和工作目标都已经通过政策性文件固定下来，效果如何还有待时间检验。京津冀地区在区域协作治理雾霾的过程中探索建立区域长效联合防治协调机制方面已经走出了第一步。

（二）多部门联合行政执法与行政问题司法衔接

按照国内当前的执法体制，我国行政机关主要承担了国家机器运转绝大多数的职能方面，然而行政机关在法律允许范围内所具有的强制执法手段十分局限，职能和手段间存在极大的距离。对于个人或者企业的大气污染行为，存在违法行为和犯罪行为两种分类。对于违反环境法的大气污染行为，一般由环境保护主管部门根据《环境保护法》《大气污染防治法》和地方性法规如《北京市大气污染防治条例》等进行行政处罚；对于违反其他法律的大气污染行为，由相关政府主管部门如公安机关、质量监察机关、城市综合管理机关等进行行政处罚，这一大块属于执法领域。对于已经构成犯罪的大气污染行为，由检察院依照《刑法》《刑事诉讼法》等法律代表国家提起公诉，这部分属于司法领域。

1. 多部门联合行政执法

行政处罚的基本制度主要规定在我国的《行政处罚法》中。《行政处罚法》规定行政处罚的种类包括警告、罚款、没收违法所得、没收违法财物、责令停产停业、暂扣或者吊销许可证、暂扣或者吊销执照、行政拘留等。对于行政处罚的种类设定有严格的规定："限制人身自由的行政处罚，只能由法律设定""地方性法规可以设定除限制人身自由、吊销企业营业执照以外的行政处罚法律、行政法规。对违法行为已经做出行政处罚规定，地方性法规需要做出具体规定的，必须在法律、行政法规规定的给予行政处罚的行为、种类和幅度的范围内规定"。因此，环境保护主管部门的行政处罚权限被严格限制在法律规定的范围内，行政法规、地方性法规和规章都不能突破法律规定的范围。综合《环境保护法》和《大气污染防治法》等法律的规定，环境保护主管部门有权实施的行政处罚种类包括警告、罚款和没收违法所得没收非法财物三种类型，并且罚款的数额较低，所以如果发现企业违法违规排放大气污染物，只需要向环境保护主管部门缴纳为数不多的罚款即可，违法成本很低，即使"拿罚款换污染"，违法所得仍然很高。此外，在大气污染治理领域还存在限期治理和补办手续等治理措施，这种"先上车再买票"的做法在某种程度上纵容了污染行为，因此我国长期存在大气污染"违法成本低，守法成本高"的问题。

造成大气污染的来源很复杂，基于现有的研究结果表明既有工业燃煤、汽车尾气排放，也有建筑扬尘、餐饮油烟和户外烧烤等，虽然对于这些大气污染源造成雾霾天气的"贡献率"仍然有一定争议，但是多个污染源引爆京津冀地区PM2.5"爆表"的说法各方已基本认同。治理多个污染源就需要相应的行政主管部门多头并进，齐抓共管。多部门环保联合执法在现行狭义的法律层面上并未涉及，反倒是在地方性法规中有所尝试。《北京市大气污染防治条例》针对不同的大气污染行为，新增了多个行政管理部门。

（1）对于拒不执行机动车停驶和禁止燃放烟花爆竹应对措施的，机动车进入限制行驶区域的，由公安机关依据有关规定予以处罚；

（2）对于拒不执行空气重污染预警下的停工作业、建筑拆除施工等应对措施，露天焚烧秸秆、垃圾等，在政府划定的禁止范围内露天烧烤食品的，由城市管理综合执法部门予以处罚；

（3）对于销售不符合标准的散煤，生产、销售含挥发性有机物的原材料和产品不符合本市规定标准的，由质量技术监督部门和工商行政管理部门予以处罚；

（4）销售不符合国家或本市标准的车用燃料，情节严重的，由市商务行政主管部门吊销其经营资质；

（5）未将防治扬尘污染的费用列入工程造价即开工建设的，由住房城乡建设行政主管部门责令停止施工；

（6）对环境保护行政主管部门和其他行政主管部门在大气污染防治工作中有不当行为的，由行政监察机关责令改正，对直接负责的主管人员依法给予行政处分。

（7）《北京市大气污染防治条例》为环保部门联合执法，多部门共同管理大气污染行为提供了法律依据，是北京市"重典治霾"的一记重拳。自其2014年

3月1日实施以来，北京市环保局进一步依法加大了环保执法和处罚工作力度，联合市城管执法部门开展了大气专项执法周行动，并加强了日常执法监察，通过在线监控、现场检查等手段，采取稽查考核、公开曝光、环保限批、纳入企业信用系统、不予出具环保证明等措施，严厉打击各类大气环境违法行为，效果明显。截至2014年4月底，全市环保执法部门对大气环境类违法行为立案处罚500起、处罚金额1 076.16万元，均占总数的3/4左右，同比分别增长90.8%和181.4%。

北京市怀柔区环保局在联合执法方面也走在了前列，积极协调相关主管部门，多管齐下，对大气污染行为进行全方位整治：每月第一周联合区城管执法局重点检查企业未安装净化设施或设施不运行、扬尘物料未密闭储存、露天焚烧、绿色施工达标等情况；第二周联合市政市容委、住建委、城管执法局，重点检查施工工地未覆盖、施工机械尾气排放等情况；第三周联合发改委、经信委，重点检查工业企业清洁能源改造、"三高"企业退出推进、环保设施运行情况；第四周联合监察局、政府督查室，检查重点区域违法情况和曝光问题单位。截至2014年5月份，共联合执法9次，有力推动了大气污染防治措施的落实。

基于《北京市大气污染防治条例》"对环境保护行政主管部门和其他行政主管部门在大气污染防治工作中有不当行为的，由行政监察机关责令改正"的授权，针对执法检查中出现的个别企业不配合甚至阻挠执法检查，特别是怀柔区怀柔镇辖区内的4家企业，有的拒绝提供相关材料和信息，有的拒绝在笔录上签字、接受处罚告知书，甚至阻拦执法车辆、辱骂执法人员和丢弃法律文书等问题，北京市环保局协调北京市监察局向怀柔区监察局发出督办，要求"结合大气污染治理工作要求，督促区环保局和乡镇政府认真调查核实，对存在的问题依法做出严肃处理，并在一个月内反馈处理情况"。这是北京市环保局在多部门联合执法方面迈出的又一步。

2. 大气污染防治中的行政执法与刑事司法衔接问题

与大气污染行为相关的罪名主要规定在《刑法》第三百三十八条的"重大环境污染事故罪"中，即"违反国家规定，排放、倾倒或者处置有放射性的废物、含传染病病原体的废物、有毒物质或者其他有害物质，严重污染环境的，处三年以下有期徒刑或者拘役，并处或者单处罚金；后果特别严重的，处三年以上七年以下有期徒刑，并处罚金"。法条主要规定的是有放射性的废物、含传染病病原体的废物、有毒物质，不足以涵盖当下大气污染物的类型。为了进一步打击环境污染行为，保护环境，最高人民法院、最高人民检察院于2013年6月通过《最高人民法院、最高人民检察院关于办理环境污染刑事案件适用法律若干问题的解释》，进一步明确界定了"严重污染环境"的十四种具体情形，其中第一条第 (三)项规定，"非法排放含重金属、持久性有机污染物等严重危害环境、损害人体健康的污染物超过国家污染物排放标准或者省、自治区、直辖市人民政府根据法律授权制定的污染物排放标准三倍以上的"，第四条规定了实施重大环境污染事故行为的酌情从重处罚情节，即"阻挠环境监督检查或者突发环境事件调查的；闲置、拆除污染防治设施或者使污染防治设施不正常运行的；在医院、学校、居民区等人口集中地区及其附近，违反国家规定排放、倾倒、处置有放射性的废物、含传染病病原体的废物、有毒物质或者其他有害物质的；在限期整改期间，违反国家规定排放、倾倒、处置有放射性的废物、含传染病病原体的废物、有毒物质或者其他有害物质的"，并且规定"实施前款第一项规定的行为，构成妨害公务罪的，以污染环境罪与妨害公务罪数罪并罚"。

综合上述法律规定可以看出，我国的最高司法机构通过司法解释的形式，明确了环境犯罪的主要类型和行为特征，为公安机关侦查环境犯罪提供了明确的立案标准，尤其是对于酌情加重处罚情形的明确规定，为环境保护主管部门实施大气污染现场检查、监督大气污染防治设施的使用、要求限期整改等行政处罚的进行提供了强有力的司法保障，为环保部门行政执法和公安机关司法行为的衔接提供了法律依据。在京津冀地区雾霾治理一体化的机制设计中，行政执法与刑事司法衔接问题应当通过地方性立法确定下来，并成为常规性工作。

河北省在大气污染防治的行政执法与刑事司法有序衔接的地方性立法和执法等方面走在了前列，2013 年 9 月通过的《关于办理环境污染犯罪案件的若干规定》(试行) 为强化环境保护行政主管部门与司法机关的有效配合，实现行政执法与刑事司法的有序衔接，惩治环境污染犯罪，保护生态环境提供了法律依据。根据该规定，在对环境违法案件进行查处的过程中，环保机关发现同环境污染相关的犯罪行为后，需要将相关证据材料、案件线索移送至同级人民检察院；司法机关同环保部门应建立并完善联合执法制度，构建环境犯罪案件信息网络平台，达到环保部门与相关部门（譬如，人民检察院和公安机关等）之间在行政执法等方面的信息交互的目的；在特定的时间以及地区内，频发某一种污染环境的违法案件或者在执法过程中，环保执法者遭遇暴力抵抗甚至恐吓，或者对于污染环境的违法案件，公安部门进行立案侦查时，需要环保机关在某些方面（监测和取证，对污染损失进行评估等）给予配合，能够将二者的联合执法机制予以启动，并且，应建立和完善重大案件挂牌督办制度，针对某些极具复杂性和疑难性的案件，且其在省内影响较大或者案件会判处相关人员 3 年以上有期徒刑的，省公安厅与省环保厅应实施挂牌督办。在执法中，河北省环保厅和公安厅下发了《关于印发"利剑斩污"零点行动工作方案的通知》，并已于 2014 年 4 月和 5 月开展了两次"利剑斩污"零点行动，第一次行动重点区域为石家庄、廊坊、保定、邢台和邯郸 5 个区市，采集突击检查模式，有 20 家涉气、涉水企业，因存在环境违法问题被查处，其中邯郸新武安钢铁集团有限公司的环境违法问题向公安部门移交；第二次行动在全省 11 个区市和定州、辛集市统一展开，共发现环境问题企业 68 家，责令整改 63 家，立案处罚 24 家，取缔 5 家；为强化督导，河北省环保厅派出 8 个督导组，分别会同石家庄市、唐山市等 8 个市环保局和公安局，对省行动指挥部突击检查，对各市专案检查企业连夜进行了检查。北京市在大气污染防治中的行政执法与刑事司法衔接实践中也有所尝试。2014 年 5 月，北京市环保公安联合行动，成功破获该市首起涉嫌环境污染犯罪案件。

三、加强司法建设，完善体制机制

司法机关作为解决社会纠纷的最后一道屏障，对于惩戒大气污染行为、纠正环境保护主管部门的不当履职行为、维护社会公共利益发挥着非常重要的作用。大气污染行为是典型的侵害公共利益的环境污染行为，人人都呼吸到了雾霾中的可吸入颗粒物，大概率会损害身体健康，但是几乎任何个人都无法主张自己所遭受的实质性损害并证明其中的因果关系。根据我国的民事诉讼基本制度，无法证明"有利害关系"的一方无法成为民事诉讼中的原告。因此，环境公益诉讼对于构建京津冀地区雾霾治理一体化的司法保障体系，起着十分重要的意义。

我国学者一般认为，环境公益诉讼制度，是指特定的国家机关、相关团体和个人，对有关民事主体或者行政机关侵犯环境公共利益的行为向法院提起诉讼，由法院依法追究行为人法律责任的制度。环境公益诉讼本质上是一种受害人以外的"第三人"诉讼。由于我国经济持续快速发展给大气环境带来了巨大压力，重大环境污染事件、雾霾天气频繁发生，单纯的行政管制和民事诉讼制度无法有效对抗大气污染行为给公共利益、生态环境造成的持续、巨大的损害和威胁，环境公益诉讼引发了我国法学界的研究和探讨，对于其原告资格、前置程序、举证责任等制度框架方面的设计都进行持续、深入的设计和论证。作为京津冀雾霾治理纲领性文件的国务院《大气污染防治行动计划》明确提出要"建立健全环境公益诉讼制度"，这也为三地司法部门探索建立环境公益诉讼制度提供了支持。

（一）环境公益诉讼的类型

1. 环境民事公益诉讼

环境民事公益诉讼是指公民或者组织针对其他公民或者组织侵害公共环境利益的行为，请求法院提供民事性质的救济，就诉讼主体和诉求而言，它表现出"私人对私人，私人为公益"的特点。

2. 环境行政公益诉讼

环境行政公益诉讼是指公民或者法人（特别是环保公益组织）认为环境保护主管部门的具体环境行政行为（如关于建设项目的审批行为）危害公共环境利益，向法院提起的司法审查，要求撤销或者变更环境保护主管部门的具体行政行为的诉讼。就主体而言，它表现出"私人对公权（即环境保护主管部门），私人为公益"的特点。

（二）有关环境公益诉讼的法律规定

1. 民事诉讼法

2012年修订的《民事诉讼法》第五十五条规定："对污染环境、侵害众多消费者合法权益等损害社会公共利益的行为，法律规定的机关和有关组织可以向人民法院提起诉讼。"

2. 环境保护法

2014年修订的《环境保护法》第五十八条规定："对污染环境、破坏生态，损害社会公共利益的行为，由依法在设区的市级以上人民政府民政部门登记、专门从事环境保护公益活动连续五年以上且无违法记录的社会组织向人民法院提起诉讼。"这是我国的环境保护基本法第一次规定环境公益诉讼的原告资格。

环境保护单行法。关于环境公益诉讼，我国单行环保法早就进行了规定。1999年修订的《海洋环境保护法》第九十条第二款规定，对破坏海洋生态、海洋水产资源、海洋保护区，给国家造成重大损失的，由依照本法规定行使海洋环境监督管理权的部门代表国家对责任者提出损害赔偿要求。"虽然并没有提到环境公益诉讼，但是该法条明确授权由监督管理部门代表国家对责任者提出损害赔偿要求——"依照法律行使海洋环境监管权的部门"，可以提起海洋环境公益诉讼。根据海洋环保法的规定，这些部门具体包括五个部门，即所谓"五龙闹海"：国务院环保部门、国家海洋部门、国家海事部门、国家渔业部门、军队环保部门，此外还有沿海地方政府行使海洋环境监管权的部门。

2008 年修订的《水污染防治法》第八十八条规定："因水污染受到损害的当事人人数众多的，可以依法由当事人推选代表人进行共同诉讼。环境保护主管部门和有关社会团体可以依法支持因水污染受到损害的当事人向人民法院提起诉讼。"

3. 其他政策性文件

2010 年发布的《最高人民法院关于为加快经济发展方式转变提供司法保障和服务的若干意见》提出，人民法院应当"依法受理环境保护行政部门代表国家提起的环境污染损害赔偿纠纷案件，严厉打击一切破坏环境的行为。"

（三）原告资格

环境公益诉讼的核心问题是原告资格问题。《民事诉讼法》第一百一十九条规定，"原告是与本案有直接利害关系的公民、法人和其他组织"。在雾霾天气中，国家和公众利益遭受严重损害，谁才能代表国家和公共利益，谁才能成为具有诉讼法意义上"有直接利害关系"的原告？

1. 社会组织

根据前述我国民事诉讼法的规定，法律规定的有关组织可以就损害公共利益的污染环境行为向人民法院提起诉讼，结合《环境保护法》的规定，可以提起环境公益诉讼的组织是：依法在设区的市级以上人民政府民政部门登记、专门从事环境保护公益活动连续五年以上且无违法记录的社会组织，即人们常说的"环保公益组织"。中华环保联合会《2008 年中国环保民间组织发展状况报告》显示，全国现有经过正式登记注册的各类环保民间组织 3 539 个。比较活跃的环保民间组织有中华环保联合会、自然之友、地球村、污染受害者法律帮助中心、公众与环境研究中心等，其中中华环保联合会目前每年提起 10 起左右环境公益诉讼案件。

美国和印度的环境保护非政府组织（Environment Non-Government Organization，ENGO)参与环境公益诉讼实践多年，积累了较为丰富的经验。实践中美国和印度的 ENGO 诉讼多是以对行政机关的不作为提起的诉讼，因此中国 ENGO 公益诉讼的重点也应当放在促使政府完善或者执行环境法律法规，而不仅是监督和处罚污染源和污染行为。由于环境影响评价具有深远的环境预防意义，ENGO 将力量投入有关环境影响评价诉讼是其参与环境公益诉讼途径的合理选择。

京津冀地区在一体化治理雾霾的过程中，应当大力培育环境公益组织，充分发挥现有法律对 ENGO 提起环境公益诉讼的授权，通过司法审判，加大对大气污染行为的处罚力度，极大增加大气污染行为的违法成本，以达到惩治和防范大气污染行为的目的；另一方面，通过地方性立法授予环境公益组织提起环境行政公益诉讼的原告资格，增加环境公益组织在大气环境影响评价过程中的监督作用，防范环境保护主管部门依法行政，并对可能造成大气污染的项目和行为起到较好的预防作用。

2. 环境保护主管部门

根据前述我国民事诉讼法的规定，法律规定的机关可以就损害公共利益的污染环境行为向人民法院提起诉讼，结合我国的环保单行法如《海洋环境保护法》的规定，行使海洋环境监督管理权的部门能够代表国家对责任者提出损害赔偿要求。应当注意的是，2014 年修订的《环境保护法》并没有规定什么样的机关能够提起环境公益诉讼，之前的专家建议"对有权提起公益诉讼的行政机关做出统一规定"并没有被采纳，在环境保护基本法的层面上，行政机关能否作为环境民事公益诉讼主体的问题仍然没有明确。

环境保护主管部门应当作为环境公益诉讼原告的原因如下。

（1）雾霾天气所造成的"污染环境、破坏生态，损害社会公共利益"的危害后果是对国家和社会公共利益的损害，环境保护主管部门适合作为国家和社会公共利益的代表。2013 年，北京频繁遭遇雾霾。北京市统计局发布的数据显示，2013 年北京国内旅游总人数和入境旅游总人数分别同比下降 8.9% 和 27.5%。虽然目前没有量化研究雾霾天气对入境游客数量的减少有多大程度的影响，但可以肯定的是，雾霾天气作为一个叠加因素会对我国旅游市场的稳定健康发展造成负面影响。据世界旅游和旅行理事会统计，2011 年中国旅行和旅游产值 6 440 亿美元，约占 GDP 9%。雾霾天气给我国经济造成的影响虽然不直接，但是必须引起重视。另一方面，有统计数据表明，气溶胶的浓度和肺癌死亡率之间有 7 ~ 8 年的滞后关联，这个只能说明有关联，但是否说明 PM2.5 浓度增加，肺癌就增加需由流行病学专家、毒理学和生物化学专家进一步研究。

（2）在雾霾天气之下，大气污染行为没有直接侵犯特定的公民、法人或者组织的权益，民事诉讼法所要求的"直接利害关系"的起诉条件，往往排除了一般公民、法人或者组织的诉权。

（3）环境纠纷中通常都涉及大量科技问题，证据的收集和保存需要专门的技术方法和手段，而且所涉及的科学上的不确定问题需要环境保护方面的政策性判断，环境纠纷的专业性决定了环境保护主管部门在原告主体上具有很大的优势。

环保机关作为依法监管环境的部门，不仅包含政府环境保护主管部门，而且也将具有环保职责的相关部门囊括其中，在提起环境诉讼时以民事原告的身份实施，从理论上来看，具有正当性，从现实层面上而言，也存在必要性。同时，由于某些因素的存在，公民与环保组织并没有起诉，环境监督机关或许考虑到均衡与选择各种不同的公益对环境利益予以忽视甚至抛弃，环保机关以原告的身份实施民事环境诉讼就具有必要性，然而在组织属性方面，环保机关归根结底作为行政机关，其关键职责与本职工作就是不断地建立健全环境行政管理机制，从而对于环境监管任务进行积极有效的实施；倘若环保机关颠倒主次，将监管环境的职责淡化乃至抛弃，并且对环境民事诉讼较为热衷，一方面浪费了司法资源，另一方面也浪费了行政资源，对确保环境公益的常规局面造成破坏。

在法律层面缺乏明确规定的情况下，有关环境公益诉讼的地方性立法实践成果丰富。例如，《海南省省级环境公益诉讼资金管理暂行办法》、重庆市《关于试点设立专门审判庭机制审理刑事、民事、行政环境保护案件的意见》、江苏省无锡市《关于在环境民事公益诉讼中具有环保行政职能的部门向检察机关提供证据的意见》等地方性规章和规范性文件。因此京津冀在一体化治理雾霾的过程中，也可以通过地方立法，如三地的高级法院分别发布关于环境公益诉讼的意见。例如，一体化机构发布关于环境公益救济专项资金管理暂行办法，用于环境民事公益诉讼的必要支出以及环境损害的消除和治理，制定相关的地方性法规、规章和规范性文件，明确环境保护主管部门的原告主体地位，充分发挥环境保护主管部门运用司法手段治理雾霾的作用。

3. 检察机关

对于环境民事诉讼，检察机关在提起诉讼时的身份为原告，然而我们不能不考虑的问题是原告的身份同法律监督者（检察机关）两者之间有没有在角色方面存在冲突，或者如此一来，原告、被告的诉讼地位是不是会欠缺平等性。当前，有部分学者认为，检察机关不仅是原告，而且也作为法律监督者，不但要立足于体制外，也要身处体制内，具有双重身份，也存在矛盾性，但是这种缺陷可谓不易修复。

在我国的司法实践中，由检察机关提起"环境公益诉讼"早已不是新鲜事。根据中华环保联合会的不完全统计，我国各级法院近年来已经受理环境民事公益诉讼至少17起，其中检察机关为原告提起的有6起。具体案件情况见表9-1。

表9-1 环境民事公益诉讼案件主要情况

当事人		数量和判决结果	典型案情
原 告	被 告		
检察机关	企业或个人	6起，原告胜诉	2009年，广州番禺区检察院起诉某皮革厂偷排废水造成海域陆源污染，要求停止侵害并承担环境污染损失费用
环保组织	企业	8起，原告胜诉	2010，中华环保联合会起诉要求贵阳市某造纸厂停止向河道排放污水，并承担原告律师费和诉讼费
环保部门	企业	1起，原告胜诉	2010年，昆明市环保局起诉要求某农牧公司停止对环境的侵害，赔偿大龙潭水污染所发生的全部费用
库区管理局	企业	1起，原告胜诉	2007年，某公司产生的废液堆放污染了红枫湖上游的羊昌河，贵阳市"两湖一库"管理局要求被告停止排污损害
海洋局	企业	1起，原告胜诉	"塔斯曼海"油轮发生溢油事故，致使渤海渔业资源和生态环境遭受严重破坏。天津市海洋局起诉船东索赔，法院判决被告赔偿原告海洋环境容量损失及调查评估经费等计10 000余万元，渔业资源损失和调查评估费等共计1 500余万元

　　由表9-1可以看出，我国司法实践中的环境民事公益诉讼的原告主要有环境保护主管机关、检察机关和环境组织三种类型，检察机关提起的案件比例约占35%。从法学理论上分析，环境民事公益诉讼检察机关担当具有充足的法理依据：随着现代诉讼法治与诉讼理论的发展，实体利害关系当事人理论逐渐为诉讼法上的当事人概念所取代，法国、美国、俄罗斯等诸多国家也纷纷突破这一原则，承认诉权与实体权利的分离。另一方面，现代社会对于国家作用的认识理论均强调国家在实现公共利益上的广泛责任，而检察机关是最适合代表国家利益和社会公共利益的诉讼主体，而且检察机关提起环境民事公益诉讼，是一种法定的诉讼信托。为能够确保国家与社会利益，检察机关对于纠纷会向法院提起民事诉讼，对检察机关需要其进行法律监督；基于国外经验而讲，在该国政治体制中，不同国家的检察机关在职能属性与法律地位方面有所差异，然而不管是英美法系抑或大陆法系，都具有相一致的行为，即为了保证国家和社会公共利益而提起民事诉讼。

所以，法院针对检察机关所提起的有关环境民事诉讼，倘若同《民事诉讼法》的相关规定相符合，就应依法受理。

在京津冀治理雾霾的过程中，应当充分认识到检察院在保护国家和社会公共利益、提起环境民事公益诉讼中的作用，充分发挥检察院在监督环境保护主管部门依法行政、合理行政、提起环境行政公益诉讼的作用。通过三地的法院和检察院联合发布司法解释等方式，或者以具体案例请示最高人民法院的形式，基于当地的司法实践，对检察机关提起环境公益诉讼做出探索性的规定：首先，明确检察院的环境公益诉讼主体地位；其次，在诉讼目标上，区别于实体当事人的损害赔偿诉讼，规定检察院提起环境公益诉讼的目标在于制止环境损害行为，消除环境损害行为对环境造成的破坏和负面影响，因此其诉讼请求也应当限于"停止侵害，排除妨害，消除影响"等，以免对环境受害人民事赔偿诉讼权利造成威胁或者侵犯；最后，在与环境保护主管部门提起环境民事公益诉讼的关系上，可以考虑设置前置程序，只有在检察机关先行建议环境保护主管机关及时履行职责，而环境保护主管部门没有在一定时间内履行的条件下，检察机关才能以原告身份提起环境民事公益诉讼，以此平衡环境保护主管机关和检察机关在惩处大气污染行为方面的关系。

第四节　京津冀雾霾治理一体化联防联控实现机制的教育途径

一、教育是促进能源节约的重要途径

建设能源节约型社会，除了政策引导之外，还必须通过教育来改变人的消费理念和消费行为，建立起人人节约的氛围，才能从根本上实现能源消费革命。

纵观国外经验，以能源教育为主的节能教育是其应对能源危机、改变消费理念、建设能源节约型社会的重要途径。发展能源教育具有急切的实际需求以及浓厚的历史动因，并非存在偶然性；传统层面在化石能源大量使用的方式下，造成石油危机以及能源趋于枯竭是兴起能源教育的主要历史动因，而因传统化石能源的大量使用所导致的大气污染问题及能源得不到持续发展成为急切的现实需求。基于此种背景下，世界各国逐步寻求有效的解决措施，因此能源教育的兴起和发展就成为众多解决措施中的一项重要对策。实施能源教育不仅是为借助人们意识

与行为的变化，强化能源节约意识，从而加大能源相对保有量，而且随着科学技术的不断发展，得以提高能源效率，进而加大能源绝对供应量；教育领域在肩负着向人们传播知识的重要责任的同时，也是对人们的意识进行改变，增强人们能源利用技术的重要场地。近些年，我国乃至国际社会持续关注的热点问题之一即为全球气候变化、能源安全及其价格。并且全球气候变化、不断受于限制的能源供应以及持续增长的能源需求在很大限度上影响了国内外多方面的发展；面对这些困难，提高能效成为切实可行的解决对策，通过在各领域（工业、商用建筑物以及住宅等）全面提升能效，以此解决能源与环境问题，能够在一定程度上开辟出新的就业岗位，并且刺激经济增长。除此以外，以教育方式提倡低碳绿色生活，最大限度地降低能源消耗量，促进社会的可持续发展，此为兴起能源教育的重要原因与价值。

远古时期人们有意识地用火，从某种角度体现出人们有目的地利用能源。18世纪产业革命后期，人类开始大规模地利用能源，特别是煤炭的使用量极大程度地加大；20世纪之后，伴随汽车工业的突飞猛进，尤其是人类居住环境不断地恶化，国际能源结构出现改变，电能被人类大规模地使用，然而绝大多数电能的产生通过煤炭消耗的热能而来，大规模煤炭消耗排放出大量的温室气体，由此出现众多的环境问题；继而，人类又对石油进行大规模的开发，然而在20世纪70年代出现的两次石油危机让人类意识到仅依赖于非再生资源是不可取的，之后人类又探索能够替代石油的新能源，陆续开发了核能和太阳能等，然而人们也注意到在经济性、实用性等层面利用太阳能存在诸多的问题，并且对于核能的安全性等问题也一直备受争议。

热力学第二定律表明，在能量的生产和使用过程中，能量转化不可能是百分之百，而是存在着一定的损耗和对环境的影响。尽管物质是不灭的，但是能量的质量将会衰减，有效、优质、便于利用而且低成本的能量会越来越少。"信息等于负熵"的理论由法国物理学家布里渊于1951年提出，他指出某种特定意义的能源即为信息，如此便凸显出能源教育的必要性。按照"信息等于负熵"的理论，倘若把节能信息、能源知识以及技术有效传播，使人们几乎都能够对节能知识与节能技术进行掌握，同时主动地节约能源，从本质上来讲就加大了社会能源供应，并且是供应的净值。奥巴马政府提出的智能电网计划其实质也体现了信息就是能源的观点。通过数字化、信息化电网建设，使得电网不仅传输电能，同时输送各种信息，将供能和用能进行智能协调优化，实现各类分布式能源、储能装置和用电设置并网接入标准化和电网运行控制智能化，从而在能源供应侧和需求侧保持有效平衡，在协调中增加新的供应能力，确保安全和节能。

从严峻的能源形势出发，人类必须制订一整套合理利用能源的计划，以便在能源利用和能源供给方面寻求有效的平衡。然而从理论层面来看，切实可操作的能源节约方案有时候也不会被完全运用抑或被人类理解而主动地去运用。根据相关统计，经济潜力在国外发达国家全部消耗的能源中很大限度上未被开发出来，有 30% 左右的能源浪费；由于受到诸多方面的影响，如个人行为习惯、经济利益团体、市场以及体制等，虽然在技术、经济层面上存在切实可操作的能源节约方案，然而并不可以对其充分地实施。

针对合理利用能源的阻碍因素，Webber 指出通常包括下述四方面：①组织。不同的经济利益团体，特别是企业。②体制。政府与地方相关部门的责任心。③市场。销售能源或相关产品合同条款中方案的不确定性。④个体。个人世界观、价值观及其行为。作为一个生产系统，社会旨在提高人们的生活质量以及追求其舒适性，所以人作为使用能源的最终主体也由此决定。如此一来，能源节约的有效手段即为避免浪费、采取循环利用降低自然资源的消耗量、减少单位能耗以及提高单位产能效率。然而，这些要想进一步实施就需要改变人类的行为以及伦理观念和审美标准，在最大限度上主动地选用能耗低的服务与产品。事实是虽然我们清楚阻碍能源合理利用的因素，知道让广大人民群众懂得节约能源的重要性，但却没有及时地唤醒民众的节能意识，使社会没有收集足够多的合理利用能源的方法，或者即使收集了一些也没有得到推广和贯彻。作为推进社会变迁的一项重要工具以及对知识进行传承的重要载体，教育能够对人们的价值观、人生观和世界观予以改变，提高他们对事物的认识能力，能够切实意识和理解到能源问题，从而构建科学的能源生产与消费模式。

伴随国内社会经济的突飞猛进，能源消费量也在日益加大，特别是诸如化石燃料等不可再生资源的大量使用已引起社会各界的普遍关注，同时，因燃烧化石燃料而导致的各种环境问题（酸雨、全球变暖以及大气污染等）也令各界担忧。为此，构建节约型社会，节约能源应摆在首位，由于绝大多数的能源都是非再生资源，为能够达到最大限度上利用能源，唯有依赖于提高能源教育，而开发可再生能源同样离不开技术教育的增强。在严峻的能源形式面前，我们一定要采用有效对策，如增强能源教育、对能源政策进行调整等，将不具合理性、科学性的产业经济结构予以转变，制定可持续的能源发展战略，在终身能源教育背景下强化民众的能源意识，从而使其自觉坚持节能理念，增强能源节能技术，培养其节能生活和行为习惯，此为兼顾开源与节流的能源可持续发展的强有力措施。

在提高能源效率层面，教育充分发挥了其战略价值。新技术必须通过教育来推广，因为新技术如果使用者不确信或者不能掌握就无法起作用，对消费者行为的改变依靠增强社会与消费者的利益意识进而促进节能，鉴于最根本的人类动机可谓个人利益，节能在一定程度上就是节约支出，并且实现节约的规模性往往基于若干小环节即可达到，所以将个人利益同非消极性的社会利益有机地地结合在一起，在良好开展能源教育方面已成为有效的激励因素。

政策的效用只是能使公共交通在替代小汽车上更有吸引力，但教育活动可以通过提高保温措施或者正确设定温度使家庭减少热量使用。比如，对轮胎的准确检查，一个轮胎低于规定气压就会提高汽车燃油消费的4%。因此，确保所有公民具有"能源意识"是一个关键，能源教育的目标就是要通过教育确认社会和个人能够做什么，提升对能源危机的意识和背景的掌握，并解释清楚这些行动的益处。

能源教育在节约能源和提高能效上是最有成本效益的方法，全球无数实践和研究都证实了这一点，从下面几个能源教育的实践例子就可以看出。

（一）巴西的能源教育活动

巴西1985年启动了国家电力节能计划，该计划资助国家和地方公共组织、国家机构、私人公司、高校和研究机构实施能源效率教育项目，到了1998年，该计划用于奖励、职员工资和咨询服务的预算已经达到2 000万美元，而每年用于项目资助的经费已经达到了1.4亿美元。Procel项目评估发现其累计活动大概每年可节约5.3太瓦时(1太瓦时等于10亿千瓦时)的电量，相当于巴西1998年全年用电量的1.8%，此外，1998年电厂由于接受能源教育提高了1.4太瓦时的电量生产。这些年节约的电能和发电的增量使国家公共电力部门减少了1 560兆瓦容量的建设，相当于减少了3.1亿美元的新电厂及传输配送设施建设投资(见表9-2)。

表9-2　1999年巴西不同能源教育活动减少能源使用的成本效益分析

活　动	能源节约 /（吉瓦时 / 年）	1999 年投资 /（千美元）	成本效益 /（美元 / 千瓦时）
教育	69.71	744.86	0.01
培训	8.89	187.48	0.02
工业	64.02	3 805.02	0.06
公共照明	172.87	15 965.66	0.09
公共建筑	21.68	2 706.27	0.13
输电	368.01	50 336.51	0.14

活　动	能源节约 / （吉瓦时 / 年）	1999 年投资 / （千美元）	成本效益 / （美元 / 千瓦时）
住宅	21.99	3 212.90	0.15
商业	17.86	2 660.55	0.15

资料来源: RA Dias, CR Mattos, JAP Balestieri. Energy education: breaking uo the rational energy use barriers[J].Energy policy, 2004, 32(11): 1339-1347.

由表 9-2 可以看出，比起其他活动的节能投入，能源教育和培训活动是最具有显著经济效益的投资行为。

（二）比利时的能源教育活动

布鲁塞尔环境管理协会是其首都区域 100 万人的环境和能源监察者，是所有布鲁塞尔人生活环境的代言人，是一个研究、规划、建议和信息的载体。其对布鲁塞尔地区的废弃物、空气质量、噪音、公园、森林、水、土地和能源都有监管权。据协会的统计，单纯地改变行为就可以降低 3% 的供暖中的热量消耗，不需要额外的投资，相对于那些安装绝缘体、更换锅炉或其他更有效的设备，改变行为是最划算的方法。

（三）英国开展的"能源现状：能源教育进家庭"活动

该活动效果经调查问卷显示，8 到 9 岁的儿童能够为他们的家庭提供有效的能源建议，而且参加这个项目的 76% 的学生的家庭改进了他们的节能行为。这比专业人士提出的能源建议具有更好的效果。因为家庭受到儿童的影响要多于其他信息资源影响的二倍，平均每个家庭采纳了 3.5 个"儿童建议"的能源节约行为。

提高能效的措施包括采用能效新技术和改变消费者的行为，这需要全社会各领域的努力，从工业、商业、服务提供、商店、建筑、交通到个人家居，每个人都可以有所贡献，社会各阶层，从世界、地区到地方决策者到银行、国际组织和市民都要发挥作用。

能源教育的主要内容是传播信息。教育改变的是人的用能理念和方式，从这个角度看，如果我们将能源知识和节能信息与技术有效传播，让更多的人掌握节能知识和技术，并自觉自愿去节约能源，其实质是增加了社会的能源供应。

基于现阶段而言，国内对能源具有很高程度上的需求量，然而国内的能量资源的总体特征为天然气、石油较为缺乏，而煤炭的总量相对较多，一直避免不了的问题是结构性缺能，在确保我国能源安全上，节能已作为一项现实工作。基于当前状况，虽然在技术、经济层面，形式多样的节能设备与节能措施受到了普遍关注和认可，然而，这些节能措施由于人们的意识问题尚未进一步落实；在开发新能源以及改进技术方面势必要经历一定的时间，而保证大气污染治理效果良好，就需要增强人们的能源节约意识，提高其自觉主动性，强化人们的节能技术。

二、加强能源教育，促进三地能源消费理念和行为的革命

京津冀一体化早在 2011 年就被纳入国家"十二五"规划，实现协同发展是重大国家战略，必须坚持优势互补、互利共赢、扎实推进，加快走上科学持续的协同发展道路。京津冀一体化发展的步伐随着北京、天津、河北三地的多方努力有所加快，但是一体化过程中存在的问题依然非常突出，如资源环境等客观矛盾不容忽视，经济、教育、环境等三地存在明显的差距。近年频发的雾霾和大气污染更是京津冀一体化进程必须直面和解决的问题。

根据环保部发布的 2014 年 4 月 74 个城市空气质量状况报告，2014 年 4 月份，全国 74 个城市达标天气比例平均为 70.6%，而邢台、石家庄、邯郸等 13 个城市达标天数比例不足 50%，超标天数以 PM2.5 和 PM10 为主。按照城市环境空气质量综合指数评价，2014 年 4 月份空气质量相对较差的前 10 位城市分别是邢台、唐山、石家庄、济南、邯郸、保定、天津、秦皇岛、北京和廊坊。在 2013 年排名中，除河北省 7 个城市外，天津和北京也紧随其后分别排在第 11 和 13 位。可见，京津冀地区一直是我国大气污染最严重的区域。

中国政府一直都很重视能源教育工作。2006 年 1 月 1 日起正式施行的《中华人民共和国可再生能源法》特别提出："国务院教育行政部门应当将可再生能源知识和技术纳入普通教育、职业教育课程"。《关于加强节能工作的决定》由国务院于 2006 年 8 月颁布，指出在高等教育、基础教育以及职业教育体系中增加节能知识，同时确定成立国家节能中心，展开节能相关问题的探究工作，从而为发展国内能源教育提供了良好机遇。

相较于国外能源教育发展模式而言，我国能源教育与其有所差异，国内能源教育一定要在公民教育体系中有所体现，由于我国人口庞大，经过正规教育渠道实施能源教育，能够在最大限度上确保规模与效用。国外能源教育项目发展已经日趋成熟，而国内能源教育尚处于起步阶段，为此在构建与完善能源教育体系的过程中，一定要参考借鉴国外已经成熟的能源教育发展经验。通过分析国际能源教育发展，可以得知：①在实施和推广能源教育的过程中，政府部门发挥了主导

性作用。各级决策部门必须在最大程度上注重能源教育，并且应该确保所展开的能源教育活动与项目具有充足的资源支持以及资金保障。②为了保证开展能源教育实现既定的效果，需要全民共同参与，激发其全民的能源意识并调动其能源热情，在能源教育进程中鼓励学生和学校领导人员、家长、能源技术专家以及决策人员共同参与其中。③持续地扩充能源教育知识，以衔接和稳定能源教育活动，在稳定中求发展。对国家常规课程教学体系进行改革，将能源教育课程融入国家课程体系中。④量化能源教育标准，规范学生在使用能源过程中的行为，加大能源利用效率。

目前，在京津冀地区开展能源教育，可以从以下几个方面入手。

（1）由京津冀三地联合教育部会同能源主管部门在京津冀地区开展能源教育的组织试点工作，可以考虑由教育部牵头组织，待经验丰富后在全国进行推广。由教育部牵头，联合能源管理部门先在京津冀三地开展前期试点工作，启动资金由京津冀三地按照 GDP 比例适度分担，教育部和能源局支持部分专项经费。具体叙述如下：①以教育部组织为主导，组织京津冀三地成立京津冀地区能源教育发展委员会，对能源教育体系的论证工作进行构建与实施，加强基础性工作，诸如能源课程的开设、能源教材的开发、能源教育网站的建设以及评估标准的制订等。②通过教育部发文，将能源教育的试点工作在京津冀区域各方面的正规教育体系中开展，能够在高等教育的公修课程、高中的研究型课程、中小学的课外活动课程以及幼儿园的游戏课程中融进能源教育的相关内容。教育部应组织相关力量对各层面的课程和教材以及补助教学资源进行开发并且持续地创新，旨在实现能源教育需求的目的。

较为有效的举措即在普通高校进行能源通识教育试点，并开设理论与实验课程，同时开发较为适用的教材。选择在普通高校开设能源通识教育试点，究其原因在于当该模式趋于成熟后，能够相对容易地普及到家庭、社区层面，高校能够组织已经理解和掌握能源教育知识的大学生通过实习的方式深入家庭、社区中推广能源教育工作，从一定程度上也克服了能源教师不足的问题。理论教材和实验教材作为能源课程教材的两大主要部分。前者（理论教材）注重学生能够初步掌握能源基础理论知识，具体涵盖了以下几方面内容：①能源概论：国际能源与未来、全球能源形式、国内能源现状与未来、能源类型和单位等。②能源科学：能源基本定律、能源技术与经济、能源产业发展以及能量转换等。③能源利用和展望：涵盖了诸如天然气、石油和煤等不可再生资源以及诸如核能、氢能、地热能、风能和太阳能等可再生资源。④能源节约：其一，能源节约的目的和意义；其二，各类能源节约的基本方法，涵盖了各个层面的能源节约方法，如生活用能、交通运输、建筑物以及工业生产部门等；第三，能源节约和能源政策的关系等。实验课程最好同理论课程相配合，如此一来能够对学生运用理论知识以及动手能力进行更好的训练。实验教材主要包括的内容如下：①能源转换：电能储存、电磁能转换效率与损失、电能和热能的转换等；②能源管理：加强能源效率、节能计划设计以及负载管理等；③能源有效利用：能源审计和统计、热电联产、气电共生以及能源节约的经济评估等。

普通高校能够同时开设理论课程与实验课程，相辅进行，可以开设在大三上学期，一学期作为授课时数，理论课程30学时、实验课程30学时，总共60学时。在讲授过程中，教师应注重对学生能源科技知识的强化，并且还要使学生掌握能源节约的方法。教学过程中，教师能够采用参与式教学法，全班学生进行分组，选择不同能源题目的活动，并且可通过下述方法实施教学：表达和理解、解决问题、自我学习、讨论与思考等。

（2）待教育条件完善，能够经教育部组建能源教育推广中心，并在与能源有关的科研机构与院校成立能源教育师资培训中心，进行大范围能源教育推广工作；使公民教育系列和非公民教育系列都有能源教育的推广，在实施某些能源教育组织运营与管理课时总结国外成熟经验并借鉴非政府组织的形式，对民众、企业和社会的捐助给予大量的吸纳，同时面对社会索取能源相关服务的费用，进而发挥不同资源优势来扶持能源教育，并且使全民参与其中。通过能源教育旨在加强人们的能源意识，自觉地节能并提高节能技术，化解能源压力；此外，假设国家成立能源部，能够将能源教育管理部门专设于能源部的节能局，同国家节能中心共同面向社会推广能源教育。根据国外经验而言，通过非政府组织对能源教育进行推广，效果更佳。

（3）加大推广与宣传能源教育的力度，进而形成特色的和专门的能源教育机构，推进建立能源教育课程建设与评价机制。重点在企业、社区和学校借助网络媒体资源和教学资源等加强能源教育的宣传力度，如开展企业能源效率培训、创办能源知识竞赛等各种活动；深层次扩充能源项目管理、咨询、培训以及教学等专门机构，应邀请专业能源教师与顾问，针对学生开发适用的能源教育课程，针对企业及其员工开发能源相关项目以及强化相关培训，提高员工节能技术。

对能源教育课程标准，国家要进行统一制定，开发并及时推广能源教育活动项目，并且能够借助地方政府教育部门同本地现实状况相结合，设置能源教育课程，特别是应安排专业力量进行能源教育的研究，在某些具有知名度与学术价值高的领域，如太阳能、生物能、电能和风能等，在学术方面有突出成果的学者可参与到研究和宣传能源教育中，及早研发出同我国现实国情相适应的能源教育课程教材、项目推广方案以及教学评价标准等；继而加大能源教育项目的开发力度，项目试点设在我国学校，待成功后方可推广于全国。此外，需要注意的是应在能源教育项目实施过程中，注重能源教师师资力量的扩充，旨在为能源项目教育的顺利进行奠定扎实的基础。

　　综上所述，为达到节约型社会建设目标的实现，有必要深层次强化技能工作效果，加强公众特别是青少年学生的节能意识。从国外相关经验来看，比较有效和实际的路径即为能源教育。但是，国内的能源教育尚处于起步阶段，需要我们长期为之探索和奋斗。同时，唯有对国外相关经验的持续吸纳，并同国内现实国情相结合，方可增强能源效率，达到能源可持续发展战略目标的实现，不断推动社会主义节约型社会建设和环境友好型社会建设，最终建成"天人合一"的和谐社会。

第十章　京津冀雾霾协同治理府际合作研究

前几章按照单方治理主体论述了相应的治理途径与对策，本章着重对府际合作治理做深入探讨。

第一节　府际合作的相关概念和合作意义

一、府际合作治理的概念

所谓府际合作治理，是指中央和地方、地方之间以及公私部门协同组建的政策网络，继而逐步地形成网络化治理模式；作为一种具有多元主体交互的系统，网络治理侧重于府际间合作与协调机制，同传统府际关系（注重层级节制）有所不同，同时重视竞争和以顾客为导向的市场模式。

为了强化公共利益，府际合作治理需要政府部门与某些非政府部门相互合作，非政府部门指的是公民、第三部门以及盈利部门等，这些公共管理体互相依赖并且对权力进行分享，同时针对公共事务进行协同管理。治理，从政府部门视角来说，即从划桨逐渐转为导航，甚至演变为服务；从非政府部门来看，即由被动转化为主动，由排斥转变为参与。

总之，府际合作治理作为一种社会合作过程，在该过程中，国家虽体现出重要地位，但或许并没有发挥支配性功用，府际合作治理的目标是公共利益，其呈现出政府管理内涵的转变，注重一种全新的管理过程或管理社会的方式，强调对有序统治状态进行了改变。

依据府际合作治理的内涵能够将其特点归纳为如下几点：①跨地区的外部效益：某政府机构采取的政策或者其他公共组织采取的行动而出现的结果或许会需要其他地区的组织与民众予以共同承担；②无法分割的公共性：鉴于政府层级、

企业组织或某一政府部门对公共议题范围不存在管辖权，所以解决问题的方案就不可能仅依赖于企业组织或者单一的政府部门去实现，而要加强跨部门和跨地区的协调；③政治性：鉴于府际合作存在不可分割的公共性，所以不管在给予公共物品抑或治理公共劣品均离不开某种政治性的安排。譬如，建立多重组织伙伴体制、联结双方议题或者介入政府单向行政权力。

二、京津冀雾霾治理府际合作的研究意义

当前，在京津冀地区雾霾危害肆虐的同时，我国对于京津冀一体化正在不断推进。针对京津冀区域的雾霾治理，离不开府际合作加以推行，京津冀一体化的运行载体及其管理主体即为府际合作，所以探究京津冀三地协同治理雾霾的府际合作有着重要的现实意义以及多重效应，当前已受到普遍的重视。

京津冀区域的雾霾持续严重，给当地居民的生活及健康造成了严重影响与损害，并且随着雾霾的日趋严重，治理雾霾上升到国家层面已成必然，雾霾问题从一定层面上反映出的不单是民生问题和环境问题，更为重要的是折射出发展问题以及深层意义上的雾霾治理多元化的问题。在新时期我国政治格局中，京津冀区域的地位具有特殊性，治理三地雾霾，各级政府和相关人员在进一步研究的基础上提出了众多积极的治理措施。

京津冀区域是我国极为关键的经济中心与政治中心，其地位十分重要，京津冀三地的大气环境质量牵涉到国家经济和人民生活，在很大限度上影响着我国政府的执政能力以及在国际上的形象。我国政府转变发展方式之一即为京津冀区域大气污染的治理，而其中的主要工作内容包括重视人与环境的协调发展，开展生态文明建设，走可持续发展的道路。若想使持续严重的雾霾污染态势得到抑制，保障我国人民健康的生活以及社会发展，就需要政府想尽一切办法与举措，积极引导并且协同社会多元力量参与其中共同治理，构建大气污染治理的良好氛围。

当前，针对京津冀区域而言，三地经济发展水平呈现出明显的不均衡状态，在诸多方面存在或多或少的不同。譬如，能源资源结构、产业结构调整以及企业环保准入机制等；另外，京津冀府际主导的模式仍然处在刚起步的阶段，还比较薄弱，各方面的问题依然亟待解决，诸如强制性执行有待增强、协调机构的权威性有待强化以及府际协议的法律定位有待清晰等，区域共同治理需要进一步规范化。应对日益严重的雾霾污染进行紧急治理，同时将治理雾霾作为机遇，采取具有可行性的实际行动，如大气污染区域联动预警以及重大环保项目统一规划等，倒逼中央政府同京津冀三地政府之间达成治理区域雾霾的共识，不断地健全与构建府际合作的治理机制、治理平台以及治理职能。

由于京津冀三地具有较为突出的政治地位、战略地位，不单存在一般属性——区域性，更为重要的是具有特殊属性——国家性；基于持续深化改革与现代经济社会化发展需求，京津冀区域雾霾治理和三地空气质量的改善，从中观层面而言，能够有效推进京津冀三地空气质量的改善、优化工矿企业和居民消费能源消费结构，调整产业结构布局，从而全面增强循环经济、低碳经济效益；基于宏观层面来讲，京津冀区域雾霾治理势必对三地打造国际化大都市，促进其经济发展以及实现社会高度文明、产业结构科学和环境优美的局面发挥出不可代替的作用。

　　从一定程度上来看，空气的流动性以及区域的毗邻性是造成雾霾产生扩散与弥漫的直接因素。通过科学研究和分析，得出雾霾成因极具复杂性，怎样通过具有科学性的系统统筹分析法，按照它的内在特性与自身规律，实施稳固的决策优化以及科学的决策分析，如此方可从根本上治理雾霾。所以，倘若我们在治理雾霾的过程中，只是局限在某一区域或者某一时间，以只顾局部而不看全局，只顾当前而不注重长远的态度，是不可以从根本上对雾霾进行有效治理的。诚然，要彻底治理雾霾，就需要强化地方政府间合作机制的多元化，公共政策主体实施深层次的跨区域、协同等府际合作进行雾霾治理，方可掌控雾霾治理的核心与关键。因此，基于现阶段国内发展态势以及形式需求，对目前京津冀区域雾霾污染府际合作治理所采取的对策进行分析，同时针对三地缺乏府际合作管理方法效率予以探究，从而形成地方政府间的良性多元化机制，该机制的基础是区域内行政主体长效战略合作机制；内容为规范各权力主体的日常行为；手段和目标分别是实施调动各层面积极参与性，实现各方主体利益有机协调；最终将具有科学性的效度与量度检测作为评价。该良性机制的建立可以在最大限度上加强京津冀三地雾霾治理的府际合作，优化雾霾治理路径，为此该项任务显得迫切而又重要。

　　加强京津冀区域雾霾治理的府际合作具有一定的基础性，即基于新时代特性、国内社会背景与社会管理、发展理念以及政府管理实践，其作为一种新的运作机制、治理模式以及管理方式展现在国内公共管理领域，可谓具有多方面的创新，诸如综合应用政策工具的创新、体制机制创新以及管理方式的创新。所以，在现代化国家治理体系及其治理能力的视阈下，提倡构建绿色生态文明，加速京津冀一体化发展的国家层面上，对三地雾霾治理的府际合作进行探究，必然具有极为重要的理论价值与实践意义，相信在京津冀雾霾治理的府际合作下能够彻底改善大气环境，使人们呼吸到干净的空气。

第二节 京津冀雾霾治理一体化府际合作的必要性和动力

一、京津冀雾霾治理一体化府际合作的重要性与可行性研究

现阶段，国内地方经济竞争已趋向于城市群经济体制逐步替代了以往单一的行政经济体制，每个行政主体在城市群经济体制内均承担着同一任务：同呼吸、共命运！2015 年 4 月 30 日，中共中央政治局召开会议，《京津冀协同发展规划纲要》被审议通过；《最高人民法院关于为京津冀协同发展提供司法服务和保障的意见》由最高人民法院于 2016 年 2 月 18 日发布，京津冀协同发展的顶层设计已大致形成，并且已明确促进实施该战略的整体方针；北京市环保局于 2015 年 7 月 22 日在"贯彻京津冀协同发展战略"专访发布会上指出，针对河北省保定市和廊坊市的大气污染，北京市将给予 4.6 亿元的费用支持；天津市将投入 4 亿元用于治理河北省沧州市和唐山市的大气污染；河北省于 2015 年淘汰 10 t 以下小锅炉以及治理大锅炉的数量分别为 2 520MW 左右、2 380MW 左右；共有 77 万吨的燃煤减少。通过上述介绍可知，京津冀区域政府间协同治理雾霾的新型模式即为府际合作治理雾霾，该模式可谓一种行政新视野，从纵向分析，有助于国家既定目标与雾霾治理任务的完成，将解决京津冀三地雾霾治理一体化作为价值导向，采取协同治理、加强交流、实现合作的大局方式，依靠非层级节制的新型治理模式。府际合作理论能够应用于对京津冀区域大气污染治理所产生的各种新问题进行解决，进一步推动三地间的政府融合，从而对诸多难题予以解决，如地方性的经济垄断、行政壁垒以及交互、合作的缺乏等。

京津冀一体化的核心症结在于治理雾霾。通过数十年的探索，京津冀地区于 2013 年签订合作协议，探究组建大气污染防控合作工作机构；在北京市气象局，京津冀环境气象预报预警中心于 2013 年 10 月成立，实现了环境气象监测、预报和预警服务一体化业务平台，达到环境信息共享的目的。"大气污染综合治理协调处"于 2014 年正式成立，工作任务主要是对京津冀三地及周边区域大气污染防治联防联控进行具体联络与协作；《京津冀及周边地区大气污染联防联控 2015 年重点工作》于 2015 年出台，划定京津冀区域雾霾治理核心区总共 6 个（北京市、天津市，以及河北省廊坊市、保定市、沧州市和唐山市），建立统一的空气重污染预警会商和应急联动协调机构，通过"2+4"协作模式明确合作过程中京津冀资金与技术支持等相关问题。所谓"2+4"的协作模式，指的是北京同河北省的保定市

与廊坊市对接；天津与河北省的沧州市、唐山市对接；在资金和技术上给予河北省四市保障，将重点工程项目落实，协同推进区域大气雾霾治理速度。

二、京津冀雾霾治理一体化府际合作的动力

单凭京津冀区域自发协同治理雾霾并不可以彻底解决行政机制体制所带来的极强的阻滞性，因此要想根本上消除阻碍，要依赖于政府的强大意愿，同时具有牢固的舆论基础，从而将趋于理性的经济行为不断地形成。传统的行政管理体制为层级制，在京津冀雾霾治理一体化治理过程中，府际合作受其约束具有程序与制度方面的劣势，不易充分地将府际合作的优势发挥出来，为此，京津冀雾霾治理一体化需要形成制度体系。该制度体系从横向层面来讲，将协作和联动机制作为目标；从纵向层面而言，以政策为导向，并且为了进一步保障制度体系，还要具有强制力。当前，针对京津冀三地雾霾治理来说，已有特定的社会资本所积累，奠定了京津冀雾霾治理一体化的府际合作。因此，不管是从理论层面还是战略共识角度，抑或是在日益激烈的市场竞争中均可为京津冀雾霾治理一体化府际合作探寻动力出口。

（一）新"政府再造"运动为府际合作提供理论依据

国际上自从 20 世纪 80 年代均出现了新公共管理运动，易言之，政府行政管理革新以及"政府再造"运动，再换句话而言，即为国际学术界上所倡导的治理与善治理论。鉴于京津冀雾霾治理一体化较多侧重于政府间合作治理及善治，更离不开同当代社会治理要求相一致的"政府再造理论"。在雾霾治理一体化过程中，政府治理从横向层面和纵向方面都对我国政府做出了要求，横向层面，确立制度化府际合作关系，在对横向府际间的合作内容与模式、制度规则进行制定时需要依据宪法和法律，并且对各地方政府的事权、财权予以明确规定，进而给政府间的横向竞争、博弈以及合作提供理论依据并且打下稳固的制度基础；纵向方面，需要对行政、立法以及司法权力进行明确，同时使之互相约束。政府善治则需要京津冀三地政府基于相互认同的规则，及时地落实并协商，构建京津冀雾霾一体化治理框架，使之规范化、体系化和制度化，京津冀三地政府要在最大限度上降低自身利益，以大局为重，变分散为集中，协同共促京津冀雾霾一体化治理的良好局面。

（二）纵向战略为府际合作奠定了强大的动力基础

伴随京津冀三地雾霾污染的持续加重，各级政府逐步地意识到雾霾给人们的

生活所带来的严重危害性，并且陆续制定了多种关于治理雾霾的对策。《重点区域大气污染防治"十二五"规划》由国务院于 2012 年 9 月发布，提出了五项创新机制，其中包括建立区域大气联防联控制度环境信息共享机制;《大气污染防治计划》由国务院于 2013 年 9 月发布，在治理雾霾政策中可谓一项最严厉的新政;《京津冀及周边地区落实大气污染防治行动计划实施细则》由多部门（国家发展和改革委员会、环境保护部等）于 2014 年 9 月联合发布。经过数十年的探索，京津冀一体化已经逐渐地趋于成熟，《京津冀协同发展规划纲要》由中共中央政治局于 2015 年 4 月 30 日审议通过，其中更多地注重生态问题，明确指出京津冀一体化进程中，环保、交通以及产业升级作为重要领域，应最大限度地率先获取突破性进展。而在环境保护层面，提出了诸多要求，重点包括实施清洁水行动、建立一体化的环境准入和退出机制以及联防联控环境污染等；除此以外，"阅兵蓝""APEC 蓝"的成功创建，也给雾霾治理奠定了强大而又稳固的动力基础。

（三）竞争性市场逆向促进了京津冀雾霾治理中的府际合作

京津冀三地政府推进一体化雾霾治理的初始动力即为市场竞争机制。传统政府理论指出，作为某一特定地区范围内的单一行政主体，地方政府不仅具有强制性，而企业也存在垄断性。"用脚投票"理论由美国学者 Tiebout 于 1956 年提出，在学术界又称作蒂博特模型 (Tiebout Model)。该模型的关键思想为，倘若在空间上生产要素能够自由地流动，那么城市间的竞争性就会存在。通过上述分析，京津冀三地在治理雾霾的过程中也一直具有内在的竞争性；本书认为，在雾霾治理中，人们的迁徙与居住选择发挥着较大推动作用。基于自由流动的制度背景，通过"用脚投票"，民众和企业可以选择能为其给予更加优质环境的政府，其可以促进各地方政府均存在一种内在动机，即保证区域环境治理的有效供给。试想，各地方政府中有某个政府雾霾治理得良好，将会引来较多的企业在当地投资，人们也会来到这里生活居住，由此该政府就会在"票数"上占据相对较高的优势；相反，假如在各地方政府中，有某个政府同其余地方政府在诸多因素方面相对一致，然而该政府治理雾霾的效果微乎其微，则会造成投资者转向其他地方政府予以投资，民众也会到其他政府辖区生活居住，由此一来，该地方政府在"票数"上就处于相对的劣势地位。"用脚投票"的行为从虚拟程度上呈现出民众与企业的迁徙行为，而从本质上来讲，"用脚投票"行为极大限度上促进了地方政府间的良性竞争，为京津冀雾霾治理的府际合作提供了逆向动力。

第三节　京津冀雾霾治理一体化府际合作困境

　　针对京津冀"雾霾圈"而言，指的是一线城市：北京市和天津市，以及河北省的二线或三线城市：石家庄和保定、廊坊和承德、秦皇岛和唐山、衡水和沧州、张家口、邯郸和邢台。鉴于京津冀"雾霾圈"牵涉众多的城市，加之每个城市的级别不一，具有不同的功能定位，并且各个城市的资本实力有所差异，经济发展存在不均衡性，所以受限于纵向层面的调节机制以及政策性文件的缺乏和指导，京津冀"雾霾圈"中的各个城市要想在雾霾治理一体化中达到各自既定利益实现的目的具有一定的难度，况且，各个城市所具有参差不齐的资本实力，造成雾霾治理过程中的投入也会有所不同，从而使得京津冀三地在雾霾一体化治理进程中所形成的行政壁垒进一步加剧。在执行"契约"性文件时不够顺利，一定程度上使京津冀三地政府间的交流合作受到限制，京津冀三地政府对"理性人"假设，即合乎理性的人的假设予以追求；也在奔向有利的一面，而避开有害的一面。

一、资本投入不均

　　经济多极化往往由地方保护主义造成，经济多极化对京津冀雾霾治理一体化的影响体现在加大了资本投入均衡的难度。通过京津冀三地环境保护局（厅）的部门收入支出预算、决算（2015年）表明，有两项的投入具有十分显著的差距，即大气治理、节能环保。北京、天津和河北对这两项的投入资金分别是47 987.5万元、47 177.2万元和28 375.4万元，可见资本投入比例的差距较为严重，造成三地在治理雾霾过程中呈现出效果有所不同，进一步加大了京津冀雾霾一体化治理的难度；为此，京津冀区域有关部门一定要协同配合，切不可使任何一方在雾霾治理方面有所落后，影响整体治理效果。确保资本投入的科学性、合理性，能够有效促使京津冀三地在治理雾霾过程中形成良好的经济互助体系，同时能够最大程度上推动京津冀三地的府际合作。基于此，及早缩小三地投入差异，均衡府际间的投入成本，从而推进三地政府的协同、互助机制，具有十分重要的现实意义。

二、"契约"执行不畅

　　在雾霾污染不断加重的背景下，京津冀政府对于府际合作中的协商和交流的原则尚未形成实质性的依循，造成在执行协同发展纲要时体现出不顺利；近些年，京津冀在雾霾治理方面均基于规划与纲要设计，从而有众多的治霾政策与协同治理的文件相继出台，京津冀一体化雾霾治理迈上新台阶。然而，鉴于在府际合作过程中，国内现有的行政管理体制很容易形成地方间的行政壁垒，同时没有强制力辅以保障，由此导致"契约"执行缺乏顺畅性，进一步使京津冀一体化雾霾治理的进程受到影响。整体而言，现阶段京津冀雾霾一体化治理的核心症结即为在执行"契约"方面存在的问题。京津冀三地所达成的愿景与共识，通常在实际运作过程中由于各方面的问题，譬如合作资金来源、利益补偿与分配、成本分摊等，加之契约执行力不足，最终也很难执行到位。为此，要想从根本上解决京津冀雾霾一体化治理相关问题，就必须对"契约"的执行予以保障。

三、联动机制欠缺

国内政府部门在近些年陆续颁布了大量的规划纲要，旨在防止环境问题持续恶化，然而目前这一系列的规划纲要大多数在机制和体制方面没有创新性，导致在实现环境治理既定目标的过程中有所难度。根据现阶段形式的审视，京津冀一体化的雾霾治理还没有形成具有组织性的用以监督环境治理的联动机制。从微观层面而言，在缺乏明确的管理制度背景下，京津冀三地政府受到诸多因素的限制，三地合作并不顺畅。即便当前三地间的合作已经突破政策约束，然而尚未建立微观联动机构，并且三地也缺乏府际合作意识，造成在实际行动中，京津冀区域雾霾一体化治理不能有效地予以执行。所以，京津冀区域雾霾一体化治理的根本前提就是国家体制的宏观调控，其基本保障即为构建微观合作型府际联动机制，唯有如此，方可抑制雾霾继续污染的状况发生。在实施京津冀雾霾一体化治理的区域内，要创建系统性联动机制，保证府际合作变得具有主动性，存在自身利益诉求以及自我目标，而不再作为政策的执行者，进而从战略视角注重地方发展，最大限度地和多元行动者与机构展开交流和沟通。

四、政府"理性人"行为

目前，地方政府均具有双重动机，即"自利"与"利他"，前者指的是政府获得部门利益、单位利益以及个人利益；后者指的是为社会、人民服务。任何从事经济活动的个体所实施的经济行为均在追求用最小的经济代价获取最大的经济利润。京津冀三地政府作为"理性人"主体有所差异，而同各自利益相关是京津冀三地府际合作的根本前提。京津冀三地政府不仅是单个的"理性人"，而且也是京津冀雾霾一体化治理促进者，自身利益最大化是其所追求的目标，倘若产生"理性人"，那么就不会实现从根本上地突破府际间的共同政策项目。

第四节 创新京津冀雾霾治理一体化政府合作机制

根据府际管理理论的根本要求来看，在京津冀雾霾治理一体化进程中，针对存在的行政壁垒以及并不紧凑的府际联盟，倘若仅依赖传统行政手段，势必由于没有科学性的府际合作模式致其中断。鉴于国内当前的行政管理体制导致的行政壁垒以及各城市间没有较为成熟的合作经验，所以新型府际合作关系在京津冀雾霾治理一体化中能够突破传统观念，将各个地方政府间的投入、产出予以平衡，从而将作为单个"理性人"的政府予以克服；基于新型府际合作体制，创建"共商、共建、共治、共享"模式以及经济环境补偿政策和信息共享平台，并且建立"连坐"的责任体制，明确府际合作关系网，构建联动机制，从实践中对府际合作体制进行创新，从而从根本上打破传统上的层级节制的府际关系，能够进一步推动每一个行为主体进行相互监督，有助于强化执行"契约"的效率，从而形成府际竞争合作一体化治理的全新模式，该模式以共同利益为导向。

纵观国外发达国家治理大气污染状况，譬如，伦敦制定了国家空气质量战略，洛杉矶成立专门的空气质量管理机构，达到立体化府际间联防联控的目的，德国鲁尔工业区同周边其他国家联合制动系统性的环境污染治理政策。本书认为，上述国外发达国家的大气污染治理对策也从一定程度上体现并运用了府际合作理论。按照国际上发达国家治理大气污染状况，结合国内实际情况，主要从下述几方面强化京津冀雾霾治理一体化。

一、京津冀雾霾治理府际"关系网"

所谓京津冀雾霾治理府际"关系网"，指的是纵向关系网（中央政府与地方政府间，上下级地方政府间）、横向关系网（不存在隶属关系的地方政府之间）以及斜向关系网（没有统辖关系的地方政府和政府部门之间）。京津冀雾霾治理一体化所具有的多元性就可从府际关系网的构建中呈现出来，有助于京津冀雾霾治理形成立体化府际关系网，此立体化府际关系网的特征为多中心和多层次。治理主体的多元化体现在不单只有政府，还包括企业和非营利组织等，整合了多元治理主体的功能，主体间的界限已不再明显；形成合作的前提是合作所创造的收益大于合作成本同实现合作的交易成本之和，所以构建京津冀雾霾治理一体化的府际关系网，需要合理地减少联动成本，促进京津冀三地经济产业相互融合；最大限度构建以"三个一体"型服务模式（一体治理、一体管理和一体服务），以及创新实施"四个联合"工作机制（联合控制与联合组织、联合计划与联合领导），进而在责任上实现由分担转为共担；在专业人员上实现由互派转为互容；在资源上实现从共享转化为共有，持续地增强京津冀三地政府在治理雾霾方面的联合服务能力，以共治、共生实现共荣、共赢，使三地成为利益共同体。作为一体化执行主体，京津冀三地政府要以共同发展为目标，贯彻落实相关合作事宜以及合作机制，推进京津冀雾霾一体化治理的进程。

二、建立京津冀雾霾治理"共商、共建、共治、共享"模式

在京津冀三地府际合作治理新模式下，构建三地雾霾治理"共商、共建、共治、共享"格局可谓一种创新，具有重要的理论实践意义，该模式作为辩证统一的整体，其前提、保障及途径是共商、共建和共治，其动力源泉、目标和最终落脚点是共享，此为三方面的统一，即权利和义务的统一、过程与结果的统一以及主体和客体的统一。所以，构建此种具有规范性、制度性以及结构化的模式极为关键。"共商"模式有助于增强京津冀三地政府间的沟通，共同出谋划策，进而对某些系统价值观，如治理雾霾的目标及采取的对策等进行明确；"共建"模式需要促使中央政府作为总指挥，京津冀三地政府切实协同工作局面的形成，共同建立同三地雾霾治理相适用的模式；"共治"模式需要创建三地雾霾治理责任部门，以便可以快速地促进常态化和规范化的雾霾治理，从书面要求转为实际治霾行动；"共享"模式特指成果共享，以期人们在谦受益霾治理效果的同时，增强其幸福感、安全感，使治霾效果真正惠及每一位公民。"共商、共建、共治、共享"模式一定程度上即是以中央政策为导向，建立京津冀三地政府协同参与新格局，将中央的主体地位摆在首位，调动京津冀政府参与的主动性，从而最大程度上实现雾霾治理的最佳化。

三、建立以绿色发展为治理思路的行政部门

食品安全行业是国内最早实施"连坐"制度的行业，"连坐"制度作为一种连带责任追究制度，指的是具有连带责任的法定义务关系或连带关系的生产者—并承担相应责任的制度。而所谓的绿色发展旨在一种注重可持续健康发展，同污染排放没有联系性，不管是从整体国家层面来讲，还是京津冀三地而言，绿色发展的关键内容与路径就是将经济活动过程与结果实现生态化和绿色化。鉴于在实现该内容和路径中会牵涉个人、企业、政府等多方面因素，为此在多元主体予以负责的背景下，建立健全行政部门"连坐"制度具有十分重要的现实意义，该项责任制度需以绿色发展作为治理思路。现阶段，京津冀区域雾霾相关问题的负责行

政部门主要包括三地的诸多政府单位，如气象局、环境保护监测中心、环境保护局、应急指挥部以及市政府督察室等，然而各部门在执行治理的过程中存在着不明确的责任，造成治理雾霾的效果微乎其微。本书认为，上述主要负责单位应该在雾霾治理方面共同承担责任，形成"连坐"的责任主体，避免一方问责时，其余单位相互推脱责任的情况发生。"连坐"制度不仅能够追溯雾霾成因，相关部门可以对雾霾来源进行有效监管，而且也能够实现负责治理雾霾的相关单位进行互相监督，协同完成雾霾治理重任。

四、基于"受益者补偿"原则建立区域经济环境补偿政策

所谓"受益者补偿"原则指的是对于行为人由于从事环境保护而产生的费用或损失的经济发展机会由受益者进行补偿。各地方政府在治理大气污染方面表现出积极参与性的关键动力和根本条件就是均衡所追求的成本和收益，而在短时间内有效解决环保和经济发展实现共赢目的重要路径即为经济环境补偿政策的制定。河北省承德市作为环京津地区的重要生态功能区，一直致力于环境保护和生态建设，并且探究生态文明和社会经济和谐可持续发展的机制建立，注重绿色发展理念，重点解决下述治理问题：治理扬尘污染、治理油烟排放、治理机动车尾气污染、治理工业污染以及治理燃煤污染。而本着"受益者补偿"的原则，作为直接受益者的北京与天津地区就需要给予河北省承德市有关部门财政补贴，然而，鉴于现阶段国内区域经济环境补偿机制缺乏科学性，加之京津冀三地政府存在众多因素，譬如部门利益、"理性人"以及行政壁垒等，三地区当前仅在某些特定领域（水利、农业和林业等）实施区域生态补偿，造成雾霾治理效果同补偿效率具有一定的差距。所以，唯有率先突破生态领域，保证生态补偿标准的规范化和科学化，构建同市场规则相一致的长效经济环境补偿机制，才能够促进京津冀雾霾治理一体化发展；并且倡导京津冀三地经济环境补偿型产业合作，能够对三地雾霾治理和环境改善大有裨益，也可以随之帮助当地农民及早脱贫致富。

五、建立京津冀雾霾治理 G2G 电子政务信息共享平台

大数据时代背景下，政府行政效率的高低在很大程度上取决于信息是否及时且有效。所谓 G2G 电子政务，指的是政府与政府间所实现的电子政务活动，易言之，上级与下级政府、政府部门同地方政府间的电子政务应用模式。该模式作为一种网络信息共享平台，能够将京津冀三地政府的相关部门视为三个差异的网络节点，当其中某一节点出现雾霾天气或突发重大环境污染事件时，均能够及时地

提前对该三地区域民众预警，因一方同其余两方存在现有的双边机制，同时通过G2G电子政务信息共享平台，形成"一带三路"的责任共同体。该平台有助于三地政府将雾霾信息数据化，由此加快府际间信息传播速度；也能够针对雾霾问题强化三地政府间的交流与合作，从而增强协同治霾效率。目前，京津冀区域已经开设诸如京津冀投资网、京津冀招商网以及京津冀文化网等相关网站，然而，与京津冀雾霾治理相关的网络尚未设立，即便当前仍然有众多的管理制度和治霾政策在京津冀雾霾一体化治理中存在不同的意见，但是这并不会影响有关雾霾治理的相关政务网站的设置，设立京津冀雾霾治理政务网，便于政府对雾霾问题及时予以反馈，公众能够及时地了解到相关信息。因此，在京津冀雾霾治理一体化进程中，"京津冀雾霾治理政务网"版块的设立将作为一项重要战略部署，并且需要给予该网络平台建设的高度重视，在既有的行政管理体制中进行创新，对电子政务信息交互平台进行合理地应用，从而为府际合作和协同治霾开辟新道路。

第十一章 绿色发展与京津冀雾霾治理一体化

绿色发展拒绝以"经济人"为主体思路的黑色发展所走的高污染、高消耗、高排放的道路，倡导构建一条低污染、低排放、低消耗，并强调通过人与人、人与自然的和谐共处，以实现人类存在意义和价值的道路。绿色发展指标体系有助于人们把握国家或区域的发展方向，调整各方面的政策，以引导国家或区域向绿色发展的目标迈进，从而改善人们的生活环境，为雾霾治理提出了具体的政策方向。

2013年年初，京津冀等地遭遇到最严重的雾霾天气。进入十月份之后，大范围的雾霾污染又蔓延至哈尔滨、沈阳、上海甚至三亚等地，从东北三省到华南地区无一幸免，涉及25个省份、100多个城市。据统计，在2013年，中国平均雾霾天数为52年来的最多，创下历史纪录。"雾霾锁国""雾霾袭城"，严峻的雾霾天气正在侵蚀着中国人最基本的生存权、健康权，也影响了中国的国际形象，迫使全体国人反思过去几十年经济快速发展和人类生活无限扩张对生态环境带来的伤害，并开始思考中国未来的发展将何去何从？

实际上，在2012年年底召开的中国共产党第十八次全国代表大会上，代表最广大人民群众根本利益的中国共产党已经做出了回答：那就是做一些突出性的工作，即重点突出生态文明建设，把生态文明建设与经济建设、政治建设、文化建设、社会建设并列写入了执政党的报告中，提出"我们一定要更加自觉地珍爱自然，更加积极地保护生态，努力走向社会主义生态文明新时代。"这是党的重要报告中首次单篇论述生态文明，并首次把"美丽中国"作为未来生态文明建设的宏伟目标，既体现出中国共产党对中国特色社会主义总体布局认识的深化，也彰显出中华民族对子孙、对世界负责的精神。一言以蔽之，建设美丽中国是全体国人共同的目标，而走绿色发展的道路是实现美丽中国目标的根本途径，也是全体国人对中国未来发展何去何从做出的唯一答案。

那么，什么是绿色发展呢？它和过去的发展途径又有何区别？与过去衡量经济发展的国民经济核算体系中的核心指标 (GDP) 不同，衡量绿色发展的指标又包括哪些内容呢？目前，国内外的理论和实践关于绿色发展的内涵还没有达成共识，对于绿色发展指标的内容更是众说纷纭。因此，面对严峻的环境形势，研究绿色发展的内涵和绿色发展指标体系的内容具有一定的重要性和紧迫性，对于实现京津冀地区雾霾的协同治理以及建设天蓝山青水绿的"美丽中国"有着重要的意义。

第一节　绿色发展的内涵

　　天空是什么颜色的？如果在过去，我们会毫不犹豫地回答是蓝色的；大山是什么颜色的？如果在过去，我们也会不假思索地回答是青色的；河流是什么颜色的？如果在过去，我们也会异口同声地回答是绿色的……然而，在今天，当再问起这些简单得不能再简单的常识问题时，我们可能会有所犹豫，不知道如何作答，因为天空已不再那么湛蓝、大山已不再那么青葱、河流也不再那么秀美。为了使天蓝山青水绿的美丽中国在未来不仅只停留在我们这一代记忆中，更为了使我们的下一代不仅只是在画面中去欣赏美丽的中国，走绿色发展的道路势在必行。那么，这又是一条什么样的道路呢？它是历史上早已存在的还是人类社会发展到一定阶段产生的新的道路呢？在这里，我们将从三个角度出发，全面、系统地介绍这条绿色发展的道路，尽可能详细地描绘出我们将在这条道路上看到的美丽"风景"。

一、历史视角下的绿色发展

　　在过去的历史长河中，人类经历了从公元前两百万年到公元前一万年的原始文明、从公元前一万年到公元 18 世纪的农业文明，以及从公元 18 世纪到 20 世纪的工业文明；进入 21 世纪，人类正在由工业文明向生态文明即绿色文明转变。工业文明在两个世纪、不到三百年的时间里创造了"比过去一切世代创造的全部生产力还要多"的辉煌成就，而这种辉煌成就是在人类积极主动适应自然、改造自然甚至企图征服自然的过程中创造的，因此人类在工业文明时期对自然带来的破坏也比过去一切世代的破坏还要多。恩格斯曾经警告过人类："我们不要过分陶醉于我们对自然界的胜利。对于每一次这样的胜利，自然就都报复了我们。"恩格斯的话不幸言中，面对人类贪婪的欲望和对自然疯狂的索取和破坏，与人类生息与共的自然也绝不会束手就擒，也开始向人类展开了更加猛烈的报复。从卡特里娜飓风、印尼海啸再到汶川大地震，从全球变暖、沙尘暴再到雾霾，人类在这些灾难面前显得那么渺小，甚至毫无招架之力。"生存还是毁灭"这个值得思考的问题并不仅存在莎士比亚优美的文字中，也是当前摆在人类面前的最紧迫的问题。人类发展的历史走到了一个新的十字路口，世界向何处去？中国向何处去？唯一的答案就是要走一条不同于过去任何时期尤其是工业文明时期的道路，那就是坚定不移地走绿色发展的道路。

人类发展的历史从来不是单调乏味，而是丰富多彩的。如果用色彩来描绘一个人类的发展过程时，那么就是一个原始——农业——工业——生态文明这样一个循序渐进的演进历史，那就是原色发展、黄色发展、黑色发展再到绿色发展的色彩图谱。

（一）原始文明与原色发展

原始文明的产生是在特定的时期，达到了一定的发展阶段。在原始文明发展的过程中，经历了百万年之久，也就是人类诞生然后到农业文明这之间的时间。在这段很长的时间内，人类和自然的关系是简单、单纯、和平相处的。人类不会反对自然，而是怀着一颗敬畏之心，心悦诚服地跟自然相处，呈现出一种美好的状态。这期间也可以叫作石器时代。为了在这种自然状态中生存下去，人与人之间是一种平等、自由和互助的关系，"凡是共同制作和使用的东西，都是共同财产：如房屋、园圃、小船"。这也是中国儒家学说创始人孔子推崇的"天下为公"的"大同社会"，也是法国近代政治思想家卢梭推崇的自由平等、自由的"野蛮人"组成的"自然状态"。

在这一时期，人类文明还处于蒙昧状态，平等、自由的"野蛮人"过着一种群居的生活，他们联合起来共同劳作的目标只有一个，那就是满足基本的生存需求，不被自然淘汰，其他政治、经济、文化上的发展尚无，处在萌芽状态。按照生物学的定义，原色是指不能透过其他颜色的混合调配而得出的"基本色"。原始文明状态下的发展脉络就是不能通过政治、经济、文化等内容阐释和描绘出来的"基本色"，是人类社会最纯粹的状态。因此，我们将原始文明状态下的发展方式称为"原色"发展。在这一时期，大自然就像一块原色的"调色板"，等待着更有智慧的后人画出更多、更美丽的色彩。

（二）农业文明与黄色发展

农业文明的时间在一万年左右，这个时段被称作人类文明史的第二个阶段。在这一阶段，人类从原始的渔猎、采集生活过渡到了以农耕畜牧为主的农业社会。但是这种状态不会一成不变，终于，出现了铁器，这个改变了人类历史的工具，它在一定程度上大大提高了人类改造自然的能力。不可不免地，人、自然两者之间的关系开始由原始社会被动地依赖自然逐渐地转变为积极、主动地改造自然。接下来是不断地发展，既包括人口数量的发展，又包括农业经济的发展，仿佛不再受到任何控制，不再是一种敬畏自然的心，而是出现了一种野心，由安然自得到了非常主动地索取。开始出现了破坏自然的举动——乱砍滥伐，烧毁美丽的草原等，以此来获得更多的土地进行农业生产，以养活地球上日益增多的人口。与原始文明时期人与人之间平等的关系不同，随着私有制的出现，农业文明时期人与人之间的关系出现了不平等，体现在经济方面就是产生了私有制度，体现在政治方面就是出现了身份的等级制。

伴随着人类对自然界的改造，农业经济的发展产生了盛极一时的农业文明。在农业文明中，人类以黄色土地作为生产和改造的主要对象，政治、经济、文化的发展都是围绕着土地的生产、开发、占有和争夺进行的，由于当时改造自然的现代科技缺乏，人类只能依靠黄土地来产出所有的生活必需品。因此，农业文明时期的发展状态用色彩来形容，这被叫作"黄色发展"。在这个时候，人类对自然的破坏、对生态的破坏虽然有，但还是在一个初级破坏状态，人类采取自然的资源来进行他们的农业方面的生产。而且自然本身有一种自我恢复能力，在一定程度上可以应对。总的来说，经济发展还没有很明显地对自然造成威胁。可是因为这一时期自然环境对人类活动的约束微乎其微，人类在各种贪婪欲望的驱使下，开始盲目扩张其活动领域，逐渐入侵甚至破坏"纯粹"的自然。因此，历史发展到农业文明的后期的时候，已经变得很不受人类控制，自然也不再忍受人类的迫害和索取，这两者之间的和平已被打破，有了矛盾和冲突。

（三）工业文明与黑色发展

以 18 世纪英国发起的科技革命为标志，人类社会进入了第三个时期，也即工业文明时期。时间在发展，社会在发展，科技也在发展，人类的能力也随之不断进步，这就大大体现在了人类对自然的改造这一事情上。由于科技的大大发展，出现了很多厉害的生产工具，这就使得人类改造自然的欲望更加膨胀。这时候工业文明时期的生产力呈几何级数式增长，创造了人类历史上物质财富最辉煌的时代。工业化进程不断加快、现代化的进程也迅猛无比。人类的能力越来越强大，能够改造的范围也越来越广泛，甚至连海洋、太空、地壳深处都不在话下。物质财富的疯狂积累进一步释放了人类的欲望，在"人类中心主义"的驱使下，人类已经对自然的认识越来越偏远，对人和自然两者之间的关系的认识越来越模糊化、错误化，忘掉了两者应该和平共处、忘掉了他们两者生息与共的本质关系，开始向自然无休止地"索取"。

再就是体现在工业文明时期。在这个时候，没有了自然的"束缚"，人类开始大刀阔斧。不可否认，取得了很大的进步和发展，可是与此同时，也造成了巨大的危机。"自然界中，人类无论怎样推进自己的文明，都无法摆脱文明对自然的依赖和自然对文明的约束。自然环境的衰落，也必将是人类文明的衰落"。进入 20 世纪后半阶段，环境污染、生态失衡、资源枯竭、能源危机与 SARS、禽流感、疯牛病等疫情的大规模爆发，这些全球性问题的日益增多，正是自然对人类无休止地"索取"、无节制地浪费、无忌惮地污染等一系列非理性行为所发出的警告。

因为这一时期生产力的飞跃发展和物质财富的疯狂积累，是以人类社会三次工业革命为驱动力的发展，而这三次工业革命又是以煤炭、石油和天然气等能源的开发和利用为主要内容，所以工业文明时期的发展状态用色彩来形容，可以称作"黑色发展"。正如胡鞍钢所言，"工业文明即黑色文明，就是因为基于黑色化石能源，积累性排放温室气体，当它发展到历史的巅峰时，也就形成了前所未有的'黑色危机'"。

（四）生态文明与绿色发展

面对"黑色危机"，人类如果不想在自己的贪婪中毁灭自己，必须积极地采取行动。为此，人类只有对工业文明下的黑色发展道路进行反思，重新认识人与自然的关系，构建新型的人与自然关系，走不同于过去任何文明时期的新型发展道路。进入 21 世纪，基于绿色能源并与碳排放逐渐脱钩的生态文明迅速兴起。在生态文明形态下，人类开始对过度的非理性短视行为进行系统思考，探索建立经济发展与资源环境的和谐关系，开始走人与自然和谐共处的绿色发展道路。

在大自然的色谱中，绿色代表着希望，象征着活力，预示着生命与和谐。顾名思义，生态文明时期的绿色发展道路将是一条充满希望和活力，以实现人与自然的永续发展、和谐发展为目标的道路。所以，与原始文明时期的原色发展不同，生态文明时期的绿色发展不是由蒙昧的野蛮人组成的人类社会消极、被动地适应和服从自然的过程，而是由具有理性和感性思维的现代人组成的人类社会积极、主动地改造自然的过程，他们不甘于只做自然的附属品，不满足人类社会单调乏味的原色发展道路，期望在人类历史上留下一抹亮丽的色彩；与农业文明时期的黄色发展不同，生态文明时期的绿色发展不满足于通过自给自足的农业生产获得的物质财富，更反对农业文明时期围绕土地建立起来的一系列不平等的制度，因此生态文明时期的绿色发展将通过促进第一、第二和第三产业的共同发展获得更多的物质财富，并在这个过程中强调人与人之间的平等关系。

当前关于生态文明时期的绿色发展内涵的研究，主要通过与工业文明时期的黑色发展对比分析得来，因为黑色发展是导致当前人类所面临危机的主要原因，所以生态文明时期的绿色发展是与黑色发展存在根本区别的发展道路，主要体现在发展主体的转变上：黑色发展的主体是以利益最大化为导向、无视生态利益的"经济人"，它是黑色发展的实践主体。追求利益最大化是经济人的本质目标，这就使得经济人把资源当作实现最大利润的成本，视其为取之不竭用之不尽的工具。在这种以经济人为主体的黑色发展中，只关注经济利益，无视以资源环境为主要内容的生态利益，在外部负效应日益累积的情况下，导致了人类社会空前的"黑色危机"。为此，生态文明时期绿色发展的主体就需要从"经济人"向"生态人"转变。所谓"生态人"，是指善于处理与自然、他人和自身关系，保持良好生命存在状态的人。值得强调的是，"生态人"并不意味着对经济利益的否定，而是将生态利益放到与经济利益同等重要的地位上，并倾向于从生态利益出发来思考人类除物质追求之外的更高的追求，即对人类存在的意义和价值问题的思考。正如德国著名生态哲学家萨克塞所言："如果我们对生态问题从根本上加以考虑，那么它不仅关系到与技术和经济打交道的问题，而且动摇了鼓舞和推动现代社会发展的人生意义"。因此，以"生态人"为主体的绿色发展拒绝以"经济人"为主体的黑色发展所走的高污染、高消耗、高排放的道路，倡导构建一条低污染、低排放、低消耗，并强调通过人与人、人与自然的和谐共处，以实现人类存在意义和价值的道路。

二、西方语境中的绿色发展

从农业社会向工业社会转变的人类现代化过程，以西方国家为主导，特别是自工业革命的 200 多年以来，西方国家完全占有了现代化的话语权。从创造的物质财富来讲，西方的现代化取得了前所未有的成就，并成为发展中国家争相追求和模仿的目标，但是西方现代化也付出了巨大的代价，其消耗了比其人口比例高得多的世界的能源和资源，排放了比其人口比例高得多的二氧化碳。总之，西方国家既是人类巨大物质财富的创造者，也是人类所面临的最大的生存危机的肇事者。

1962 年，美国生物学家蕾切尔·卡森的《寂静的春天》在美国出版，这是一本标志着人类首次关注环境问题的著作，也是西方国家开始反思过去现代化发展模式的标志。"春天的鸟儿到哪里去了？为什么留下一片寂静？"蕾切尔在书中提出问题和关于农药危害人类环境的预言，强烈震撼了社会公众的心灵，为人类环境意识的启蒙点燃了一盏明灯。1972 年 6 月 5 日至 16 日，联合国人类环境会议为了保护和改善环境，在瑞典首都斯德哥尔摩召开了由各国政府代表团及政府首脑、联合国机构和国际组织代表参加的、讨论当代环境问题的第一次会议，通过了《联合国人类环境会议》宣言（简称《人类环境宣言》），并首次提出了可持续发展的概念。环境问题自此开始列入国际议事日程，人类开始注意到环境与发展之间的联系，呼吁世界各国就环境问题开展合作。这是人类在全球范围内意识到环境问题并就此展开合作的开端。但是，关于可持续发展的概念并未达成共识。因此，环境会议后，各国开始了各自对可持续发展定义的阐述和界定，理论概念的混乱导致实践中可持续发展的各自为政、一盘散沙。直到 1987 年，世界环境与发展委员会在题为《我们共同的未来》中，对这一概念进行了明确界定——可持续发展是指"既能满足当代人的需要，又不对后代人满足其需要的能力构成危害的发展。"这个概念获得了广泛的认同。1992 年 6 月，联合国在里约热内卢召开了环境与发展大会，通过了以可持续发展为核心的《里约环境与发展宣言》《二十一世纪议程》《关于森林问题的原则声明》三个文件，和《气候变化框架公约》《生物多样性公约》两个公约。紧接着，根据《二十一世纪议程》的决定，联合国成立了可持续发展委员会。至此，围绕可持续发展的概念建立起来了一套比较完善的、关于可持续发展的制度体系，为世界各国反思过去的发展方式和实现可持续发展提供了参考和依据。

尽管 1992 年的环境与发展会议为接下来解决全球性的环境和发展问题带来了希望，但是直至进入 21 世纪以后，诸多环境问题仍然没有得到根本上的解决，不可持续发展、黑色发展的趋势并没有扭转，不仅是发展中国家，连同发达国家一起，全球都面临着环境和自然压力增大的问题。这是因为可持续发展的概念和制度框架的建立，是以西方国家为主导，是西方语境中的绿色发展。可持续发展的提出是人类对现代工业社会所面临的生态环境挑战的一种滞后性、延迟性的响应，很快成为西方世界乃至整个国际社会的政治共识，尽管开启了全球视野下对于资本主义生产方式的反思，并提出了对于工业文明时期黑色发展道路的修正，但是这种西方语境中的绿色发展、可持续发展存在以下两个问题。

首先，西方语境中的绿色发展对于工业文明时期黑色发展的修正是有限的。正如胡鞍钢所言，"可持续发展仍然是一种被动的、不自觉的、修正式的调整。它还仍同西方工业革命以来，以消费主义为动力，以资源能源消耗、污染排放、生态破坏为特征的黑色现代化模式，只是在黑色模式出现危机之后，试图进行修正。形象地说，工业文明下的黑色发展模式就是"杀鸡取卵，竭泽而渔"，"吃祖宗饭，造子孙孽"。可持续发展模式就是"不给后人留下后遗症，不断子孙之路"。西方语境中的绿色发展、可持续发展之所以是对过去发展模式的有限修正，是因为以欧美为代表的西方发达国家不可能完全否定过去由自己主导并使其进入发达国家俱乐部的发展模式，其理论根源仍然是人类中心主义，强调修正人类改造自然和控制自然的模式，而不是改变人与自然的相处方式，由过去的征服与被征服关系向生态文明时期的和谐关系转变。

其次，西方语境中的绿色发展的理论根源与其说是人类中心主义，不如说是西方中心主义。西方国家作为工业文明时期黑色发展的主导者以及最早对这种发展模式进行反思的启动者，一直掌控着可持续发展或者绿色发展在理论和实践中的话语权，他们习惯从西方国家的角度去思考环境保护问题，并制定相关的制度和标准，忽略了发展中国家应该享有的权利，而不仅是强调发展中国家在其加快工业化、现代化进程中关于环境保护的义务。

从西方国家的历史来看，作为工业革命的主导者，它们是工业文明时期黑色发展模式的代表。从1750年第一次工业革命开始到1800年期间，全球累计排放的二氧化碳绝大多数来自欧洲国家；从1800年到1900年期间，西方国家向大气中排放的二氧化碳累计值占全球总和的90%以上，其中欧洲国家占70%，美国占23.6%；从1000年到2000年期间，西方国家向大气中排放的二氧化碳累计值占全球总和的50%～90%。通过数据，可以得出结论：西方国家是全球二氧化碳排放的最大来源，是当前黑色危机的始作俑者。1970年以来，西方国家自然资产损耗占世界总量比重呈下降趋势，而发展中国家所占的比重呈现明显的上升趋势，反映出发展中国家自然资产损失增长幅度和规模的扩大，这是与发展中国家正在经历迅速的工业化、城镇化的现代化转型背景相契合的；与此同时，西方国家已经完成了由现代化进入后现代化的转型，开始进入后现代化，也就是生态文明时期，形成了以服务业为主导的、低污染、低排放的产业结构体系。随着经济全球化的快速发展，西方国家加快了向发展中国家的制造业等低端产业的转移，以及随之而来的资源消耗、污染排放和自然资产损耗的转移，直接产生的结果是发展中国家的二氧化碳累计排放量占世界总量的比重从1950年的28.3%上升至2010年的46.7%，这说明肇始于西方国家的黑色危机已经演变成为世界性的危机，而这种危机的演变只不过是西方国家污染场地的转移而已。

在此背景下，西方语境下的绿色发展或可持续发展强调发展中国家在降低二氧化碳排放量、减少自然资源的消耗等方面的义务，对于正在进行工业化的发展中国家来讲是不公平的，这违反了绿色发展的本质——人与人、国与国之间的平等发展，发展中国家的人们应该享有与发达国家人们相同的权利，即获得满足人类生存基本需要的物质财富的权利和更高层次的获得发展的权利，当然也应该承担与之享有权利相对应的责任。但是，这种职责与西方国家相比，应该是共同但有区别的责任，过分强调发展中国家在节能减排上的责任，而忽视其在经济等事关生存的基本权利是人类第一部旨在限制各国温室气体排放的国际法案——《京都议定书》最终失效并沦为一张废纸的根本原因。

"没有人能自全，没有人是孤岛。"在绿色发展的道路上，每一个人、每一个国家、每一个区域都不可能是一座"孤岛""一只南美洲亚马孙河流域热带雨林中的蝴蝶，偶尔煽动几下翅膀，可以在两周以后引起美国得克萨斯州的一场龙卷风。"众所周知的"蝴蝶效应"揭示了西方语境下绿色发展概念最本质的缺陷，任何从一个孤立的群体出发对新兴事物的整体性定义注定是要被历史发展的进程所改错纠谬。正因为此，2012年，为了纪念1992年的里约环境与发展大会，各国再次齐聚里约，召开了联合国可持续发展大会。因为这次会议与1992年在里约热内卢召开的联合国环境和发展大会正好时隔20年，所以又称为"里约+20峰会"。此次峰会的主题为：一是在可持续发展和消除贫困的背景下发展绿色经济，二是关于可持续政治治理与制度框架。围绕这两大主题，联合国提出了新的绿色经济政策和一系列衡量指标，而这些政策和指标在可持续发展的基础上增加了对贫困问题、政治问题等内容的考量，更加强调西方国家与发展中国家共同但有区别的责任，实现了人类在生态文明时期总目标由可持续发展向蕴含着公平和正义的更深层次内涵的绿色发展的跨越。

第三，中国话语体系中的绿色发展。无论西方国家还是发展中国家，尽管处在不同的发展阶段，具有不同的发展水平和资源消耗水平，但都必须转变发展模式。这对于西方国家来讲是一个巨大的挑战，从高消费、高消耗、高排放的黑色发展模式转向理性消费、低消耗、低排放的绿色发展模式；而对于发展中国家、对于中国来讲，这不仅是挑战，更是一个巨大的机遇——把西方国家发展模式中的"黑色素"放在批判的文火上进行烘烤，使其彻底地蒸发；用博大精深、兼容并包的中国文化充分汲取西方国家生态文明建设中的绿色"养分"，从而超越由农业社会向工业社会的现代化转型，实现农业社会向工业社会、工业社会再向后工业社会的双重跨越。为此，作为世界上最大的发展中国家，中国必须独辟蹊径，在西方国家占据主导话语权的生态文明建设中积极"发声"，构建中国话语体系中的绿色发展，创新发展中国家的绿色发展道路。

中国话语体系中绿色发展的内涵极其丰富，主要包括以下内容。

（一）中国传统文化中的"天人合一"思想

对人与自然关系的思考一直是中国传统文化中的核心内容。先秦儒学对自然的思考侧重在"天"的本质属性上，认为"天"这种自然存在是世间万物乃至宇宙及其运行规律的最为彻底的抽象，孔子曾言："天何言哉？四时行焉，百物生焉"，就是讲虽然上天没有表达什么，但是一年四季仍然变换，万事万物依然生生不息。在此基础上，孟子提出了"不违农时，谷不可胜食也……斧斤以时入山林，材木不可胜用也"的思想，即不违背谷物播种的时间，谷物就能大丰收、吃不完……按照时节去砍伐山林，木材也能用不完。这体现出儒家学者已经形成了朴素的保护大自然、顺应大自然的思想。

道家的老庄更进一步，最早阐发了"天人合一"的思想。与后来西方国家资本主义文明中趋向征服自然、掠夺自然、控制自然的"天人对立观"截然不同。中国传统文化中的"天人合一"思想反映出几千年来的中国文化从根本上葆有着对大自然的敬畏之心、亲近之情，这是中国传统文化的精髓和智慧所在。正如钱穆先生说的那样："'天人合一'，实是中国传统文化思想之归宿处，我深信中国文化对世界人类未来求生存之贡献，主要亦即在此"。

然而，中国古人的"天人合一"哲学观仍然是一种朴素的自然观，没有充分强调人与自然关系中人的主观能动性。著名国学家饶宗颐先生进一步发展了"天人合一"的思想，以《易经》"益卦"为理论根据，提出要从古人文化里学习智慧，不要"天人互害"，而要"天人互益"，朝着"天人互惠"的方向努力，或许可以达到像苏轼所说的"天人争挽留"的境界。这就使得在"天人"体系中，人的作用更为积极，人除了要"顺天"，还可以"益天"。这正是现代的"天人合一"观，人类源于自然，顺其自然，益于自然，反哺自然。唯此，人类才能与自然和谐共生。

如果说可持续发展思想由西方国家提出，源于西方文明和文化，是对工业革命以来不可持续的资本主义生产方式、消费方式的反思和修正的话，那么中国传统文化中的"天人合一"思想则是构建中国话语体系中的绿色发展概念的来源，是中国为后人乃至整个人类世界创新未来发展道路所贡献的一块文化瑰宝。

（二）马克思主义原理中的绿色发展

早在19世纪中期到20世纪初期，马克思、恩格斯就敏锐地意识到在资本主义生产方式下潜伏着巨大的生态危机，在西方哲学史上首次对人与自然的关系进行反思。马克思从历史唯物论的角度，提出人类历史是自然史的延续，"历史本身是自然史的即自然界成为人这一过程的一个现实部分"。人作为自然界的一部分，不要妄图征服自然、改造自然，要依赖自然，"无论是在人那里还是在动物那里，人类生活从肉体方面来说就在于：人（和动物一样）靠无机界生活，而人比动物越有普遍性，人赖以生活的无机界的范围就越广阔"。恩格斯也多次描绘工业废弃物排放造成的污染问题与劳动者恶劣的生存与工作环境，"它那鲜红的颜色并不是来自某个流血的战场……而是完全源于许多使用土耳其红颜料的染坊"。

马克思、恩格斯在深刻批判工业革命以来资本主义肆意掠夺自然的生产方式的同时，也在西方哲学史上首次正确提出了处理人与自然关系的准则，即通过人类自身发展与技术进步，最终迈向人与自然的和谐。马克思提出，只有共产主义才是消解黑色发展带来的生态危机的唯一出路，因为在共产主义社会，"社会化的人，联合起来的生产者，将合理地调节他们和自然之间的物质变换，把它置于他们的共同控制之下，而不让它作为盲目的力量来统治自己；靠消耗最小的力量，在最无愧于和最适合于他们的人类本性的条件下来进行这种物质变换"，以达到"人和自然界之间、人和人之间的矛盾的真正解决"，从而实现人与自然的和谐共生。这与中国传统文化中的"天人合一"的思想殊途同归，都以实现人与自然和谐一致、共生共荣为目的。

（三）科学发展观视域下的绿色发展

早在1992年联合国召开的环境与发展大会上，时任国务院总理李鹏出席了这次对于绿色发展具有里程碑意义的大会，并代表中国签署了《环境与发展宣言》。联合国环境与发展大会后不久，中国政府即提出了促进中国环境与发展的"十大对策"，并由当时的国家计划经济委员会（现在的国家发展与改革委员会）和国家科学技术委员会（现在的科技部）牵头，组织国务院各部门、机构和社会团体编制了《中国21世纪议程——中国21世纪人口、环境与发展白皮书》（以下简称《议程》）。1994年3月25日，国务院第16次常务会议讨论通过了议程，并提出制定了支持其顺利实施的《中国21世纪议程优先项目计划》。在此基础上，1995年9月25日召开的中国共产党第十四届五中全会通过了《中共中央关于制定国民经济和社会发展"九五"计划和2010年远景目标的建议》，正式提出实施可持续发展战略，明确提出：到20世纪末，力争环境污染和生态环境破坏加剧趋势得到基本控制，部分城市和地区环境质量有所改善；2010年基本改善生态环境恶化的状况，城乡环境有比较明显改善。议程的出台和可持续发展战略的提出，标志着中国的发展模式由以经济建设为中心向以经济建设为中心并逐步改善发展质量的转变，开始寻求一条与西方国家"先污染后治理"的传统发展模式不同的道路，即人口、经济、社会、环境和资源相互协调的、既能满足当代人的需求而又不对满足后代人需求的能力构成危害的可持续发展的道路。

1992年对中国是具有划时代意义的一年。邓小平同志的南方谈话解决了困扰国人已久的市场经济姓资还是姓社的问题。1992年10月，中国共产党第十四次全国代表大会召开，通过了《加快改革开放和现代化建设步伐，夺取中国特色社会主义事业的更大胜利》的报告，明确提出将建立社会主义市场经济作为中国经济体制改革的目标。中国经济自此进入了高速发展的"快车道"。在这个背景下，提出可持续发展的战略，表明了中国共产党坚决不走西方国家"先污染后治理"的黑色发展道路的决心。但是，鉴于中国人口多、底子薄的基本国情，实现可持续发展对于当时经济还比较落后的中国来讲是一种"奢望"。正如《议程》所言，"对于像中国这样的发展中国家，可持续发展的前提是发展。为满足全体人民的基本需求和日益增长的物质文化需要，必须保持较快的经济增长速度，并逐步改善发展的质量，这是满足目前和将来中国人民需要和增强综合国家实力的一个主要途径。只有当经济增长率达到和保持一定的水平，才有可能不断消除贫困，人民的生活水平才会逐步提高，并且提供必要的能力和条件，支持可持续发展。"因此，在中国的经济发展进入"黄金期"的同时，环境、资源等问题也进入一个暂时被"遗忘"的阶段。这从中国各类能源消耗占世界总量的比重不断增加上就可窥见一斑：原煤消费和原煤产量占世界总量的比重分别从1980年的17.4%、17.3%上升到2000年的28.3%、29.2%，增长率都达到63%；原油消费和原油产量占世界总量的比重分别从1980年的2.93%、3.22%上升到2000年的6.1%、4.17%，增长率分别达到110%、29%。与之相对应的是，中国二氧化碳的排放量占世界的比重也从1980年的8.08%上升到2000年的27%，增长率高达237%。可见，中国经济的高速发展给生态环境带来的负面性问题日益严重。

社会主义市场经济体制的建立释放了巨大的经济活力。2001年，中国国内生产总值首次突破10万亿元，达到102 170亿元，比1992年增长了28%，成为世界第六大经济体。2002年，党的十六大宣告，我国社会主义市场经济体制初步建立，为实现可持续发展提供了必要的前提条件。2003年，一场肇始于中国、蔓延至整个亚洲甚至世界的非典肆虐全球，尽管在这场史无前例的SARS会战中，人与人、国与国之间的联手合作、同仇敌忾，战胜了非典，但是这场疫情给人类带来的巨大恐慌和痛楚，使国人开始反思人与自然之间的关系——人对自然资源掠夺性地开采和使用，对野生动物无耻地滥捕滥杀和肆意食用是非典疫情产生和蔓延的根本原因，非典可以说是大自然对人类的一个报复、一个警告。危机也是转机，非典使得经历了改革开放和社会主义市场经济以来的高速经济发展期的中国，重新思考人与自然的关系，为新时期新的发展模式的提出提供了一个契机。

从2005年开始，党中央对科学发展观重要地位和作用的认识逐步提升到世界观和方法论的高度。2007年10月，十七大报告进一步重申和阐述了科学发展观的基本内涵。党的十七大以来，我们把科学发展观贯穿到发展中国特色社会主义的整个过程之中，尤其是加强生态文明建设、资源节约型和环境友好型社会的建设，通过大力发展绿色经济，努力推动我国由工业文明向生态文明的转型。2012年，党的十八大报告首次单篇论述了生态文明，并将生态文明建设摆在五位一体的高度来论述，提出"把生态文明建设放在突出地位，融入经济建设、政治建设、文化建设、社会建设各方面和全过程，努力建设美丽中国，实现中华民族永续发展。"这是新时期新阶段新形势下，科学发展观内涵的新发展，标志着中国经济、政治、文化和社会各方面的建设将进入生态文明时期以绿色发展为主要内容的科学发展轨道。

在科学发展观的提出和完善的过程中，绿色发展的概念也日益清晰地凸显出来，主要体现在以下几方面：第一，绿色和谐发展论是促进人与自然相和谐的绿色发展思想，是科学发展的核心理念，这是从十六大报告把"促进人与自然的和谐"作为全面建设小康社会四大目标之一的重要内容就可以得出的结论；第二，改革开放以来，中国共产党高度重视生态环境保护与建设，把环境保护作为一项基本国策，把可持续发展作为一个重大战略，科学发展观指导下绿色发展的形成过程就是不断赋予环境保护的基本国策和可持续发展战略以生态文明的内涵，把保护生态环境和推进可持续发展切实转入绿色发展轨道的过程；第三，建设生态文明是科学发展观的重要内容，集中体现了科学发展和发展中国特色社会主义的绿色本质。因此，生态文明写入党的十八大报告并纳入五位一体的建设体系中，标志着中国特色社会主义生态文明即绿色发展新道路的开启；第四，自1992年里约环境与发展大会之后，在可持续发展领域展开广泛的国际合作已在世界各国之间达成共识。

第二节　京津冀雾霾治理与绿色发展

走绿色发展道路已经成为全体国人的共识，也是中国的改革者在进入21世纪之后，为建设美丽中国、实现中华民族永续发展所做的顶层设计。而雾霾治理是当前走绿色发展道路的重中之重，因为雾霾与水源污染、土壤污染等其他生态环境危机不同，雾霾带来的危害涉及范围更加广泛，并且雾霾一旦产生，其治理必定是长期性、持续性的过程；更严重的是，雾霾直接威胁人的生命权和健康权，而且面对雾霾来袭，人类几乎毫无招架之力，不管你是达官贵人还是布衣白丁。

2014年3月16日，国务院印发了《国家新型城镇化规划（2014—2020年）》，提出要把包括京津冀城市群在内的三大城市群打造成为世界级城市群的目标，标志着京津冀城市群作为重大国家战略的正式提出。但是，建设京津冀城市群的战略刚一提出，就面临着尴尬境地：一是京津冀地区因为其特殊的地理位置，尤其是北京作为首都的政治、经济、文化中心的地位，使得京津冀城市群在三大城市群中尤为引人注目；二是京津冀城市群的雾霾也是三大城市群中最严重的，根据环境保护部发布的数据和报告，在2013年，京津冀区域的空气污染最严重，京津冀13个城市中，7个城市排在污染最重的前10位，11个城市排在污染最重的前20位。城市群成为雾霾群，京津冀城市群严重的雾霾污染已经成为京津冀地区打造世界级城市群的最大障碍。为了摆脱这种尴尬的局面，走绿色发展道路，成为京津冀雾霾治理的必然选择。从绿色发展内涵和绿色发展指标体系研究的结果出发，我们或可提出京津冀绿色发展的一些建议。

一、京津冀雾霾治理一体化的必要条件

绿色发展是追求一种持续与碳排放脱钩的经济发展道路，尤其是对于发展中国家，经济总量的持续增长是走绿色发展道路的必要条件。同样京津冀地区要实现雾霾治理的一体化、走绿色发展道路的必要条件首先是京津冀地区经济总量的增长。但是，京津冀地区的经济发展不平衡，区域失衡是制约京津冀城市群建设的主要障碍。

实际上，早在2004年11月，国家发改委就正式启动了京津冀都市圈区域规划编制，在中国区域经济版块中是提出最早的区域合作规划。可截止到2014年之前，这一规划都未曾落实，发展水平也远远滞后于后来的长三角和珠三角。究其原因，京津冀区域发展失衡是根本原因。虽然紧邻北京、天津这两座中国北方特大城市，并有着东部沿海和环抱首都的区位优势，但是，长期以来，河北所受到京津的辐射作用微乎其微，京津对资源、资本的"虹吸效应"甚至导致了"环京津贫困带"的出现。据统计，2012年京津两市的全社会固定资产投资占京津冀地区的41.7%，GDP占53.7%，财政收入占70.9%；而同期，河北的投资、GDP以及财政收入占比分别为58.3%、46.3%和29.1%。京津冀区域内经济发展的不平衡还体现在异地城镇化的现象上，人口由经济发展相对落后的中小城市涌向北京和天津两个超大城市，导致京津冀地区超大城市高度集聚、中小城市吸纳力不足、城镇体系结构不合理的问题日益严重。

因此，充分发挥不同地区比较优势，促进生产要素合理流动，深化区域合作，推进区域良性互动发展，逐步缩小区域发展差距，以推进京津冀地区区域经济的一体化发展是打造京津冀城市群的重中之重，也是实现京津冀雾霾治理一体化的必要条件。

二、京津冀地区的合作途径

与农业文明时期的黄色发展和工业文明时期的黑色发展不同，生态文明时期绿色发展的本质是人与人之间责任和权益的平等，包含区域与区域、国家与国家之间平等的深刻内涵。为了应对气候变暖等全球生态危机的挑战，南方国家和北方国家、发达国家和发展中国家、资本主义国家和社会主义国家需要超越地理界限、物质发展水平的差异以及意识形态对立的桎梏，联合起来走绿色发展道路，这也是 2012 年召开的"里约 +20"联合国可持续发展大会的主旨。但是，在世界各国联合起来走绿色发展道路的过程中，应该坚持"共同但有区别的责任"原则，这也一直是中国参与国际气候谈判的基础。

"共同但有区别的责任"发源于 20 世纪 70 年代初。1972 年，斯德哥尔摩人类环境会议宣示，保护环境是全人类的"共同责任"；同时指出，发展中国家的环境问题"在很大程度上是发展不足造成的"。根据当前科学界的主流认识，目前的气候变化主要是人类活动造成的，其中主要是发达国家在长期的工业化过程中造成的：从 18 世纪中期工业革命开始到 1950 年，在人类释放的二氧化碳总量中，发达国家占了 95%；从 1950 年到 2000 年的 50 年中，发达国家的排放量仍占到总排放量的 77%。因此，在应对全球生态危机时，发达国家和发展中国家承担的责任是有区别的，形式上、程序上的差别才能带来环境责任上的公平和正义。

同样，对于京津冀地区所涉及的三地四方（包括中央），坚持共同但有区别责任的原则进行平等合作是京津冀雾霾治理一体化的充分条件。之前提到过，京津冀城市群的规划是中国区域经济版块中提出最早但是发展相对比较落后的，一是因为京津冀区域经济失衡造成的，二是由京津冀地区"一个首都、两个直辖市、三个行政区"在行政区划及行政级别上的差异造成的。有学者在接受媒体采访时说，京津冀三地多年"转""接"合作中没有形成合力的症结在于"北京的强势"，基本阻断了三方在共同利益下进行市场对话的通道。"河北渴望对接，但同两个京、津直辖市来争优质资源处于劣势，一直扮演着'小兄弟'的角色。"河北经贸大学工商管理学院董葆茗认为，京、津两地官员和河北官员的行政级别有差异，三地官员在一起是不平等的，"河北更像是汇报工作"。在京津冀这个三地四方的关系中，北京的角色非常模糊：作为独立行政体的直辖市，北京与天津、河北是一样的，但作为首都所在地的背景，又有着超越一般省级关系的权利。由于三地四方间行政区划和行政级别上的客观差异和主观认识的不同，使得京津冀一体化的美好愿景多年来沦落到"京津竞争、河北苦等"的尴尬境地。

为了应对日益严重的雾霾，北京计划投入 7600 亿元治理 PM2.5，显示了北京在治理污染方面的决心和实力。北京作为首都和经济中心，在投入上津冀两地无法比拟。但是仅靠北京一地治理雾霾，临近的天津和河北却相对乏力的情况下，治理雾霾的宣言只能沦为空谈，治理雾霾的行动也只能是徒劳。尤其是将北京的重污染企业搬迁到河北，对于河北省人民群众基本生存权利的保障是不公平的。在雾霾治理的人民战争中，没有一个城市或区域可以自全。

因此，在治理雾霾的资金投入、大气污染指标，尤其是约束性指标的设计等方面，应按照共同但有区别的原则，在平等协商的基础上，划分京津冀雾霾治理一体化中的职责和义务，这是实现京津冀雾霾治理一体化的充分条件。

三、建立三地统一的绿色发展指标体系

基于绿色发展对实现人与自然之间的和谐以及人类社会永续发展的重要性，大部分国家都制定了适合于本国国情的绿色发展指标或将绿色发展指标纳入衡量国民生产总值的整体性指标体系当中（如绿色 GDP)。我国也在"十二五"规划中专设了"绿色发展建设资源节约型、环境友好型社会"一篇，将绿色发展作为生态原则，并将绿色指标的比重提升到规划（计划）制定历史的最高水平，达到60.7%。正如胡鞍钢所言，"'十二五'规划成为中国首部绿色发展规划和中国参与世界绿色革命的行动方案规划，成为 21 世纪上半叶中国绿色现代化的历史起点"。

在国家"十二五"规划的指导下，地方各级政府也制定了包含绿色发展指标内容的"十二五"规划。例如，2011 年 9 月北京发布了"十二五"时期的绿色发展规划，提出了几十项关于绿色生产、消费等方面的指标，主要包括单位 GDP 能耗、单位 GDP 碳排放、万元工业增加值能耗等绿色经济指标，中心城区公交出行比例、生活垃圾资源化率等绿色生活指标，还有城市核心区新建住宅开发项目和大型公建项目等绿色布局指标。其中，很多绿色发展指标的设定远远走在全国的前列。天津市也制定了《天津市工业经济发展"十二五"规划》，提出"十二五"要走产业绿色化的发展路径，加快推进节能降耗减排和资源综合利用，着力构建集约节约生态型发展模式。在天津市的规划中出现的绿色发展指标主要有万元增加值能耗、万元增加值取水量、工业用水重复利用率等绿色增长指标，提高天然气等清洁能源和可再生能源比重等与绿色发展相关的直接指标和间接指标。而河北省也结合省情出台了《河北省节能减排"十二五"规划》，包含了大量关于衡量绿色发展的指标，主要有万元 GDP 能耗、单位 GDP 二氧化碳碳排放量等绿色增长指标，化学需氧量、氨氮排放总量等绿色财富指标，并以冶金、电力、剪裁、煤炭等六大高耗能行业为重点，制定了严格控制能耗排污限额标准的指标（例如，在煤炭领域，提出通过提高煤炭资源回采率、回收率的指标以及原煤入洗率指标，

实现 2015 年节能 58 万吨标煤和削减二氧化硫、氮氧化物排放 0.5 万吨、0.8 万吨的目标）。

　　由京津冀制定的"十二五"规划中关于绿色发展的指标可以看出，尽管严峻的雾霾污染使得京津冀雾霾治理的一体化成为京津冀城市群一体化的首要内容，但是当前京津冀三地在雾霾治理的具体措施方面还是呈现出各自为政的状态，这从"十二五"规划中关于绿色发展指标的差别上就可见一斑，这一是由于指标制定必须符合本地实际的客观原因所决定的，二是三地政府之间缺乏正常的高层沟通与协商机制造成的。

　　京津冀三地绿色发展指标体系基本内容的差别不利于对三地绿色发展水平进行比较分析，更不利于三地在绿色发展的具体措施方面做到相互之间的取长补短，因为京津冀三地在政治、经济、文化等方面发展的不同状况，决定了其绿色发展水平不同。例如，北师大等三家单位按照其所构建的绿色发展指标体系对省际绿色发展状况进行综合评价和比较分析，得出：在 30 个省市经济增长绿化度指数排行榜上，北京因其在绿色增长效率指标、第一产业指标、第二产业指标和第三产业指标上的优异表现位列第一，天津位列第三，而河北排名第十一位，相对落后；在资源环境承载潜力指数排行榜上，通过对资源丰裕与生态保护指标、环境压力与气候变化指标的测算，北京资源环境承载潜力指数排在第八位，而天津和河北排在倒数第二、三位，差距较大；在政府政策支持度排行榜上，北京因其在绿色投资指标、基础设施指标和环境治理指标上的优异表现位列第一，河北排名第十五位，而天津排名第十八位，相对比较落后。可见，京津冀三地中，北京和天津由于其经济发展水平、资源优势、环保意识较强等主客观方面的原因，在绿色发展总体水平上排在全国前列，河北相对滞后。因此，河北省在京津冀城市群建设的基础上，学习和借鉴北京和天津在绿色发展某些具体指标建设上的经验的同时，北京、天津两地在绿色发展某些具体指标的建设上应当积极主动地给予河北省政策建议与指导，将有利于京津冀地区在绿色发展道路上的携手并进，从而实现京津冀雾霾治理的一体化。例如，按照北师大等三家单位构建的绿色发展指数指标体系进行测算，北京绿色发展总体水平之所以名列前茅，是因为其在政府政策支持度上的优异表现，即北京市政府对绿色发展的重视程度和支持力度在 30 个省市中最突出，主要体现在绿色投资、基础设施和环境治理三个二级指标排名靠前（具体三级指标是北京市环境保护支出占财政支出比重较高、城市人均绿地面积、城市用水普及率、人均当年新增造林等）。

　　因此，天津、河北应该按照因地制宜的原则，在政府政策支持度的具体指标建设上向北京借鉴学习。这里需要强调：一是统一京津冀绿色发展指标的具体内容并不代表京津冀绿色发展指标的完全相同化；二是依据各地情况设置阶段性指标，最终达成统一指标。北京、天津和河北绿色发展水平的差异决定了它们在具体指标设置权重上的差异，如北京绿色发展水平尤其是经济增长绿化度比较高，这说明其产业结构比较合理、绿色增长效率比较高，因此北京可以提高其单位地区生产总值能耗、单位地区生产总值二氧化碳排放量等逆指标和人均地区生产总值、非化石能源消耗量占能源消耗量比重等正指标的标准；与此相反，由于河北经济增长绿化度比较低，其具体指标的标准设置上应该和北京有一定的差距，这也是两地绿色发展水平、经济增长绿化度等客观因素差异的直接体现。

总之，统一京津冀绿色发展指标的具体内容是京津冀地区实现绿色发展和雾霾治理一体化的重要前提。在统一京津冀绿色发展指标具体内容的基础上，以政府政策支持度指标中京津冀区域的基础设施一体化和大气污染联防联控作为优先领域，以经济增长绿化度指标中京津冀区域产业结构的优化升级和实现创新驱动发展作为合作重点，把合作发展的功夫主要下在京津冀地区的联合行动上，努力实现区域间在具体指标上的优势互补、良性互动和共赢发展，从而促进京津冀地区雾霾治理的一体化。

四、将公众参与纳入绿色发展指标体系

"十八大"提出，要努力建设美丽中国，号召"我们一定要更加自觉地珍爱自然，更加积极地保护生态，努力走向社会主义生态文明新时代。"这就需要政府加强生态文明宣传，增强全体国民的节约意识、环保意识和生态意识，形成理性消费的社会风尚，在全社会营造爱护生态环境的良好风气。对于绿色发展指标体系的构建，就是将关于公民参与生态环境保护的相关指标纳入绿色发展指标体系中来，以评价各地公民参与雾霾治理和保护环境的水平，并据此来加强生态文明的宣传工作。

关于公民参与生态环境保护的指标应该是引导性的指标，这是因为公民参与生态环境保护的指标涵盖了生产行为、消费行为的方方面面，涉及面广、难以量化，所以在指标体系中作为引导性指标加以要求。其不仅包括绿色产品，还包括物资的回收利用、能源的有效使用，对生存环境和物种的保护等，政府通过制定公民参与生态环境保护的指标，培养公民在日常生活和工作中的节约意识、环保意识和生态意识，将其内化为公民自觉遵守的行为，并最终转化为保护环境的积极行动。随着公民参与生态环境保护意识的提升，可以考虑通过"绿色商店""绿色饭店""绿色账户"等方式，从销售、宣传等方面普及绿色消费和保护生态环境的理念，尝试开展对公民参与生态环境保护量化指标的研究。同时，日人均生活

耗水量、日人均垃圾产生量、垃圾回收利用率、绿色出行所占比例等指标也可以从侧面体现出当地居民保护生态环境意识的高低和"绿色消费"的水平。

近些年来，环保类群体性事件呈现上升趋势，给地方政府的治理带来了巨大挑战。实际上，环保类群体性事件增多是日益成熟的公民对生态环境关注度提高以及维护自身基本权利意识增长的表现。而环保类社会组织作为公民参与生态环境保护的正规渠道也日益得到政府和社会各界的广泛关注。环保社会组织作用多多，如在公众方面，既可以通过一些活动提高公众的环保意识，使他们更多地投身环保事业，又可以在一些政策的制定方面发挥作用，另外还具有监督的功能。虽然环保社会组织有许多作用，但是放于世界之内，还是有很大提升空间，这在资源节约型与环境友好型社会的建设方面可以体现出来。为此，2011年，环境保护部出台了《关于培育引导环保社会组织有序发展的指导意见》，明确提出了环保社会组织引导培育的总体目标、基本原则——加快发展，积极扶持、加强沟通、深化合作，依法管理、规范引导，积极培育与扶持环保社会组织健康、有序发展，促进各级环保部门与环保社会组织的良性互动，发挥环保社会组织在环境保护事业中的作用，力争在"十二五"时期，逐步引导在全国范围内形成与"两型"社会建设、生态文明建设和可持续发展战略相适应的定位准确、功能全面、作用显著的环保社会组织体系，促进环境保护事业与社会经济协调发展。可见，培养引导环保社会组织的政策和环保社会组织的发展状况应该成为判断一个国家或城市绿色发展水平的重要标准，作为二级指标纳入公民参与生态环境保护的一级指标当中。

总而言之，京津冀地区绿色发展指标体系的构建，应该在经济增长绿化度、资源环境承载潜力和政府政策支持度三个一级指标的基础上，增加公众参与的指标，特别是在京津冀雾霾治理一体化的背景下，公众参与的指标应该推动京津冀三地民众在政府、环保社会组织的组织下积极主动地共同参与一些环保志愿活动，以加强三地在雾霾治理过程中的民间交流与互动，从而实现京津冀雾霾治理的公民参与的一体化，这也是实现京津冀雾霾治理一体化的必然要求。

参考文献

[1] [德] 汉斯·萨克塞 . 生态哲学 [M]. 文韬，佩云，译 . 北京：东方出版社，1991.

[2] [美] 威廉·麦克唐纳，[德] 迈克尔·布朗加特 . 从摇篮到摇篮—循环经济设计之探索 [M]. 上海：同济大学出版社，2005.

[3] [日] 八卷直田 . 有关光化学烟雾的几个问题 (一)[J]. 铁道劳动安全卫生与环保，1974(1).

[4] Seinfeld J H.Atmospheric Chemistry and Physics of Air Pollution[M]. Somerset, New York: John Wiley and Sons, Inc, 1986.

[5] Zhang Q, Meng J, Quan J, et al. Impact of aerosol composition on cloudcondensation nuclei acti vity[J]. Atmos Chem Phys, 2012(12).

[6] Zhang X Y, Arimoto R, An Z S. Dust emission from Chinese desert sources linked to variations in atmospheric circulation[J]. J Geophys Res, 1997(102).

[7] Baxter L L.The evolution of mineral particle size distributions during early stages of coal combustion[J]. Progress in Energy and Combustion science, 1990(16).

[8] Boy M, Hellmuth 0, Korhonen H, et al. MALTE—model to predict new aerosol formation in the lower troposphere. Atmos Chem Phys, 2006(6).

[9] Cachier H, Liousse C, Buat-Menard P, et al. Particulate content of savanna fire emissions[J]. Journal of Atmospheric Chemistry, 1995, 22(1).

[10] Chameides W L, Yu H, Liu S C, et al. Case study of the effectsof atmospheric aerosols and regional haze on agriculture: An opportunityto enhance crop yields in China through emission controls?[J].PNAS, 1999, 96(24): 136 26–136 332.

[11] Chen Y Y, Ebenstein A, Greenstone M, et al. Evidence on theimpact of sustained exposure to air pollution on life expectancy from China's Huai River policy[J]. Proceedings of the National Academy of Sciences, 2013, 110(32):12936–12941.

[12] C Jacobs, WJ Kelly.SMOGTOWN: The Lung Burning History of Pollution in Los

Angeles[J].Archives of Environmental & Occupational Health,2013,68(1):60–60.

[13]　Crutzen P J, Andreae M O. Biomass burning in the tropics : impact on atmospheric chemistry and biogeochemical cylcles. Springer International Publishing ,2016,250(4988): 1669–1678.

[14]　Deng ZZ, Zhao CS, Ma N, et al.Size–resolved and bulk activation properties of aerosols in the North China Plain[J].Atmospheric Chemistry & Physics,2011,11(8):3835–3846.

[15]　高志球 , 卞林根 , 逯昌贵 , 等 . 城市下垫面空气动力学参数的估算 [J]. 应用气象学报 , 2002, 13(增刊): 26–33.

[16]　Ge X L, Zhang Q, Sun Y L, et al. Effect of aqueous–phase processingon aerosol chemistry and size distributions in Fresno, California, during wintertime[J]. Environmental Chemistry, 2012, 9: 221–235.

[17]　Graham K A. Submicron ash formation and interaction with sulfur oxides during pulverized coal combustion[J].Archives of Dermatology, 1991, 134(10): 1231–1236.

[18]　GRANGER CWJ.Investigating causal relation by econometric and cross–sectional method[J].Econometrica, 1969(37): 424–438.

[19]　Gustafsson O, Krusa M, Zencak Z, et al. Brown clouds over South Asia: Biomass or fossil fuel combustion? [J].Science, 2009, 323(5 913): 495–498.

[20]　HAMILTON JD, SUSMEL R, Autoregressive conditional heteroscedasticity and changes in regime[J].Journal of Econometrics, 1994(64): 307–333.

[21]　Hinds W C. Aerosol Technology[M]. New York: John Wiley &– Sons, 1999.

[22]　HOSSEIN M, RAHBAR F.Spatial environmental Kuznets curve for Asian countries: Study of CO2 and PM10 [J]. Journal of Environmental Studies, 2011(37): 1–3.

[23]　HSIAO C. Autoregressive modeling and mon–income causality detection[J].Journal of Monetary Economics, 1981(7): 85–106.

[24]　江崟 , 曹春燕 .2003 年深圳市灰霾气候特征及影响因素 [J]. 广东气象 , 2004, (4): 14–15.

[25]　金鑫 , 程萌田 , 温天雪 , 等 . 北京冬季一次重污染过程 PM2. 5 中水溶性无机盐的变化特征 [J]. 环境化学 , 2012, 31(6): 783–790.

[26]　Kalberer M, Paulsen D, Sax M, et al. Identification of polymers as majorcomponents of atmospheric organic aerosols[J]. Science , 2004, 303(5664: 1659–1662).

[27]　Kang S G, Sarofim A F, Beer J M . Effect of char structure on residual ash formation during pulverized coal combustion[J]. Symposium on Combustion, 1992. 24(1)1153–1159.

[28] Kang S W. Combustion and atomization studies of coal–water fuel in a laminar flow reactor and in a pilot–scale furnace.[M] Cambridge : Massachusetts Institute of Technology, 1987.

[29] Kerminen V M, Kulmala M・Analytical formulae connecting the "real" and the "apparent" nucleation rate and the nuclei number concentration for atmospheric nucleation events.[J].Journal of Aerosol Science, 2002(33).

[30] KerminenVM, PetajaT, ManninenHE, et al.Atmosphericnucleation: HighlightsoftheEU CAARIprojectandfuturedirections[J]. AtmosChemPhys, 2010, 10: 10829–10848

[31] Kittelson D R . Engines and nanoparticles: a review[J]. Journal of Aerosol science, 1998, 2915–6): 575–588.

[32] Kulmala M, Vehkamaki H, Petaja T, et al. Formation and growth rates of ultrafine atmospheric particles: a review of observations[J]. Journal of Aerosol science, 200435(2): 143–176.

[33] Kwon SW, Feiock RC, Bae J.The roles of regional organizations forinterlocal resource exchange: complement or substitute [J].Am RevPublic Administra, 2012, 44: 339–357.

[34] Laakso L, Gagne S, Petaja T, et al. Detecting charging state of ultrafine particles: instrumental development and ambient measurements[J].Atmos Chem Phys, 2007, 7(1): 1333–1345.

[35] 李金娟, 肖正辉, 杨书申, 等. 北京和部分奥运城市可吸入颗粒物污染特征分析 [J]. 环境科学动态, 2004, (3): 26–28.

[36] 李倩, 刘辉志, 胡非, 等. 城市下垫面空气动力学参数的确定 [J]. 气候与环境研究, 2003, 8(4)

[37] Li W, Shao L .Transmission electron microscopy study of aerosol particles from the brown hazes in norther in China[J]. J Geophys Res, 2009, 114(D9).

[38] Liu Q, Sun Y, Hu B, et al. In situ measurement of PM1 organicaerosol in Beijing winter using a high–resolution aerosol massspectrometer[J].Chinese Science Bulletin, 2012, 57(7): 819–826.

[39] LiuX, XieX, YinZY, etal.A modeling study of the effects of aerosols on clouds and precipitationover East Asia[J]. Theoretical& Applied Climatology, 2011, 106: 343–354.

[40] LiW, LiP, SunG, etal.Cloud residues and interstitial aerosols from non–precipitating clouds over an industrial and urban area in northern China[J]. Atmospheric Environment, 2011(45): 2488–2495.

[41] LiW, ShaoL.Transmission electron microscopy study of aerosol particles from the brown hazesin northern China[J]. Journal of Geophysical Research Atmospheres, 2009, 114: D09302

[42] Luisa T M. Impacts of emissions from megacities on air quality and climate.Conference [M]. Bei jing of International Global Atmospheric Chemistry 2012.

[43] Luo Y F, Lu D R, Zhou X J, et al. Characteristics of the spatialdistribution and yearly variation of aerosol optical depth over China in last 30 years[J].Journal of Geophysical Research–Atmospheres, 2001, 106(D13), 14501–14513.

[44] 马树青. 霾和轻雾的判别 [J]. 广西气象 , 2005, 26(3): 61–62.

[45] Mandalakis M, Gustafsson O, Alsberg T, et al Contribution of biomass burning to atmospheric polyeyclic aromatic hydrocarbons at three european background sites[J]. Environmental science & Technolog, 2005, 39(9)2976–2982.

[46] Markku K. How particles nucleate and grow[J]. Science, 302(5647): 1000–1001.

[47] Meng Z Y, Lin W L, Jiang X M, et al. Characteristics of atmosphericammonia over Beijing, China[J].Atmosperic Chemistryand Physics Discussions, 2011, 11(12): 6 139– 6 151.

[48] Modi C, Mari T C, Jingkun J D, et al Acid–base chemical reaction model for nucleation ratesin the polluted atmospheric boundary laye[J].Proceedings of the Nationd Academy of Sciences, 2012, 109(46).

[49] Neville M, McCarthy J F, Sarofim A F. The stratified composition of inorganic sunmicron particles produced during coal combustion[J]. Proceedings of the Combustion Institute, 1982, 19(1)1441–1449.

[50] Pan Y P, Wang Y S, Tang G Q, et al. Spatial distribution andtemporal variations of atmospheric sulfur deposition in NorthernChina: Insights into the potential acidification risks[J].AtmosphericChemistry and Physics, 2013, 13(3): 1675–1688.

[51] Penner J E, Diekinson R E, O Neill R E. Effects of aerosol from biomass buring on the global radiation budget[J]. science, 1992, 256(5062): 1432–1434.

[52] POONPH, CASAAI, HEC.The impact of energy, transport and trade on air pollution in China[J]. Eurasian Geographyand Economics, 2006(47): 1–17.

[53] Pozzer A, Zimmermann P, Doering U M, et al. Effects of business–as–usual anthropogenic emissions on air quality[J].Atmospheric Chemistry and Physics, 2012, 12(15): 6915–6937.

[54] Quann R J, Sarofim A F. Vaporization of refractory oxides during pulverized coal

combustion[M]. Pittsburgh: The Combustion Institute, 1982.

[55] Quann R J, Sarofim A F. AScanning electron microscopy study of the transformations of organically bound metals during lighite combustion[J].Fuel, 1986, 65(1)40–46.

[56] Raask E. The mode of occurrence and concentration of trace elements in coal[J]. Fuel, 1985, 11(2): 97–118.

[57] Robertson J.In door airquality and sick building[J].MedJAust, 1993, 158(5): 358–359.

[58] Seinfeld J H, Pandis S N. Atmospheric Chemistry and Physics: From air Pollution to Climate Change[M]. New York. John Wiley Sons, 1998.

[59] Sheldon K, Friedlander. Smoke, Dust and Haze[M]. Oxford: Oxford University Press, 2000.

[60] Shi Y, Ge M, Wang W.Hygroscopicity of internally mixed aerosol particles containing benzoic acid and inorganic salts[J].AtmosEnviron, 2012 (60): 9–17.

[61] Sipila M, Berndt T, Petaja T, et al. The role of sulfuric acid in atmosphereic nucleation[J]. Science, 2010(327): 1243–1246

[62] Sun Y L, Wang Z F, Fu P Q, et al. The impact of relative humidityon aerosol composition and evolution processes during wintertimein Beijing, China[J].Atmospheric Environment, 2013, 77(3): 927–934.

[63] 孙珍全，邵龙义，黄宇婷，等．北京市空气中 PM10 与 PM2. 5 的污染水平状况研究 [J]. 北京工业职业技术学院学报，2006, 5(3): 29–34.

[64] 田伟，唐贵谦，王莉莉，等．北京秋季一次典型大气污染过程多站点分析 [J]. 气候与环境研究，2013, 18(5): 595–606.

[65] Tiebout CM.A pure theory of local expenditures [J].J Political Economy, 1956, (64): 416–424.

[66] Vehkamaki, H. Classical Nucleation Theory in Multicomponent Systems[M]. Berlin: Springer, 2006.

[67] 王京丽，谢庄，张远航，等．北京市大气细粒子的质量浓度特征研究 [J]. 气象学报，2004, 62(1): 104–111.

[68] Wang W X, Chai F H, Zhang K, et al. Study on ambient air quality in Beijing for the summer 2008 Olympic Games[J].AirQuality Atmosphere & Health, 2008, (1): 31–36.

[69] Wang Y S, Ren X Y, Ji D S, et al. Characterization of volatileorganic compounds in the urban area of Beijing from 2000 to 2007[J].Journal of Environmental Science, 2012, 24(1): 95–101.

[70] 王跃思，姚利，刘子锐，等．京津冀大气霾污染及控制策略思考 [J]. 中国科学院

院刊, 2013, 28(3): 353–363.

[71] 吴兑, 毕雪岩, 邓雪娇, 等. 细粒子污染形成灰霾天气导致广州地区能见度下降 [J]. 热带气象学报, 2007, 23(1): 1–6.

[72] 吴兑. 霾与雾的识别和资料分析处理 [J]. 环境化学, 2008, 27(3): 327–330.

[73] 吴兑. 灰霾导致肺癌上升 [N]. 北京日报, 2009–07–12.

[74] 吴兑. 再论相对湿度对区别都市霾与雾 (轻雾) 的意义 [J]. 广东气象, 2006, (1): 9–13.

[75] 肖湘卉. 轻雾和霾的区别 [J]. 陕西气象, 2006, (3): 17–18.

[76] Xu Q. Abrupt change of the mid–summer climate in central east China by the influence of atmospheric pollution[J].AtmosphericEnvironment, 2001, 35(30): 5 029–5 040.

[77] Yan L, Gupta R P, Wall T F.2002.A mathematical model of ash formation during pulverized coal combustion[J]. Fuel, 81(3).

[78] Yu F. From molecular clusters to nanoparticles : second generation ion–mediated nucleation model[J]. Atmos Chem Phys, 2006(6).

[79] Zhang J K, Sun Y, Liu Z R, et al. Characterization of submicronaerosols during a serious pollution month in Beijing (2013)usingan aerodyne high–resolution aerosol mass spectrometer[J].AtmosphericChemistry and Physics Discussion, 2013(13).

[80] Zhang K M, Wexler A S.A hypothesis for growth of fresh atmospheric nucler[J]. J Geophys Res, 2002(107).

[81] Zhang Q, Streets D G, Carmichael D R, et al. Asian emissions in 2006 forthe NASA INTEX–B mission[J]. Atmos Chem Phys, 2009, 9: 5131–5135.

[82] Zhang X Y, Gong S L, Zhao T L, et al.Sources of Asian dust and role of climate change versus desertification in Asian dust emission[J]. Geophys Res Lett, 2003, 30(24).

[83] Zhang X Y, Wang Y Q, Lin W L, et al. Changes of atmospheric composition and optical properties over Beijing 2008 Olympic monitoring Campaign[J]. BAMS, 2009, 1634–1651.

[84] Zhang X Y, Wang Y Q, Niu T, et al.Atmospheric aerosol compositions in China: Spatial/temporal variability, chemical signature, regional haze distribution and comparisons with global aerosols[J]. AtmosChemPhys, 2012, 11: 26571–26615.

[85] Zhang X Y, Wang Y Q, Zhang X C, et al.Carbonaceous aerosol composition over various regions of China during 2006[J]. J Geophys Res, 2008, 113.

[86] Zhang Y M, Zhang X Y, Sun J Y, et al.Characterization of new particle and secondary aerosol formation during summertime in Beijing, China[J].Tellus, 2011, 63: 382–394.

参考文献

[87]　Zhao C S, Tie X X, Lin Y P. A possible positive feedback of reduction of precipitation and increase in aerosols over eastern central China[J].Geophysical Research Letters, 2006, 33.

[88]　朱彤，尚静，赵德峰．大气复合污染及灰霾形成中非均相化学过程的作用 [J]. 中国科学 : B 辑，2010(40): 1 731–1 740.

[89]　ZHU Chen, WANG Jinnan, MA Guoxia, et al.China tackles the health effects of air pollution[J].The Lancet, 2014(382): 1959–1960.

[90]　敖双红．公益诉讼概念辨析 [J]. 武汉大学学报 (哲学社会科学版)，2007, 60(2): 250—255.

[91]　薄燕．美国国会对环境问题的治理 [J]. 中共天津市委党校学报，2011(1).

[92]　北京大学 .2009. 区域大气污染联防联治与空气质量管理机制研究 [M]. 北京 : 环境保护部污染防治司，2009.

[93]　北京师范大学．2013 中国绿色发展指数报告—区域比较 [M]. 北京 : 北京师范大学出版社，2013.

[94]　谢佳沥．京津冀环保一体化艰难前行 [J]. 中国环境报，2014–06–09(3).

[95]　北京市环境保护局．北京市环境保护局 2015 年部门预算说明 [R/OL].[2015 –03 –04]http://www.bjepb.gov.cn/bjepb/413526/413663/413691/413693/423059/index. html.

[96]　边晓慧，张成福．府际关系与国家治理 : 功能、模型与改革思路 [J]. 中国行政管理，2016(5): 14–18.

[97]　别涛．中国环境公益诉讼的立法建议 [J]. 中国地质大学学报 (社会科学版)，2006(11).

[98]　别涛．环境公益诉讼立法的新起点—《民诉法》修改之评析与《环保法》修改之建议 [J]. 法学评论，2013(1).

[99]　不破敬一郎．地球环境手册 [M]. 全浩，等，译．北京 : 中国环境科学出版社，1995.

[100]　才惠莲．我国跨流域调水生态补偿制度的完善 [J]. 中国行政管理，2013(10): 13–17.

[101]　蔡岚．空气污染治理中的政府间关系 [J]. 中国行政管理，2013.(11).

[102]　蔡夏，邢骏．电力系统负荷预测方法综述 [J]. 信息化研究，2010(6): 5–7.

[103]　蔡彦敏．中国环境民事公益诉讼的检查担当 [J]. 中外法学，2011(1).

[104]　曹国良，张小曳，龚山陵，等．中国区域主要颗粒物及污染气体的排放源清单 [J]. 科学通报，2011(56): 261–268.

[105]　曹红军．浅评 DPSIR 模型 [J]. 环境科学与技术，2005(6): 110–111.

[106]　曹华．冬春季节保护地设施增温补光有哪些措施 [J]. 中国蔬菜，2013(5): 40–41.

[107] 曹明德，王凤远.美国和印度 ENGO 环境公益诉讼制度及其借鉴意义 [J]. 河北法学 , 2009(9).

[108] 常纪文.京津冀环保调控和共治如何实现一体化 [N/OL]. 北京日报 , 2014 – 11 – 24. http: ∥ bjrb. bjd. com. cn /html /2014 – 11 /24 /content 235071. Html.

[109] 常云燕，全春香，冯朝明.冬季设施蔬菜生产管理要点 [J]. 现代农村科技 , 2012(3): 23.

[110] 陈存仁.被忽视的发明 : 中国早期医药史话 [M]. 桂林 : 广西师范大学出版社 , 2008.

[111] 陈华.中国与世界经济波动的关联性 : 基于马尔科夫区制转换 VECM 模型的实证研究 [C]. 全国博士学术会议论文集 .2009.

[112] 陈媛.北京市区大气气溶胶 PM2.5 污染特征及颗粒物溯源与追踪分析 [J]. 现代地质 , 2010(2): 345–354.

[113] 邓小琴.基于产业组织理论的我国物流业分析 [J]. 现代商贸工业 , 2012(01).

[114] 丁峰，张阳，李鱼.京津冀大气污染现状及防治方向探讨 [J]. 环境保护 , 2014, 42 (21): 55–57

[115] 丁金光，杨航.光化学污染的预防与处置—以洛杉矶光化学污染事件为例 [J]. 青岛行政学院学报 , 2010(6).

[116] 杜建人.日本城市研究 [M]. 上海 : 上海交通大学出版社 , 1996.

[117] 杜志强.北京市环路现状及交通标志设置探讨 [J]. 交通工程 , 2007(1).

[118] 凡凤仙，杨林军，袁竹林，等.水汽在燃煤 PM2.5 表面异质核化特性数值预测化 [J]. 化工学报 , 2007, 58(10): 2561–2566.

[119] 樊良树..霾城北京 PM2.5 解析 [M]. 北京 : 中共中央党校出版社 , 2013.

[120] 樊良树.尾气围城关于北京城市规划与空气污染的几点思考 [J]. 战略与管理 , 2013(5).

[121] 冯茜丹，党志，黄伟林.广州市秋季 PM2.5 中重金属的污染水平与化学形态分析 [J]. 环境科学 , 2008, 29(3): 569–575.

[122] 傅永超，徐晓林.府际管理理论与长株潭城市群政府合作机制 [J]. 公共管理学报 , 2007, 4(2): 24–28.

[123] 高暐.基于 DPSIR 模型的陕西油气产业可持续发展因素研究 [J]. 科技信息 , 2013, (4): 477–479.

[124] 高宁博，李爱民，陈茗.城市垃圾焚烧过程中主要污染物的生成和控制 [J]. 电站系统工程 , 2006, 22(1).

[125] 高群钦，陆克久，陈安宇.物流产业发展对环境安全影响的分析 [J]. 中国市场 , 2009(06).

[126] 耿精忠 . 环境与健康回顾与展望 [M]. 北京 : 华夏出版社 , 1993.

[127] 顾梦琳，王硕 . 375 家污染企业关停大兴关停 73 家居北京之首 [N/OL].京华时报，2014 – 10 – 30.

[128] 顾向荣 . 伦敦综合治理城市大气污染的举措 [J]. 北京规划建设 2000(2), 36–38.

[129] 顾智明 . "生态人"之维对人类新文明的一种解读 [J]. 社会科学 , 2004(1)79–85.

[130] 郭力方 . 京津冀治霾恐成持久故：利益纠葛深资金缺口大 [M]. 中国证券报，2013–11–06.

[131] 韩红霞，高峻，等 . 英国大伦敦城市发展的环境保护战略 [J]. 国外城市规划，2004, 19(2):60–64.

[132] 韩燕，徐虹，毕晓辉，等 . 降水对颗粒物的冲刷作用及其对雨水化学的影响 [J]. 中国环境科学 , 2013, (2): 193–200.

[133] 韩志明，刘璎 . 京津冀地区公民参与雾霾治理的现状与对策 [J]. 天津行政学院学报 , 2016, 18(5): 33–39.

[134] 杭世平 . 空气有害物质的测定方法 [M]. 北京 : 人民卫生出版社 , 1986.

[135] 郝吉明，段雷，易红宏，等 . 燃烧源可吸入颗粒物的物理化学特性 . 北京 : 科学出版社 , 2008.

[136] 郝秀芬，韩桐华，黄冬颖 . 雾霾天气对温室冬季蔬菜生产的影响及应对措施 [J]. 天津农林科技 , 2013(2): 6.

[137] 胡德平 . 中国为什么要改革—思忆父亲胡耀邦 [J]. 人民出版社 2011(4):15.

[138] 霍国琴，王周平，雷丽，等 . 设施蔬菜早春灾害性天气应对措施 [J]. 西北园艺 (蔬菜), 2012(2): 4–5.

[139] 姬亚芹，朱坦，冯银厂，等 . 天津市 PM10 中元素的浓度特征和富集特征研究 [J]. 环境科学与技术 , 2006, 29(7): 49–51.

[140] 江伟 . 民事诉讼法 .[M]. 北京 : 高等教育出版社 , 2007.

[141] 金煜 . 全国多地陷入严重雾霾天 [M]. 新京报 , 2013–01–13

[142] 金煜 . 北京燃气供暖补贴明年增到 100 亿"暗补"变"明补" [M] 新京报，2013–01–23.

[143] 康重庆，周安石，王鹏，等 . 短期负荷预测中实时气象因素的影响分析及其处理策略 [J]. 电网技术 , 2006, 30(7): 5–10.

[144] 康重庆 . 电力系统负荷预测 [M]. 北京 : 中国电力出版社 , 2007.

[145] 郎铁柱 . 环境保护与可持续发展 (电子版)[M]. 天津 : 天津大学电子出版社 , 2009.

[146] 郎铁柱 . 环境保护与可持续发展 [M]. 天津 : 天津大学出版社 , 2005.

[147] 雷汉发，梁世芳．河北承德：为京津构筑“生态屏障”[N]．经济日报，2014 -03 -27 (16).

[148] 蕾切尔．卡逊．吕瑞兰，李长生，译．寂静的春天 [M]．长春：吉林人民出版社，1997.

[149] 李青．对国际大气污染防治主要法律文件的研究 [M]．重庆：重庆大学，2011.

[150] 李向明．基于 DPSIR 概念模型的山地型旅游区生态健康诊断与调控研究 [D]．昆明．云南大学，2012

[151] 李艳莉，李化龙．针对雾霾影响浅析陕西省设施大棚采光设计 [J]．陕西农业科学，2010, 56(1): 67–69.

[152] 联合国开发计划署，联合国环境规划署，世界银行，等．世界资源报告 (1990—1991)[M]．北京：中国环境科学出版社，1991.

[153] 联合国开发计划署，联合国环境规划署，世界银行，等世界资源报告 (2000—2001)[M]．北京：中国环境科学出版社，2002.

[154] 廖旎焕，胡智宏，马莹莹，等．电力系统短期负荷预测方法综述 [J]．电力系统保护与控制，2011, 39(1): 147–152.

[155] 廖晓农，张小玲，王迎春，等．北京地区冬夏季持续性雾—霾发生的环境气象条件对比分析 [J]．环境科学，2014, (6): 2031–2044

[156] 林肇信，刘天齐，刘逸农．环境保护概论 (修订版)[M]．北京：高等教育出版社，1999.

[157] 刘大锰，黄杰，高少鹏，等．北京市区春季交通源大气颗粒物污染水平及其影响因素 [J]．地学前缘，2006, 13(2): 228–233.

[158] 刘大为．区域大气污染联防联控研究—以关中地区为例 [M]．西安：西北大学，2011.

[159] 刘海英．伦敦治理雾的措施和经验 [M]．科技日报，2014.

[160] 刘会灵，孙聪，梁宜品，等．雾霾对蔬菜生产的危害及对策 [J]．现代农村科技，2013(3):32–33.

[161] 刘建禹，崔国勋，陈荣耀．2001.生物质燃料直接燃烧过程特性的分析 [J]．东北林业大学学报，200132(3)000290–294.

[162] 刘金泉，郑挺国．利率期限结构的马尔科夫区制转移模型与实证分析 [J]．经济研究，2006(2): 82–91.

[163] 刘绍仁．大气污染需联防联控 [M]．中国环境报，2010–04–21.

[164] 刘思齐．科学发展观视域中的绿色发展 [J]．当代经济研究，2011(5)65–70.

[165] 刘溪若．钢城唐山减产治污之困 [N]．新京报，2013–11–28.

[166] 刘小宁，张洪政，李庆祥，等.我国大雾的气候特征及变化初步解释[J].应用气象学报，2005(2): 220–230.

[167] 刘泽常，王志强，李敏，等.大气可吸入颗粒物研究进展[J].山东科技大学学报，2004, 23(4): 97–100.

[168] 刘章现，袁英贤，张江石，等.平顶山市大气PM10、PM2.5污染调查[J].环境监测管理与技术，2007, 19(2): 26–29.

[169] 路娜，周静博，李治国，等.中国雾霾成因及治理对策[J].河北工业科技，2015(4): 1

[170] 罗莹华，梁凯，刘明，等.大气颗粒物重金属环境地球化学研究进展[J].广东微量元素科学，2006, 13(2): 1–6.

[171] 吕忠梅.环境公益诉讼辨析[J].法商研究，2008(6): 131–137.

[172] 中共中央编译局.马克思恩格斯全集[M].北京：人民出版社，1979.

[173] 马丽梅，张晓.区域大气污染空间效应及产业结构影响[J].中国人口·资源与环境，2014(7): 157–164.

[174] 毛显强，邢有凯，胡涛，等.中国电力行业硫、氮、碳协同减排的环境经济路径分析[J].中国环境科学，2012(4): 748–756.

[175] 孟娟.新乡市雾霾天气气候特征及防御措施[J].现代农业科技，2013(19): 268–269.

[176] 孟祥林."双核 + 双子"理念下京津冀区域经济整合中的唐山发展对策研究[J].城市，2011(4): 15–21.

[177] 孟祥林."环首都贫困带"与"环首都城市带三 Q+ 三 C"模式的区域发展对策分析[J].区域经济评论，2013(4): 60–67.

[178] 米哈伊罗·米萨诺维克，爱德华·帕斯托尔.人类处在转折点[M].刘长毅，李永平，孙晓光，译.北京：中国和平出版社，1987.

[179] 米切尔 B R.帕尔格雷夫世界历史统计 (欧洲卷): 1750—1993 年 [M].贺力平，译.北京：经济科学出版社，2002.

[180] 缪育聪，郑亦佳，王姝，等.京津冀地区霾成因机制研究进展与展望[J].气候与环境研究，2015, 20 (3): 356–368

[181] 宁淼，孙亚梅，等.国内外区域大气污染联防联控管理模式分析[J].环境与可持续发展，2012, 37(5): 11–18.

[182] 钱穆.中国文化对人类未来可有的贡献[J].中国文化，1991(1):93–96.

[183] 钱学森.钱学森讲谈录—哲学、科学、艺术[M].北京：九州岛出版社，2009.

[184] 钱易，唐孝炎.环境保护与可持续发展[M].北京：高等教育出版社，2000.

[185] 秦天宝.中美大气污染防治法之比较[J].环境与发展，2002, 14(2):11–13.

[186] 曲格平 . 世界环境问题的发展 [M]. 北京 : 中国环境科学出版社 , 1988.

[187] 曲格平 . 我们需要一场变革 [M]. 长春 : 吉林出版社 , 1997[M].

[188] 曲格平 . 环境保护知识读本 [M]. 北京 : 红旗出版社 , 1999.

[189] 任维德 . "一带一路"战略下的府际合作创新研究 [J]. 内蒙古社会科学 , 2016, 37(1): 1–6.

[190] 邵平 . 张家口、北京和廊坊大气污染联合观测研究 [D]. 南京 : 南京信息工程大学 , 2012.

[191] 沈伯雄 , 姚强 . 垃圾焚烧中二噁英的形成和控制 [J]. 电站系统工程 , 2002, 18(5): 8–10.

[192] 石头 . 雾霾治理 : 伦敦告别"雾都"之经验 [J]. 求知 , 2013(6): 58–60.

[193] 世界资源研究所 , 国际环境与发展研究所 . 世界资源报告 (1986)[M]. 北京 : 中国环境科学出版社 , 1988.

[194] 宋娟 , 程婷 , 谢志清 , 等 . 江苏省快速城市化进程对雾霾日时空变化的影响 [J]. 气象科学 , 2012, 32(3): 275–281.

[195] 宋震洋 . 城市雾霾与林业防治探究 [J]. 山西林业 , 2013(2): 46–47.

[196] 苏北 . 草木葱茏是生态 [J]. 半月谈 , 2014(8):4–5.

[197] 孙凯 . 生存的危机 [M]·北京 : 红旗出版社 , 2002.

[198] 孙雷 , 鲁强 . 新型城镇化进程中京津冀城市群规模结构实证研究 [J]. 工业技术经济 , 2014(4): 124–130.

[199] 孙中山 . 建国方略 [M]. 武汉 : 武汉出版社 , 2011.

[200] 谭方颖 , 韩丽娟 , 侯英 . 2012—2013 年度冬季气候对农业生产的影响 [J]. 中国农业气象 , 2013, 34(2): 255–257.

[201] 汤伟 . 雾治理研究与国外城市对策 [J]. 城市管理与科技 , 2014(1): 76–79.

[202] 陶品竹 . 从属地主义到合作治理 : 京津冀大气污染治理模式的转型 [J]. 河北法学 , 2014, (10): 120–129.

[203] 田景洲 . 从生态文明看企业生态责任 [J]. 南京林业大学学报 (社科版), 2008, 8(3):145–149.

[204] 田志华 , 田艳芳 . 环境污染与环境冲突——基于省际空间面板数据的研究 [J]. 科学决策 , 2014(6): 28–42.

[205] 铁铮 . 推进生态文明教育的全民化—访北京林业大学党委书记吴斌 [J]. 北京教育·高教版 , 2013(9)23–24.

[206] 童尧青 , 银燕 , 钱凌 , 等 . 南京地区霾天气特征分析 [J]. 中国环境科学 , 2007, 27(5): 584–588.

[207] 童永彭，张桂林，叶舜华．大气颗粒物致毒效应的研究进展 [J]. 环境与职业医学，2003, 20(3): 246–248.

[208] 王庚辰，谢骅，万小伟，等．北京地区空气中 PM10 的元素组分及其变化 [J]. 环境科学研究，2004, 17(1): 42–44.

[209] 王京丽，谢庄，张远航，等．北京市大气细粒子的质量浓度特征研究 [J]. 气象学报，2004, 62(1): 104–111.

[210] 王录琦，潘慧峰，刘曦彤．我国黄金期货流动性与基差的动态关系研究 [J]. 科学决策，2013(1): 19–44.

[211] 王双．环境对物流的影响分析 [J]. 中国市场，2009(28): 92–93.

[212] 王婷婷．华北地区云凝结核特性研究 [D]. 北京：中国气象科学研究院，2011.

[213] 王薇，邱成梅，李燕凌．流域水污染府际合作治理机制研究—基于"黄浦江浮猪事件"的跟踪调查 [J]. 中国行政管理，2014(11): 48–51.

[214] 王新，何茜．雾霾天气引反思着国外如何治理 [J]. 生态经济，2013(4):18–23.

[215] 王亚宏．伦敦：从雾都到生态之城 [N]. 经济参考报，2013–01–31.

[216] 王彦囡．城市雾霾的外部成因及对公众的影响分析 [D]. 合肥：中国科学技术大学，2015.

[217] 王莹，李红彪，周春林．垃圾焚烧污染物的形成机理及控制 [J]. 电站系统工程，2004, 20(3): 33–34.

[218] 王占山，李云婷，陈添，等．2013 年北京市 PM2.5 的时空分布 [J]. 地理学报，2015, (1): 110–120.

[219] 王志娟．北京典型污染过程 PM2.5 的特性和来源 [J]. 安全与环境学报，2003(5): 122–126.

[220] 魏复盛，腾恩江，吴国平，等．我国 4 个大城市空气 PM2.5、可吸入颗物污染及基化学组成 [J]. 中国环境监测，2001, (7): 1–6.

[221] 魏巍贤，陈智文，王建军．三状态马尔科夫区制转移模型研究 [J]. 财经研究，2006(6): 120–131.

[222] 吴迪梅，王剑，王全红，等．雾霾天气对养殖业的影响与对策 [J]. 北京农业，2013(3): 181–182.

[223] 吴兑．近十年中国灰霾天气研究综述 [J]. 环境科学学报，2012, 32(2): 257–269.

[224] 吴兑．霾与雾的区别和灰霾天气预警建议 [J]. 广东气象，2004(4): 1–4.

[225] 吴吉林，陶旺升．基于机制转换与随机波动的我国短期利率研究 [J]. 中国管理科学，2009(3): 40–46.

[226] 吴小节，谌跃龙，汪秀琼，等．中国 31 个省级行政区资源节约型社会发展状况

综合评价与空间分异 [J]. 科学决策 , 2014(3): 30–43.

[227] 武义青 , 赵亚南 . 京津冀能源消费、碳排放与经济增长 [J]. 经济与管理 , 2014, (2): 5–12

[228] 谢庆奎 , 杨宏山 . 府际关系论 [M]. 北京 : 中国社会科学出版社 , 2005.

[229] 谢庆奎 . 中国政府的府际关系研究 [J]. 北京大学学报 , 2000, 37(1): 26–34.

[230] 谢玮 . 全球治 60 年对中国的启示 [M]. 中国经济周刊 , 2014–02–11(2).

[231] 谢泽生 . 共商共建共治共享—平安建设模式的新探索 [N]. 南方法制报 , 2014 –06 –20 (11).

[232] 徐明厚 , 于敦喜 , 刘小伟 , 等 . 燃煤可吸入颗粒物的形成与排放 [M]. 北京 : 科学出版社 , 2009.

[233] 徐瑞哲 , 杨磊 . 吸附 PM2.5, 首推针叶树 [J]. 林业与生态 , 2013(5): 30.

[234] 徐绍史 . 坚持稳中求进锐意改革创新促进经济持续健康发展和社会和谐稳定 [J]. 中国经贸导刊 , 2014(1): 4–11.

[235] 许广月 . 从黑色发展到绿色发展的范式转型 [J]. 西部论坛 , 2014(1): 53–60.

[236] 薛志钢 , 郝吉明 , 陈复 , 等 . 国外大气污染控制经验 [J]. 重庆环境科学 , 2003, 25(11)159–161.

[237] 杨朝霞 . 检察机关应成为环境民事公益诉讼的主力军吗 [J]. 绿叶 , 2010(9):38–44.

[238] 杨朝霞 . 论环保机关提起环境民事公益诉讼的正当性—以环境权理论为基础的证立 [J]. 法学评论 , 2011(2): 105–114.

[239] 杨朝霞 . 环境民事公益诉讼 : 环保部门怎么做 [J]. 环境保护 , 2010(22): 40–42.

[240] 杨复沫 . 北京大气 PM2.5 中微量元素的浓度变化特征与来源 [J]. 环境科学 , 2003(6): 33–37.

[241] 殷丽娟 . 北京 10 个郊区县年底前将有 9 个接通管道天然气 [R/L].http: //news. xin– huanet.com/local/2010–05/28/c_12155013.htm.

[242] 于霞 . 雾霾天气的影响因素分析及防治 [J]. 环境保护前沿 , 2013(3): 34–37.

[243] 余志乔 , 陆伟芳 . 现代大伦敦的空气污染成因与治理—基于生态城市视野的历史考察 [J]. 城市观察 , 2012(6).

[244] 袁杨森 , 刘大锰 , 车瑞俊 , 等 . 北京市秋季大气颗粒物的污染特征研究 [J]. 生态环境 , 2007, 16(1): 18–25.

[245] 袁竹林 , 李伟力 , 魏星 , 等 . 声波对悬浮 PM2.5 作用的数值研究 [J]. 中国电机工程学报 , 2005, 25(8): 121 –125.

[246] 云雅如 , 王淑兰 , 胡君 , 等 . 中国与欧美大气污染控制特点比较分析 . 环境与可持续发展 , 2012(4).

[247] 张兵.基于状态转换方法的中国股市波动研究 [J]. 金融研究 , 2005(3): 100–108.

[248] 张弛.基于环境影响的物流成本构成研究 [D]. 成都 : 西南交通大学 , 2006.

[249] 张道正.天津市加强钢铁行业无组织排放 [EB/OL]. 中国新闻网 , 2015 – 05 – 29. http: // www. chinanews. com/ny /2015 /05 – 29 /7310703. shtml

[250] 张金成，姚强，吕子安 .2001. 垃圾焚烧二次污染物的形成与控制技术 [J]. 环境保护 , 2001(5).

[251] 张尚卿，韩晓清，吴志会.雾霾天气设施蔬菜综合应对措施 [J]. 现代农村科技 , 2012(24): 21.

[252] 张世秋，万薇，何平.区域大气环境质量管理的合作机制与政策讨论 [J]. 中国环境管理 , 2015, (2): 44–50.

[253] 张文哲，陈刚.电力市场下负荷预测综述 [J]. 渝西学院学报 (自然科学版), 2003, (3): 71–74.

[254] 张小曳，孙俊英，王亚强，等.我国雾霾成因及其治理的思考 [J]. 科学通报 , 2013, 58(13).

[255] 张毅，孙洪坤.城市大气污染防治法律体系建设[J].广东行政学院学报 , 2014, (3): 62–66

[256] 赵义平，马兆义，胡志刚.雾霾天气对设施蔬菜生产的影响及对策 [J]. 中国蔬菜 , 2013(5): 1–3.

[257] 郑红霞，王毅，黄宝荣.绿色发展评价指标体系研究综述 [J]. 工业技术经济 , 2013(2):142–152.

[258] 郑权，田晨.美国洛杉矶雾霾之战的经验和启示 [J]. 环球财经 , 2013, (11).

[259] 中国气象局.地面气象观测规范.北京 : 气象出版社 , 1979

[260] 钟浩，谢建，杨宗涛.生物质热解气化技术的研究现状及其发展.云南师范大学学报 , 2001, 21(1): 41–45.

[261] 周亚军，刘燕.广州市雾与霾的天气和气候特征 [J]. 广东气象 , 2008, 30(2): 16–18.

[262] 朱留财.从西方环境治理范式透视科学发展观 [J]. 中国地址大学学报 (社会科学版), 2006, 6(5): 52–57.

[263] 朱彤，尚静，赵德峰.大气复合污染及灰霾形成中非均相化学过程的作用.中国科学 : 化学 , 2010, 40(12): 1731–1740

[264] 朱先磊.北京市大气细颗粒物 PM2.5 的来源研究 [J]. 环境科学研究 , 2005(5): 1–5.

[265] 竺可桢.论我国气候的几个特点及其与粮食作物生产的关系 [J]. 地理学报 , 1964, 30(1).

[266] 祝尔娟.京津冀都市圈发展新论 (2007)[M]. 北京 : 中国经济出版社 , 2008.